内容提要

本书根据建筑工程设计的需要，系统地讲述了我国《房屋建筑制图统一标准》（GB/T 50001—2001）及其在 AutoCAD 2009 中的实现方法，并从建筑设计的实际出发，详细阐述了计算机绘图中出现的一系列问题的解决方法，以满足设计人员应用计算机绘图的需求。

本书的主要内容包括按现行《房屋建筑制图统一标准》（GB/T 50001—2001）定制 AutoCAD 作图环境、建筑施工图的计算机绘制方法、标准出图以及图形文件的后续处理方法，可使读者快速、准确地绘制出符合国家规范要求的施工图。

本书可作为土木建筑类大专院校"计算机绘图"课程的教材，也可作为 CAD 培训课程的教材，还可作为工程设计人员的参考书。

责任编辑：张 冰 **责任印制：**卢运霞

图书在版编目（CIP）数据

AutoCAD 建筑工程制图/周佶编著. —2 版. —北京：
知识产权出版社，2014.2（2020.3重印）
高等院校土木工程专业教材
ISBN 978-7-5130-1454-0

Ⅰ.①A… Ⅱ.①周… Ⅲ.①建筑制图-计算机辅助
设计- AutoCAD 软件 Ⅳ.①TU204

中国版本图书馆 CIP 数据核字（2012）第 187888 号

高等院校土木工程专业教材
AutoCAD 建筑工程制图 第二版
周 佶 编著

出版发行：**知识产权出版社**有限责任公司

社　　址：北京市海淀区气象路50号院		邮　　编：100081
网　　址：http://www.ipph.cn		邮　　箱：bjb@cnipr.com
发行电话：010-82000860 转 8101/8102		传　　真：010-82005070/82000893
责编电话：010-82000860 转 8024		责编邮箱：740666854@qq.com
印　　刷：三河市国英印务有限公司		经　　销：新华书店及相关销售网点
开　　本：787mm×1092mm　1/16		印　　张：16.75　3 插页
版　　次：2003 年 2 月第 1 版　2009 年 9 月第 2 版		印　　次：2020 年 3 月第10次印刷
字　　数：405 千字		印　　数：29201～30200 册
定　　价：35.00 元		

ISBN 978-7-5130-1454-0/TU·297（4324）

高等院校土市工程专业教材

Auto CAD
建筑工程制图

第二版

周佶 编著

知识产权出版社
全国百佳图书出版单位
—北京—

第 二 版 前 言

由于《房屋建筑制图统一标准》（GBJ 1—86）修订为（GB/T 50001—2001），AutoCAD 软件的不断升级，以及本书第一版在实际教学应用中发现的一些问题，本次第二版对第一版进行了大范围的修订。修订的内容归纳起来有以下几方面。

一、采用 AutoCAD 最新版本的新功能改进绘图方法

随着 AutoCAD 版本的不断升级，新的命令和参数设置的变化层出不穷。本书第二版主要是以 AutoCAD 2009 版为蓝本，修订了第一版中已被改进和淘汰了的命令。其中主要有下列几种改进：

（1）增加了从 AutoCAD 2006 版开始新增的动态图块的制作方法；改进了土木建筑等专业符号的绘制方法，进一步提高了绘图的效率。

（2）采用了 AutoCAD 2009 版的注释空间的新概念，调整了尺寸等文字的标注方法，使得尺寸标注和文字标注的字体比例的控制更加灵活、方便。

（3）AutoCAD 2009 版已调整了部分常用命令的参数输入方式，使得用户在输入时更加方便。例如，移动、复制、拉伸等命令可以使用第一点输入的坐标作为坐标的变化量来使用，动态输入的引入使得用户不再需要输入表示相对坐标的字符"@"，复制命令的默认复制方式也从单一复制改为多重复制，等等。这些改进使得用户操作起来更加便捷。

（4）编辑命令的对象选择有了改变，取消了对象选择的一些限定。例如，修剪命令可以直接使用"C"式窗选来选择被剪切边。

二、按照设计者的习惯和绘图中各命令的使用频率调整了作图方法

根据快速绘图的需要，作者详细统计了绘制建筑图时各种命令的使用频率，并在附录中列出了自定义命令别名的建议，将高频命令尽量用左手按键来代替。为了方便初学者了解 AutoCAD 的命令原名，不至于混淆，本书中将 AutoCAD 命令的别名用 AutoCAD 系统原来的简化名书写。为了提高绘图速度，读者可以在掌握了 AutoCAD 基本命令后，按照附录的建议简化 AutoCAD 命令。

本书第一版中第四章以"变形伸缩法"为例介绍了建筑平面图的绘图方法。但经实际教学使用后发现初学者难以适应，本书第二版改用以"轴网定位法"为例讲解建筑平面图的绘图方法。经初步应用比较，更适合设计者的绘图习惯。

三、增加了"练习题"和"绘图题"

由于时间仓促，第一版没有编制配套的习题集，在实际教学中给教师增加了布置作业的繁琐工作。为此，本书第二版特增加了两种类型的习题：一种是可以帮助读者加深学习印象的"练习题"；另一种是帮助读者在学会了绘图方法后用于全面检验实际绘图能力的"绘图题"。

四、提供了网络下载的"资源文件"

由于本书第二版采用了新的国家房屋建筑制图标准，其中的相关内容也已作了相应的更新。此外，为了读者学习方便，图纸的格式、绘图比例、尺寸与文字标注的不同种类的格式、剖切符号、详图索引符号、标高符号等，在第一版中只给出了自己定制的方法。为了配合初学者学习的需要，本书第二版特给出了这些自定义部分的电子源文件，可在本书第6章中扫描二维码获取下载链接。

五、更新了打印输出章节

新版 AutoCAD 调整了打印输出部分的程序对话框，并新增了多重页面设置功能，使得一套系统具备了多种打印设置的功能。此外，在本书第二版提供的"资源文件"中，将常用的".dwf"格式和".jpg"格式的打印输出设置包含在样板文件中，读者可以直接加以修改利用，省去了繁琐的设置过程。

六、将第一版尾部单独的章节调整合并到正文相应的章节中

本书第一版已印刷 6 次，均已根据当时新版 AutoCAD 的更新内容作了相应的补充修改。由于是重印，不是改版，增加的内容插在了原书的末尾。本次再版，借改版之际，将新增内容归入了相应的章节，不再以单独的章节形式出现。由此给老用户带来的不便，敬请原谅。

本书第二版虽然是以 AutoCAD 2009 版为撰写蓝本，但其绝大部分内容（除"注释空间"内容以外）都可以在 AutoCAD 2006 版下实现。因此，实际应用中建议使用 AutoCAD 2006 及其以上版本的 AutoCAD 系统。低于 AutoCAD 2006 的 AutoCAD 系统，更适合使用本书的第一版。

本书第二版的改编过程中，富昱佳、丁海峰等同志承担了绘图和编辑整理工作。

周　佶

2009 年 8 月于南京工业大学

第 一 版 前 言

建设设计人员以及建筑工程专业的大专院校的学生都必须熟练掌握计算机绘图的技术和技巧。由于近年来我国经济的高速发展，对建筑设计的要求越来越高，工作的速度和效率提高很快，计算机绘图不再是少数人使用的专用工具，大多数大专院校几乎都以不同的形式开设了计算机绘图课程。对于工程设计人员而言，计算机绘图更是不可或缺的必备技能。无论是学习过还是正在学习这项技术的人，都或多或少地感觉到：学习使用 AutoCAD 绘图不难，买一本介绍使用 AutoCAD 的书自己看一看，就可以用其绘图了。但是，如果要求其在一定的时间内完成一套完整的施工图，就会感到有些力不从心了。作者根据多年从事本科教学、主办工程设计人员 CAD 技术培训班以及直接参与建筑工程设计的经验，总结出如下一些具有共性问题的解决方法和技巧。

一、如何快速上手

随着 AutoCAD 版本的不断升高，新的命令和参数设置层出不穷，对于急于使用 AutoCAD 的绘图者，如何才能达到快速入门，到达实用的程度呢？

二、速度与精度

俗话说慢工出细活，那么如何做到既速度快又精度高呢？

三、繁琐与重复

有些图形体量不大、但内容琐碎，使用频率很高，绘图中需不断反复绘制，如何做到既省事又可一劳永逸呢？

四、如何设置系统环境使其符合国家制图规范

制图中有许多规定，尤其是国家制图规范。例如图纸的大小与绘图比例、尺寸与文字标注的不同种类的格式、剖切符号、详图索引符号、标高符号等等。如何通过设置系统或进行简单改造，使其自动满足规范的要求呢？

五、方案修改

设计人员的设计过程，是通过不断设计，反复推敲后完成的，因此修改是必不可少的。例如原来使用的是单扇门，现在需改用双扇门，而且此种门使用的地方很多，如何能达到修改其中的一扇而其他同类型的门全部一个不漏地自动改正呢？

六、特殊图形与符号的绘制方法

施工图中有许多专业的图形或文字符号（例如二级钢的符号），这些符号

在原 AutoCAD 系统中没有，但在我们的绘图中却经常用到。为了绘图简便，我们如何自制呢？

七、出图与图形文件格式转换

AutoCAD 2002 版的出图打印方式和以前的版本不同，初次使用者很不习惯，甚至打不出自己想要的格式，另外，有时我们绘图的目的不是为了打印出图，而是要用于 Word 等文字编辑和排版系统，这时又当如何输出我们所需格式（指定精度的位图格式）的文件呢？

总而言之，如何快速准确地绘制出符合国家制图规范的建筑工程施工图，以及能满足多种用途的输出方式，本书将给出详细的答案。

本书在编写过程中，得到了陶剑锋建筑师（国家一级注册建筑师）和蔡建国高级工程师的鼎力相助，并对工程设计中可能会遇到的绘图问题，提供了宝贵的信息和资料。在此表示衷心的感谢。

读者在阅读中如有什么问题，或有什么意见和建议，敬请访问我的个人主页：http://njut.zj.com 与我联系。

周　佶

2003 年 1 月于南京工业大学

目　录

第二版前言

第一版前言

第1章　AutoCAD的基础知识 ································· 1

1.1　AutoCAD的安装及启动 ···························· 1

1.2　AutoCAD的图形文件 ······························· 3

1.3　AutoCAD的命令与数据的输入方法 ············· 8

1.4　常用绘图命令及其用途 ························· 19

1.5　常用编辑命令及其用途 ························· 32

1.6　图形和图例的模块化 ··························· 55

1.7　图形的层叠 ···································· 61

练习题 ·· 64

绘图题 ·· 65

第2章　制图基本规定 ································· 66

2.1　图纸与电子图幅 ······························· 66

2.2　比例与比例因子 ······························· 74

2.3　图线与图层 ···································· 76

2.4　工程字体与字体设定 ··························· 83

练习题 ·· 87

绘图题 ·· 88

第3章　投影制图与计算机绘图法 ····················· 89

3.1　基本视图 ······································ 89

3.2　剖面图 ·· 103

3.3　断面图 ·· 111

3.4　尺寸标注 ······································ 112

练习题 ·· 140

绘图题 ·· 140

第4章　建筑施工图 ································· 144

4.1　建筑施工图总述 ······························· 144

4.2　建筑总平面图 ·································· 165

4.3　建筑平面图 ···································· 172

4.4　建筑立面图 ···································· 201

4.5　建筑剖面图 ···································· 211

4.6 建筑详图 ·· 224

练习题 ·· 229

第5章 图形输出和打印 ·· 230

5.1 模型空间、图纸空间和注释比例 ································ 230

5.2 布局卡和视口 ·· 230

5.3 页面设置 ··· 234

5.4 输出和打印 ··· 235

5.5 虚拟打印实例 ·· 237

练习题 ·· 243

第6章 作业指导书 ·· 244

6.1 绘制组合体三视图 ·· 244

6.2 绘制窨井剖面图 ·· 246

6.3 绘制建筑平面图 ·· 246

6.4 绘制建筑立面图 ·· 247

6.5 绘制建筑剖面图 ·· 248

6.6 绘制节点详图 ·· 249

附录1 建筑图例 ·· 250

附录2 材料图例 ·· 251

附录3 总平面图例 ·· 252

附录4 AutoCAD 常用命令 ·· 253

第1章 AutoCAD 的基础知识

本章的目的是学习使用计算机绘图的一些基本知识。俗曰："工欲善其事，必先利其器。"像手工制图的学习过程一样，学习使用计算机绘图首先要熟悉绘图工具。AutoCAD 软件是目前在微机上最常用、最有效的绘图工具，在中国最有影响的版本是 AutoCAD R14、AutoCAD 2000 和 AutoCAD 2004。目前，AutoCAD 最新的版本是 WindowsXP/Vista 平台上的 AutoCAD 2009。AutoCAD 不但具有绘图功能，还具有二次开发的功能，适用范围很广。因此，要学习计算机绘图应从学习 AutoCAD 开始。学习本章内容时，并不要求大家精通 AutoCAD 的全部操作方法，只需学习各种图线的基本绘制方法即可。本书后续章节将会根据各种图形的特点，进一步讲解 AutoCAD 2009 中经过作者优化后的各种绘图方法，以及经过二次开发的各种专用绘图指令。此外，根据建筑制图的需要，还将介绍一些简单专用指令的自制方法。

1.1 AutoCAD 的安装及启动

AutoCAD 的软硬件要求如下：

（1）Windows9x/NT/2000/XP/2003。

（2）Intel Pentium IV 以上处理器或兼容机。

（3）Windows NT/XP 需 256M 以上内存，Windows Vista 需 1G 以上内存。

（4）用于存放 AutoCAD 系统文件的 1G 左右硬盘空间，以及 2G 以上硬盘交换空间。

（5）光驱。

（6）800×600 显示分辨率（建议使用 1024×768）。

（7）3D 鼠标或数字化仪。

1.1.1 AutoCAD 2009 的安装

AutoCAD 2009 的安装方法如下：

（1）将 AutoCAD 的光盘插入计算机的 CD-ROM 驱动器中，在打开的资源管理器中，双击安装程序文件 setup.exe。选择"安装产品"，开始安装。

（2）如图 1-1 所示，在安装 AutoCAD 之前，向导提示需安装几个支持部件。其中有".NET Framework Runtime"、"VBA"、"DirectX"、"MSXML"等四种部件的支持。只有在安装完成这些必需的支持部件后，才能正式安装 AutoCAD 2009 的主程序。

（3）在安装向导的依次提示下完成安装工作。安装完成后，需要重新启动计算机，使软件安装生效。

（4）重新启动计算机后，在程序组和桌面上都有启动图标。启动程序时，选择启动图标即可启动 AutoCAD。

（5）第一次启动 AutoCAD 后，用软件提供的激活方式激活软件（电话、E-mail 或网络在线激活）。如果不激活软件，可以试用 30 天，如图 1-2 所示。

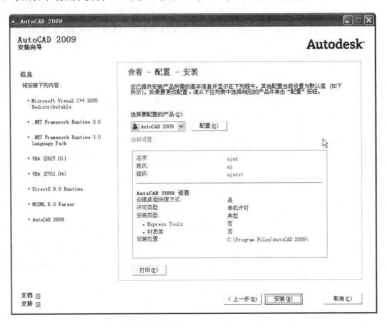

图 1-1　安装向导界面

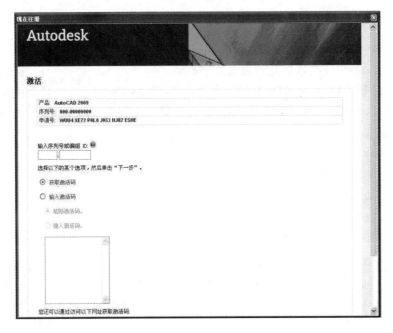

图 1-2　激活软件

1.1.2　AutoCAD 2009 的启动

启动 AutoCAD 2009 系统有以下三种方法：

（1）选取任务栏中的 AutoCAD 2009 程序项。

（2）双击桌面上的 AutoCAD 2009 图标。

（3）在"我的电脑"中找到欲打开的 AutoCAD 2009 文件后，双击其文件名。

如果新建一个文件，以第（2）种方法较为方便；如果打开一个已有的图形文件，以第（3）种方法为好；但如果打开其他 AutoCAD 2009 系统产生的文件，为了避免因系统不一致而产生错误，应采用第（2）种方法。通过前两种方法启动 AutoCAD 后，将出现"创建新图形"对话框，如图 1-3 所示；通过后一种方法可直接进入图形编辑状态。

图 1-3　"创建新图形"对话框

1.2　AutoCAD 的图形文件

1.2.1　图形文件的格式

AutoCAD 的图形文件采用自己专用的".dwg"格式，并且随着版本的不断升级，".dwg"格式也在不断地更新。因此，不同版本产生的文件，虽然其扩展名都是".dwg"，但是其内部格式却不尽相同。高版本的 AutoCAD 可以自动识别低版本的文件，但是并不能 100%地反映原图原貌，尤其是汉字的显示，经常会产生乱码。因此，最好使用相同版本的系统识别相同版本的文件。

若因工作需要使用 AutoCAD 2009 阅读 R12 或以前版本的".dwg"文件，可因英特网上下载用于 AutoCAD 文件格式转换的专用程序（WNEWCP）进行格式转换。

由于 AutoCAD 2009 建立在 Windows 平台之上，故文件名不再受 DOS 平台的文件名不得超过 8 个字符规定的限制。因此，可以根据需要用中文、英文或汉语拼音作为文件名，而且还可以用长文件名。例如"某某宾馆底层平面图.dwg"。

".dwg"文件只能使用 AutoCAD 系统或专门为之编制的".dwg"文件浏览器来阅读，不可试图用文本编辑类的软件或类似 DOS 的"Type"命令等方式来阅读。

1.2.2　图形文件的新建和打开

创建新图形有以下四种创建方法：

（1）快速地创建新图形。单击快速访问工具栏上的"新建"按钮 ▣ ，或单击"菜单浏览器"按钮 ▲，在弹出的菜单中选择"文件"/"新建"命令（NEW），打开"选择样板"对话框，如图 1-4 所示。在该对话框中直接单击"打开"按钮，就可以快速地创建一个空白的新图形文件。

（2）使用样板文件创建新图形。必须满足以下条件才能显示"创建新图形"对话框（见图 1-5）：

1）STARTUP 系统变量设置为 1（开）。

图 1-4　"选择样板"对话框

图 1-5　"创建新图形"对话框

2）FILEDIA 系统变量设置为 1（开）。

选择"使用样板"，可使用预先定制的样板建立一张新图。样板是根据制图需要预先通过 AutoCAD 设置好绘图环境后，使用"另存为"方式保存的".dwt"格式的文件（本书后续章节将介绍其建立的方法）。用这种方式打开的新图，不是空白图，它继承了样板文件中的内容。

（3）选择"从草图开始"建立一张新图，图纸有两种模式，即英制（英寸）或公制（毫米）。这种方法将使用 AutoCAD 的缺省设置打开一张空白图。但这种方式在建筑制图中很少被采用。

（4）选择"使用向导"建立一张新图。采用这种方法可通过"快速设置"和"高级设置"两种方式来自动设置一些图形环境。

第一次使用 AutoCAD 时，首选方法（4）建立自己的样板；以后使用时，采用方法（2）建立新图。

下面分别以"使用向导"和"打开图形"为例，演示建立新图和打开旧图的方法。

【例 1-1】　使用向导建立新图，图幅为 420mm×297mm。

操作步骤如下：

（1）双击 Windows 桌面上的 AutoCAD 2009 图标，进入"创建新图形"界面。

（2）选择"使用向导"项，并选用"快速设置"方式。

（3）随后弹出对话框，如图 1-6 所示。该对话框有两个选项，即"单位"和"区域"。图 1-6 所示画面为"单位"，图 1-7 所示画面为"区域"。在"单位"中选取"小数"单位制。

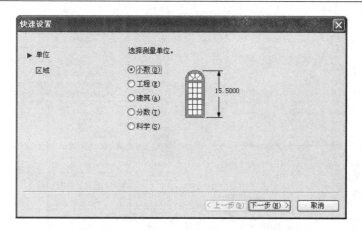

图 1-6 "快速设置"对话框中的"单位"

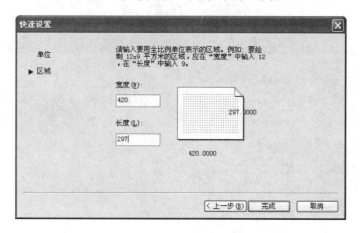

图 1-7 "快速设置"对话框中的"区域"

说明	"小数"	为十进制，	形式为：	15.5000；
	"工程"	为工程记数制，	形式为：	1'-3.50"；
	"建筑"	为建筑记数制，	形式为：	1'-3 1/2"；
	"分数"	为分数记数制，	形式为：	15 1/2；
	"科学"	为科学记数制，	形式为：	1.55E+01。

（4）选择"下一步"按钮，弹出的对话框如图 1-7 所示。该对话框中有两个输入框，即"宽度"和"长度"，它们分别是指图纸的宽度和长度。我们分别将其设为 420 和 297。

设置完毕后点取"完成"按钮结束。此时，计算机将进入 AutoCAD 的图形编辑状态。

【例 1-2】 打开图形 "C：\Program Files\AutoCAD 2009\Sample\3D House.dwg"。

操作步骤如下：

（1）选取"打开"选项。

（2）此时会弹出如图 1-8 所示的文件检索对话框。

（3）检索到"Sample"文件夹（见图 1-9），并在该框中找到"3D House"文件，然后双击该文件。

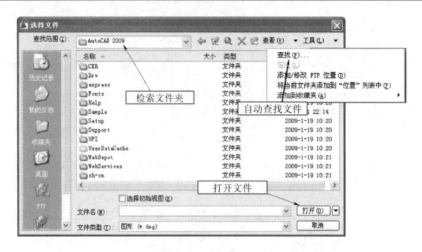

图 1-8   文件检索对话框

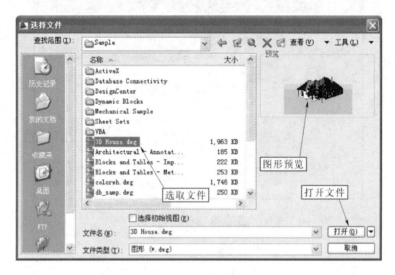

图 1-9   文件预览

说明   如果单击文件名，此时 AutoCAD 会提供该文件的预览图（见图 1-9），在此可确认所要打开的图形。但前提是该图形是由 AutoCAD R14 以上版本所产生的的。如果是其他低版本产生的图形，将不会提供预览。预览确认后，单击"打开"按钮完成打开图形的操作。

1.2.3 图形文件的保存

AutoCAD 在图形编辑过程中并不将图形数据存入计算机的硬盘中，而是存入内存中。一旦发生断电或病毒入侵等异常情况，就会丢失数据，造成不可挽回的损失。因此，保存文件是非常重要的操作环节。在此，需要学习两种情况下的保存文件的方法。

1. 正常情况下的保存方法

正常情况下保存文件，可采用 AutoCAD 的下拉菜单"文件"中的"保存"或"另存为..."程序项。用鼠标单击"文件"菜单，选取这两项之一即可（见图 1-10）。

　　"保存"是快速存盘，该方式不提问文件名，系统直接用当前文件名存盘。但是，如果是第一次存盘，因为当前文件没有文件名，此时该项等同于"另存为..."。"保存"的键盘热键为【Ctrl+S】。在绘图中应经常使用该项保存编辑中的图形，以免丢失。

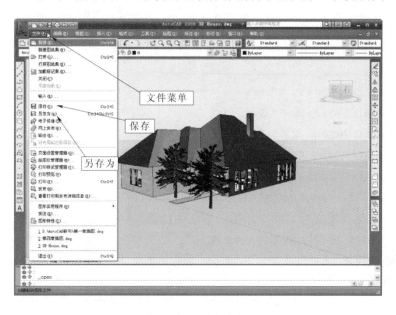

图 1-10　保存文件

　　"另存为..."是换名存盘，该项随后提供一个标准文件对话框，用户可自己填写文件名（见图 1-11）。

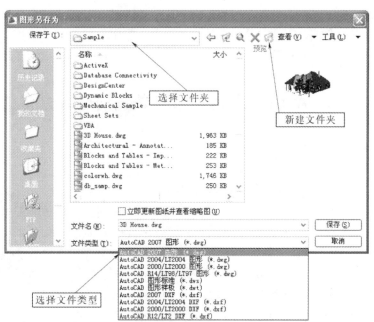

图 1-11　"图形另存为"对话框

注意 尽量不要将自己的图形文件存放在系统文件夹中，因为一旦遭受病毒侵袭，系统可能需要重新安装，这样就可能无意中将重要的图形文件误删。最好是利用"新建文件夹"按钮建立自己的文件夹，将文件存放在自己的文件夹中。在建立自己的文件夹时，同样要注意，应将文件夹建立在硬盘的根文件夹下，不要建立在任何其他的系统文件夹中。

此外，在图 1-11 中"文件类型"一栏，可以从中选择保存文件的格式。它提供以下几种格式：

（1）AutoCAD 2007 格式"*.dwg"。

（2）AutoCAD 2004 格式"*.dwg"。

（3）AutoCAD 2000 格式"*.dwg"。

（4）AutoCAD R14/LT98/LT97 格式"*.dwg"。

（5）AutoCAD 的样板文件格式"*.dwt"。

前四种为不同版本的 AutoCAD 的图形格式。

如果需要的是样板文件，则必须用该方法中的第（5）种类型存盘。如果为了便于将来打开新图，可将样板文件存放在 AutoCAD 的系统文件夹"Template"中，这样建立新文件时就不需要查找该文件了。

2. 异常情况下的文件恢复方法

在编辑图形的过程中，不可能步步存盘。那么，一旦出现"死机"或停电而尚未没来得及存盘时，该怎样才能减少损失呢？此时，可以利用 AutoCAD 的"自动存盘"功能，将损失减小到最低程度。AutoCAD 可以每隔一段时间自动存盘一次。如果不设置时间，系统缺省的时间是 120 分钟。系统自动存盘的文件后缀名为".sv\$"。该类文件不能直接使用，需将其改为".dwg"的后缀名才能使用，如"A.dwg"。

如果觉得 120 分钟自动存盘一次造成的损失太大，可用键盘键入"SAVETIME"命令将自动存盘时间修改为自己认可的数值。该变量的允许值为 1～600 分钟，建议使用"20 分钟"。

1.3 AutoCAD 的命令与数据的输入方法

1.3.1 命令的输入

1.3.1.1 用户界面

命令的输入是通过用户界面和鼠标来实现的。

用户界面（见图 1-12）是用户与程序进行交互对话的窗口。对 AutoCAD 的操作主要是通过用户界面来进行的。因此，了解用户界面各部分的名称、功能以及操作方法是十分重要的。下面介绍用户界面中各区的名称和用途。

（1）命令行区：用户用键盘发出的命令在此显示。命令提示符为"命令："，只有当"命令："出现在命令行区时才为命令输入状态，其他的提示符都为数据状态。在使用其他菜单进行操作时，命令行也会产生相应的反映。命令行区的内容保存在文本窗口中，最多可保存 400 行，若多于 400 行，将顺序丢弃前面的内容。文本窗口的切换键是功能键【F2】。

（2）下拉菜单区：用鼠标选取需完成的任务。下拉菜单常用于设置环境变量、存储图

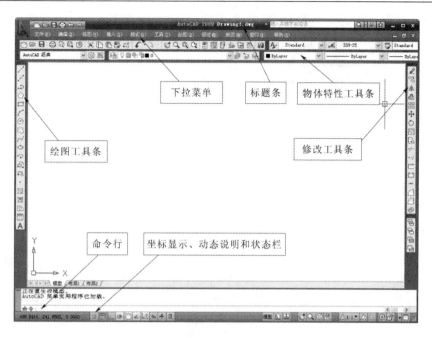

图 1-12 AutoCAD 的用户界面

形文件、数据交换等操作。这也是初学者常用的命令输入方式。下拉菜单具有层次式结构，上层菜单套着下层菜单，因此要使用该方法，必须了解 AutoCAD 的菜单结构。否则，将无法找到所需要的命令。

（3）工具条：视窗方式的命令输入手段，是可调节界面的工具条。它以图标的方式显示，因而输入方便、直观。根据功能的不同，工具条分为绘图工具条、修改工具条，等等。工具条既可以固定在屏幕的四周，也可浮在窗口的任何一个地方。它有打开和关闭两种状态，可根据需要打开需用的工具条，关闭暂时不用的工具条，这样可以节省宝贵的屏幕空间。图 1-13 是常用的一种工具条——"绘图"工具条。此外，AutoCAD 2009 还具有用户自定义工具条的功能，可以很方便地根据需要随时定义自己的工具条。

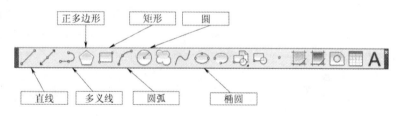

图 1-13 "绘图"工具条

说明 常用工具条，如绘图工具条——"绘图"、修改工具条——"修改"等，在屏幕上不显示时，可以通过下述方法打开：

（1）右键单击任何工具栏中的按钮（见图 1-14），然后单击快捷菜单上的某个工具栏。

（2）依次单击"工具/工具栏"，然后单击要显示的工具栏。

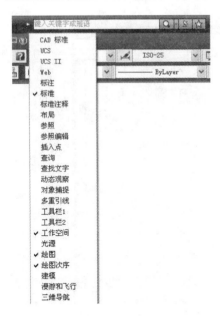

图 1-14　工具栏快捷菜单

（4）光标菜单：由鼠标右键弹出的菜单，通常出现在光标所在的位置，因而习惯将其称为光标菜单。

（5）标题条：显示当前正在运行的程序名，以及当前所装入的文件名。

（6）坐标显示、动态说明和状态栏：显示当前点的坐标，说明将要运行的命令的含义；显示当前绘图的状态（如捕捉状态、正交状态等的当前设置）。双击状态按钮可以改变其开关状态。

（7）图形区：屏幕中间的区域用于显示正在编辑的图形。为了尽量多地显示图形，应将其他不相干的窗口和菜单关闭。

1.3.1.2　鼠标

AutoCAD 2009 中使用鼠标来控制光标位置。常用的鼠标有两个按键，其定义如下：

（1）拾取键：一般是鼠标左键，主要用来选择菜单项和实体等。

（2）回车键：一般是鼠标右键，主要用于命令输入。它与键盘上的【Enter】键功能相同（使用工具/选项/用户系统配置/自定义右键单击，定义鼠标右键为回车键）。

（3）弹出键：弹出键为【Shift】+鼠标右键（单击右键时一直按着【Shift】键），主要用于在光标处弹出菜单。

在 AutoCAD 2000 版以前，屏幕的缩放和平移采用的是命令"ZOOM"和"PAN"。并且由于命令的执行不能随时串联，必须使用透明指令"′"进行嵌套，或者使用屏幕菜单进行嵌套运行，因而对初学者来说很容易搞错。此外，由于建筑图往往容量都很大，因此，屏幕的缩放和平移在绘图过程中需经常使用，使用者不胜其烦。从 AutoCAD 2000 版开始，AutoCAD 赋予 3D 鼠标的第三键滚轮——以显示的缩放和平移功能。其具体的操作如下：滚轮上、下滚动将对屏幕进行实时的放大和缩小，该操作代替了原来的"ZOOM"命令；按住滚轮移动鼠标将对屏幕进行平移，该操作代替了原来的"PAN"命令；双击滚轮将使当前窗口有图区域以最大的比例显示，相当于"ZOOM"命令的"E"缩放形式。有了这些功能，在使用 AutoCAD 2000 以上版本时，就可在任意时刻很方便、快捷地调整屏幕，满足绘图的需要。仅此一项就可大大地节省操作时间，方便了作图。

1.3.1.3　命令及其简化名

AutoCAD 是一个人机对话式的软件，计算机的每一个动作，都由人发出的命令控制，而每一个命令都有其自己的格式。当人向计算机发出命令后，计算机在完成指定动作的过程中，又需要人的干预，向其提供完成命令所必需的各种数据。例如，当你想画一个"圆"的时候，就需要向计算机提供"圆心"和"半径"。"圆"的命令格式是"CIRCLE"，提供的数据是"圆心"和"半径"。

一些命令有简化名（真实名字的缩写或另一种替换形式）。本书中将简化名用"/"与原名分开，例如 LINE/L，L 为 LINE 的简化。AutoCAD 2009 有附加的命令简化工具，可以按照自己的习惯和要求自行简化 AutoCAD 的命令。其操作方法如下：

用"我的电脑"检索到"C：\Documents and Settings\Administrator（计算机管理员名）\Application Data\Autodesk\AutoCAD 2009\R17.2\chs\Support\acad.pgp"文件，双击该文件（只有全部安装的 AutoCAD 2009 才有此文件）。此时，弹出 Windows 的记事本（Notepad）窗口，如图 1-15 所示。acad.pgp 是 AutoCAD 提供的一个样本文件，该文件用来定义用户自定义的命令简化名。利用翻滚条向下翻页，翻到如下一节：

;　-- Sample aliases for AutoCAD commands --

;　These examples include most frequently used commands.　NOTE：　It is recommended

;　that you not make any changes to this section of the PGP file to ensure the

;　proper migration of your customizations when you upgrade to the next version of

;　AutoCAD.　The aliases listed in this section are repeated in the User Custom

;　Settings section at the end of this file, which can safely be edited while

;　ensuring your changes will successfully migrate.

图 1-15　命令简化

然后，在其下面添加或修改命令的简化名。

其格式是

<简化名>，*<AutoCAD 命令原名>

例如，　　　　　　　　G，*LINE

其中 G 为自定义的命令简化名，LINE 为 AutoCAD 命令原名。

修改完毕，用"文件"菜单中的"保存"命令保存所做的改动。

说明　由该程序定义的简化名存入"acad.pgp"文件后，需重新启动 AutoCAD 才能使其生效。

由于编辑图形的过程中需要不断地使用鼠标，而大多数人又习惯使用右手操作鼠标，因此，将常用的命令简化成左手控键的字母，将大大方便绘图操作。本书将根据各个命令的使用频率，建议大家将其简化成较佳的形式。具体将采用下述形式表达：

LINE/L/G

其中 LINE 为命令原名，L 为由 AutoCAD 2009 提供的简化名，G 为作者建议的简化名。

使用时采用三者中任何一个其效果是相同的。但为了加快绘图的速度，使用作者建议的简化名要快于其他的方式。

熟练的 CAD 操作人员都喜欢使用单手盲打这种输入方法。因为它可以用于输入自定义命令和简化后的 AutoCAD 2009 原命令，大大加快了绘图的速度。

1.3.1.4 命令的输入方法

命令的输入方法有以下四种。

1. 键盘输入

键盘输入是向 AutoCAD 输入命令选项的重要工具。此外，也可使用键盘激发下拉菜单。利用键盘激发下拉菜单的操作方法是：首先按下【Alt】键或【F10】功能键，同时按下所需菜单的热键字符（即菜单中用下划线提示的字符）；然后输入所需选项的热键字符或者使用箭头键移动高亮度菜单条，当所需的菜单条呈高亮度时按回车键。

AutoCAD 2009 中定义有许多热键，常用热键介绍如下：

（1）由【Ctrl】键加字母键的热键：

【Ctrl+N】：建立新图。

【Ctrl+O】：打开旧图。

【Ctrl+S】：存盘。

【Ctrl+P】：打印图纸。

【Ctrl+Z】：回退一步。或使用"U"键回退。每键入一次【Ctrl+Z】，或键入"U"键后每回车一次，回退一步，一直可以回到本次绘图的开始。

【Ctrl+Y】：向前一步。

【Ctrl+X】：删除至剪贴板。

【Ctrl+C】：拷贝至剪贴板。

【Ctrl+V】：从剪贴板粘贴。

（2）【Delete】：删除。

（3）功能键：

【F1】：求助。

【F2】：文本/图形窗口切换。

【F3】：对象捕捉开关。

【F4】：数值化仪开关。

【F5】：在等轴测图模式中循环。

【F6】：切换坐标显示方式。

【F7】：栅格显示开关。

【F8】：正交模式开关。

【F9】：捕捉模式开关。

【F10】：极轴追踪开关。

【F11】：对象捕捉追踪开关。

【F12】：动态输入开关。

（4）【Esc】：取消当前命令的执行。

2. 菜单输入

菜单输入，一般用鼠标选择菜单项进行。单击菜单项后出现下拉菜单，下拉菜单包含了一系列命令，从中可以选择菜单命令并启动之。当有黑色三角箭头指向右侧时，系统打开一个下级菜单。

当用鼠标选中下拉菜单的某个条目时，可以在菜单标题栏中单击一个标题，然后单击选中所需要的条目；或者将鼠标在菜单标题栏内拖动，然后在预定的菜单条目呈高亮度时松开鼠标选择按钮。连续向右移动光标进入子菜单，利用按着鼠标按钮并拖动鼠标的方法从子菜单中选择项目。这时释放选择键，即可启动命令和控制操作。

3. 使用工具条按钮

AutoCAD 2009 的工具条按钮提供了利用鼠标输入命令的简便方法。它们实际上是AutoCAD 2009 命令的触发器，由一系列图标按钮组成。每个图标按钮都是一个命令触发器。使用鼠标点击该按钮与使用键盘输入命令的功能是一样的。

4. 使用弹出式菜单

在 AutoCAD 中，根据功能的不同，可将 AutoCAD 的命令分为两种类型：一类是绘图命令（如直线、圆和圆弧等），另一类是编辑命令（如拷贝、移动和旋转等）。弹出式菜单是用于所谓"夹点"操作的一种菜单，而"夹点"操作仅用于编辑命令。弹出式菜单是在选中夹点时单击右键后弹出的菜单，是编辑局部图形时最方便的一种操作方式。

从 AutoCAD 2004 版开始，新增了面向当前选中图元的可进行的操作快捷菜单。具体来说，就是当先行选择一些需编辑的图线，在出现选择夹点时，单击鼠标右键将弹出一快捷菜单，如图 1-16 所示。

由图 1-16 中可以看出，选中的两个图形（圆和矩形）的常用编辑手段都包含在快捷菜单中了。

快捷菜单随着所选对象的不同，将自动选择可操作的项目。例如，上例中当移动过矩形并只选矩形一个图形时，弹出的快捷菜单将如图 1-17 所示。

此外，在没有选择任何对象时单击鼠标右键，系统的响应方式可由用户自己选定。选择的方法是单击顶部下拉菜单的"工具"栏中的"选项"栏，在随后弹出的对话框中选择"用户系统配置"选项卡，如图 1-18 所示。在该对话框中选择"自定义右键单击"按钮，将进一步弹出如图 1-19 所示的对话框。

在图 1-19 中，建议采用第一项"打开计时右键单击"。该选项可以在快速单击和慢速单击时做出不同的响应。当快速单击时，可重复上一个命令；当慢速单击时，可弹出快捷菜单供选择。

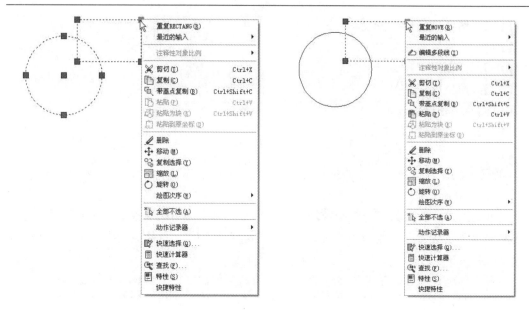

图 1-16   面向对象的快捷菜单   图 1-17   不同状态下弹出的不同菜单

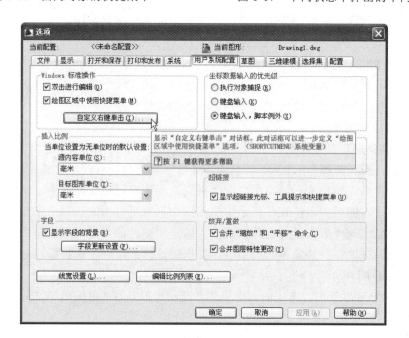

图 1-18   用户系统配置

1.3.2　坐标系统与数据的输入

1. 坐标系统

坐标系统是 AutoCAD 2009 系统中确定一个物体位置的基本手段。掌握各种坐标系统以及正确的数据输入方法，对于正确、快捷地作图是至关重要的。

在 AutoCAD 2009 的二维直角坐标系中，规定 X 轴为水平轴，Y 轴为垂直轴，两条轴相交于原点。同时规定，在 X 轴上，原点右方坐标值为正，左方为负；在 Y 轴上，原点上方坐标

值为正，下方为负。通常，坐标原点位于作图区域
的左下方（坐标原点位置可以变动，使用 UCS 命
令，可以指定图形中任意点作为坐标原点）。

在 AutoCAD 2009 中，一个点以 X、Y 坐标
的形式表示。每一个值代表了沿指定轴离开原点
的距离。例如，坐标（6，4）就是指一点沿 X 轴
到原点的距离为 6 个单位，沿 Y 轴到原点的距离
为 4 个单位。原点坐标值为（0，0）。

此外，AutoCAD 2009 还提供了坐标显示功
能，它可以随时跟踪当前光标的坐标值，并显示
在坐标显示窗口中。

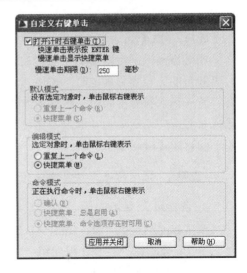

图 1-19　自定义右键单击

坐标显示有以下三种形式：

（1）动态直角坐标：随着光标的移动，X、Y
坐标值不断发生相应的变动。

（2）动态极坐标：当要指定相对于前一点位置时，使用极坐标方式比较方便。但是在
通常情况下，一个点的位置是以 X、Y 坐标形式显示的，只有在屏幕上显示一条橡筋线时
才用极坐标。

（3）静态坐标：在静态坐标下，坐标值并不随光标移动而变化，只有在选择点时，坐
标值才变化。

2．坐标输入

指定物体位置坐标是 AutoCAD 2009 作图的关键内容之一。在 AutoCAD 2009 环境下，
坐标的输入有两种工具，即鼠标和键盘。使用鼠标选择位置比较直观，而键盘往往用于精
确的坐标输入。

坐标值的输入可以分为绝对坐标和相对坐标两种形式。可以使用其中任何一种形式给
定物体的 X、Y 坐标值。下面分别详细讲解。

（1）绝对直角坐标和绝对极坐标：绝对直角坐标值就是某一点的位置相对于原点（0，0）
的坐标值。当已知 X、Y 值后，就可以用 X、Y 坐标指定任意一点（图形文件存储数据所用
的坐标形式为绝对直角坐标）。用绝对直角坐标输入点的具体方法是：输入该点的 X 坐标
值，逗号，Y 坐标值；然后回车。例如，输入点（8，6）的方法如下：

8，6【Enter】

绝对极坐标采取距原点的距离和角度来定义。它不像相对极坐标那样频繁使用。指明
绝对极坐标值的具体方法是：首先输入距离值，然后输入小于号（<）和角度，最后按下
回车键。例如，离原点距离是 7 个单位，角度是 30°的点其输入方法如下：

7<30【Enter】

（2）相对直角坐标和相对极坐标：相对直角坐标值不是以原点作参照，而是以给定点
作参照。该给定点指最近一次输入的点。相对直角坐标表示输入的点相对前一点在 X、Y
方向上的距离。指明相对直角坐标值的具体方法是：首先输入符号"@"，再输入距上一
点在 X、Y 方向上的距离，然后回车。例如，距前一点的 X、Y 方向上的距离为 14、-13 单

位点的输入方法是：

@14，-13【Enter】

相对极坐标采用距前一点的距离和角度来表示。以前一点作参照，当一点与前一点的距离和角度比较容易确定时，使用相对极坐标是比较方便的。指明相对极坐标的具体方法是：首先输入符号"@"，然后输入距离，再输入小于号和角度，最后按回车键。例如，输入相对前一点距离为 4 单位，角度为 30°的点，其输入方法如下：

@4<30【Enter】

说明   角度的计算以坐标轴的正方向为参照，逆时针旋转为正，顺时针旋转为负。

3. 数据输入

至 AutoCAD 2004 版，AutoCAD 对数据的输入增加了快捷方式。新增"对象捕捉"、"极轴"和"对象追踪"联合作用的组合功能。其中"对象捕捉"提供参照点，"极轴"提供相当于"罗盘仪"的导向功能，"对象追踪"提供各种复杂的参照对齐功能。而"对象追踪"必须与"对象捕捉"连用，因为追踪的对象就是捕捉的对象。

"极轴"、"对象捕捉"与"对象追踪"的具体使用方法如下：

（1）"极轴"限定输入的角度，键盘直接输入数值限定长度。在画直线和编辑图形时往往需要输入一点的相对极坐标，此时就可用鼠标指定极坐标的极角，键盘键入数据指定极半径，这种方式取代了过去的相对极坐标输入形式（如@1000<30）。

例如，当需画一长度为 1000（mm）、方向为右上方与水平成 30°的直线时，可作如下操作。

鼠标右键单击屏幕下方的"极轴"栏，再选择弹出菜单中的"设置"项即可弹出图 1-20 所示的对话框，设置"极轴"的角增量为 15°，同时勾选"启用极轴追踪"项。

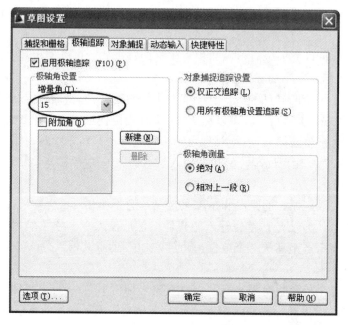

图 1-20 "极轴"增量角的设定

　　然后使用画线命令"LINE"画线。发出命令后单击确定直线起点，然后向右上方移动鼠标，当橡筋线到达 15°的整数倍时，系统会自动弹出角度提示；当提示为 30°时，从键盘键入 1000 并回车即可画出该直线，如图 1-21 所示。

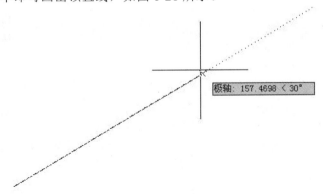

极轴: 157.4698 ﹤ 30°

图 1-21　使用"极轴"画线

　　利用这种方法可以绘制所有角度为特殊角的直线。该功能取代了 AutoCAD 早期版本中的"正交"功能（开关热键为功能键【F8】），它将角度的限定由水平和垂直两个方向扩大到所有的特殊角方向。"极轴"功能的开关热键是功能键【F10】。

　　（2）利用"对象捕捉"和"对象追踪"选取当前窗口中的某一指定点或其沿设定方向延长线的点为新的输入点。

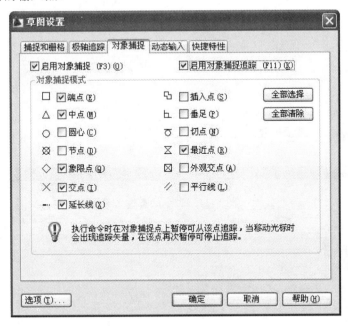

图 1-22　"对象捕捉"和"对象追踪"设置

　　右键单击屏幕下方的"对象捕捉"栏并选择"设置"项，可打开如图 1-22 所示的"对象捕捉"设置框。勾选所需要的捕捉模式，并同时勾选"启用对象捕捉追踪"项。设置好后，就可在以后画线时，用鼠标在图形的某个部位或其延长线上选择所需的参照点。例如，与某点在同一水平线上的点等。这一功能可以省去过去所需的许多作图辅助线，代之以鼠标的光标轨迹。图 1-23 显示了使用"对象追踪"的一个实例，画一水平线与一斜线的一个端点垂直对齐。

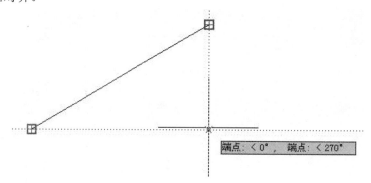

图 1-23　使用"对象追踪"画线

1.3.3　动态输入

从 AutoCAD 2006 版开始，增加了动态输入功能，可以在鼠标指点处动态出现多种可能选项的输入框。

图 1-24 为命令动态输入提示，图 1-25 为动态绝对直角坐标输入提示，图 1-26 为动态相对极坐标输入提示。

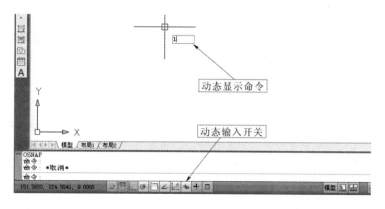

图 1-24　命令动态输入

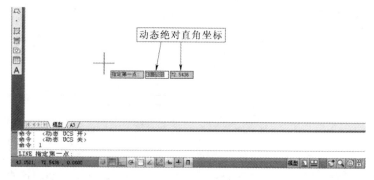

图 1-25　动态绝对直角坐标

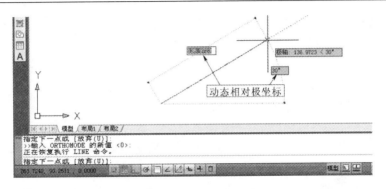

图 1-26　动态相对极坐标

开关"动态输入"的热键是【F12】。

如果屏幕上有多个可输入框，输入时可采用【Tab】键在各输入框之间进行切换。

一旦某选项被确定后，系统将锁定该项，鼠标的操作不再可以改变该选项的数值。

动态输入的缺点是反应速度慢，如果不习惯使用该功能可以使用热键【F12】随时将其关闭。

1.4　常用绘图命令及其用途

AutoCAD 的命令有很多种，根据其操作方式的不同，可以分为绘图命令和编辑命令两种。绘图命令是从无到有输入图形数据，编辑命令是对屏幕上已有图形进行增减或变形的编辑操作。

常用的绘图命令有 LINE 绘制直线、PLINE 绘制多段线、RECTANG 绘制矩形、CIRCLE 绘制圆、ARC 绘制圆弧、ELLIPSE 绘制椭圆或椭圆弧、POLYGON 绘制多边形等。下面分别阐述其操作流程。

为了便于单手盲打操作键盘，本书建议大家修改系统的"Acad.pgp"文件，将常用命令简化为便于左手操作的按键。

在默认路径安装情况下，"Acad.pgp"文件位于"C：\Documents and Settings \Administrator \Application Data \Autodesk \AutoCAD 2009 \R17.2 \chs \Support"文件夹中。

1.4.1　直线

直线命令"LINE"用于绘制直线，是最常用的绘图命令。执行该命令的方法有以下三种。

1.4.1.1　命令行

绘制直线的命令原名为"LINE"，系统简化为"L"。

【例 1-3】　绘制图 1-27 所示直线。

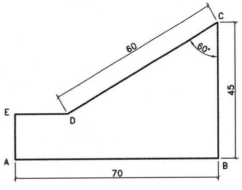

图 1-27　直线练习

⌨ **操作流程**

命令： <u>1【Enter】</u>

LINE

指定第一点： <u>拾取 A 点</u>

指定下一点或［放弃（U）］： <u>光标水平向右，键入 70【Enter】</u>（画 AB）

指定下一点或［放弃（U）］： <u>光标垂直向上，键入 45【Enter】</u>（画 BC）

指定下一点或［闭合（C）/放弃（U）］： <u>光标斜向下 210°，键入 60【Enter】</u>（画 CD）

指定下一点或［闭合（C）/放弃（U）］： <u>端点和极轴追踪交点捕捉 E 点</u>（画 DE）

指定下一点或［闭合（C）/放弃（U）］： <u>c【Enter】</u>（闭合图形，画 EA）

> **说明** 　本书采用系统命令行中的提示作为操作流程的主线，其中楷体文字为系统的提示语，带下划线的仿宋体文字为用户的回应输入和操作，括号中不带下划线的仿宋体文字为简要说明。

图 1-28　极轴设定

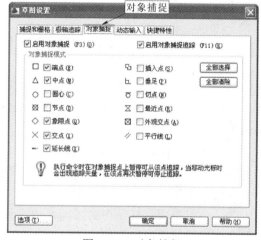

图 1-29　对象捕捉

上述操作流程中采用的是光标确定直线的方向角，长度由键盘输入决定。其中追踪是 AutoCAD 的辅助绘图系统提供的功能。直线的角度可用极轴追踪，设置命令为"DSETTINGS"，对话框形式如图 1-28 所示。

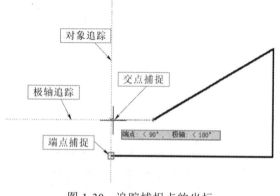

图 1-30　追踪捕捉点的坐标

E 点和 A 点对齐，采用的是对象捕捉追踪，设置命令依然是"DSETTINGS"，只是位于对话框另一卡片栏中，其形式如图 1-29 所示。其操作是：只要将光标移到需对齐的端点处，系统就会自动产生一条虚线样式的橡筋线，动态显示采用的点的类型。捕捉过程如图 1-30 所示。

1.4.1.2　使用工具条

直线工具位于"绘图"工具条中，其图标如图 1-13 所示。

使用工具条时，无论系统是否在"命令:"状态下，都可以正常运行。因为在其内部内插了"【Esc】"命令，当它运行时，如果有其他正在运行的命令，它会自动终止其他命令的执行。除了用鼠标在工具条上单击直线工具外，其他执行步骤与使用命令行的步骤相同，请参阅命令行的操作流程。

1.4.1.3　使用下拉菜单

直线工具也在"绘图"下拉菜单中。选取"绘图"菜单中的"直线"项即可执行画直线的操作。其他执行步骤与使用命令行的步骤相同，请参阅命令行的操作流程。

在实际操作中，要根据图形的特征选用最佳的坐标输入方式，本书后面将有具体的讲解。在此，读者可任意选取前面讲过的坐标输入方法，或者直接使用鼠标左键在屏幕上选点，在屏幕上多画几根线，以熟练掌握直线的画法。

1.4.2　圆、圆弧与椭圆

1.4.2.1　圆

1. 键盘输入

圆的命令原名为"CIRCLE"，系统简化为"C"。执行该命令，有以下 4 种给定数据的方法。

（1）给定圆心和半径。

【例 1-4】　绘制图 1-31 所示圆，直径为 40。

⌨ **操作流程**

命令:　　　c【Enter】

CIRCLE

指定圆的圆心或 [三点（3P）/两点（2P）/切点、切点、半径（T）]:　　鼠标点取圆心

指定圆的半径或 [直径（D）]<10>:　　20【Enter】（输入半径）

（2）给定三点。

【例 1-5】　根据已知三角形的三个顶点 A、B、C，绘制出三角形的外接圆，直径为 44，如图 1-32 所示。

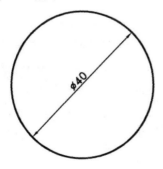

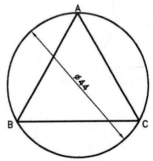

图 1-31　圆心和半径画圆　　　　　　　图 1-32　三点画圆

⌨ **操作流程**

命令：   c【Enter】

CIRCLE

指定圆的圆心或［三点（3P）/两点（2P）/切点、切点、半径（T）］：   3p【Enter】

指定圆上的第一个点：   鼠标点取 A 点

指定圆上的第二个点：   鼠标点取 B 点

指定圆上的第三个点：   鼠标点取 C 点

（3）给定直径的端点。

⌨ **操作流程**

命令：   c【Enter】

CIRCLE

指定圆的圆心或［三点（3P）/两点（2P）/切点、切点、半径（T）］：   2p【Enter】

指定圆直径的第一个端点：   选取直径的一个端点

指定圆直径的第二个端点：   选取直径的另一个端点

（4）与两线相切并给定半径。

【例 1-6】   绘制图 1-33 所示圆，分别与两直线上的 A、B 两点相切，半径为 15。

⌨ **操作流程**

命令：   c【Enter】

CIRCLE

指定圆的圆心或［三点（3P）/两点（2P）/切点、切点、半径（T）］：   t【Enter】

指定对象与圆的第一个切点：   鼠标点取切点 A

指定对象与圆的第二个切点：   鼠标点取切点 B

指定圆的半径 <10.0000>：   15【Enter】（输入半径）

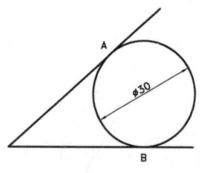

图 1-33　相切画圆

2. 使用工具条

圆的工具条的图标如图 1-13 所示。使用工具条画圆的操作步骤同键盘输入的操作步骤。

3. 使用下拉菜单

圆的下拉菜单的位置如图 1-34 所示。点取"圆"菜单项后，将弹出画圆的子菜单。

用菜单画圆有 6 种输入法，现分别介绍如下：

（1）圆心、半径：操作同键盘输入中的（1）。

（2）圆心、直径：先输入圆心，再输入直径。

（3）直径两端点：操作同键盘输入中的（3）。

（4）圆周上三点：操作同键盘输入中的（2）。

（5）两线相切、半径：操作同键盘输入中的（4）。

（6）与三线相切：操作如下。

图 1-34　画圆子菜单

🖳 **操作流程**

单击"相切、相切、相切"选项

命令：_circle 指定圆的圆心或 [三点（3P）/两点（2P）/切点、切点、半径（T）]：

_3p 指定圆上的第一个点：_tan 到　　鼠标指定第一个切点

指定圆上的第二个点：_tan 到　　鼠标指定第二个切点

指定圆上的第三个点：_tan 到　　鼠标指定第三个切点

1.4.2.2　圆弧

1. 键盘输入

圆弧的命令原名为"ARC"，系统简化为"A"。执行该命令，有以下 8 种给定数据的方法。

（1）给定三点。

【例 1-7】　如图 1-35 所示，根据矩形顶点 A、B 以及 CD 边中点 E，过此三点画弧（见图 1-36）。

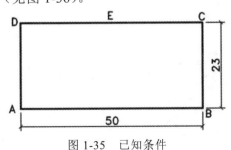

图 1-35　已知条件

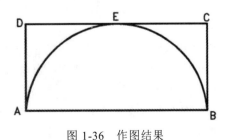

图 1-36　作图结果

⌨ **操作流程**

命令：　　　a【Enter】

ARC

指定圆弧的起点或［圆心（C）］：　　　鼠标点取 A 点

指定圆弧的第二个点或［圆心（C）/端点（E）］：　　　鼠标点取 E 点

指定圆弧的端点：　　　鼠标点取 C 点

（2）给定起始点、圆心及终点。

⌨ **操作流程**

命令：　　　a【Enter】

ARC

指定圆弧的起点或［圆心（C）］：　　　鼠标指定起点

指定圆弧的第二个点或［圆心（C）/端点（E）］：　　　c【Enter】（指定圆弧的圆心）

指定圆弧的圆心：　　　鼠标指定圆心

指定圆弧的端点或［角度（A）/弦长（L）］：　　　鼠标指定终点

（3）给定起始点、圆心及夹角。

【例 1-8】　　　如图 1-37 所示，绘制圆心在 A 点、起点为 B 点、末点为 D 点的圆弧（见图 1-38）。

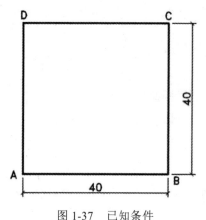

图 1-37　已知条件　　　　　　　　　　图 1-38　作图结果

⌨ **操作流程**

命令：　　　a【Enter】

ARC

指定圆弧的起点或［圆心（C）］：　　　鼠标点取起点 B

指定圆弧的第二个点或［圆心（C）/端点（E）］：　　　c【Enter】（鼠标点取圆心）

指定圆弧的圆心：　　　鼠标点取圆心 A

指定圆弧的端点或［角度（A）/弦长（L）］：　　　a【Enter】（指定圆心夹角）

指定包含角：　　　90【Enter】

注意　　夹角按逆时针为正、顺时针为负计算。

（4）给定起始点、圆心及弦长。

▦ **操作流程**

命令：　　<u>a【Enter】</u>

ARC

指定圆弧的起点或[圆心（C）]：　　<u>鼠标指定起点</u>

指定圆弧的第二个点或[圆心（C）/端点（E）]：　　<u>c【Enter】</u>（指定圆弧的圆心）

指定圆弧的端点或[角度（A）/弦长（L）]：　　<u>l【Enter】</u>

指定弦长：　　<u>30【Enter】</u>

（5）给定起始点、终点及夹角。

▦ **操作流程**

命令：　　<u>a【Enter】</u>

ARC

指定圆弧的起点或[圆心（C）]：　　<u>鼠标指定起点</u>

指定圆弧的第二个点或 [圆心（C）/端点（E）]：　　<u>e【Enter】</u>

指定圆弧的端点：　　<u>鼠标指定终点</u>

指定圆弧的圆心或[角度（A）/方向（D）/半径（R）]：　　<u>a【Enter】</u>（指定圆心夹角）

指定包含角（圆心夹角）：　　<u>90【Enter】</u>

（6）给定起始点、终点及半径。

▦ **操作流程**

命令：　　<u>a【Enter】</u>

ARC

指定圆弧的起点或[圆心（C）]：　　<u>鼠标指定起点</u>

指定圆弧的第二个点或[圆心（C）/端点（E）]：　　<u>e【Enter】</u>

指定圆弧的端点：　　<u>鼠标指定终点</u>

指定圆弧的圆心或[角度（A）/方向（D）/半径（R）]：　　<u>r【Enter】</u>

指定圆弧的半径：　　<u>60【Enter】</u>

（7）给定起始点、终点及起始点方向。

▦ **操作流程**

命令：　　<u>a【Enter】</u>

ARC

指定圆弧的起点或[圆心（C）]：　　<u>鼠标指定起点</u>

指定圆弧的第二个点或 [圆心（C）/端点（E）]：　　<u>e【Enter】</u>

指定圆弧的端点：   <u>鼠标指定终点</u>

指定圆弧的圆心或 [角度（A）/方向（D）/半径（R）]：   <u>d【Enter】</u>

指定圆弧的起点切向：   <u>90【Enter】</u>（起点切线与 X 轴正向的夹角，逆时针为正，顺时针为负）

（8）线与弧及弧与弧的连接。这种方法适用于画直线或弧以后，再画一个与该直线或弧按相切关系连接的弧。实际上，是将前面画的直线或弧的终点和终点的切线方向作为新弧的起始点和方向，这时只要再给一个终点即可画出弧来。

操作流程

命令：   <u>a【Enter】</u>

ARC

指定圆弧的起点或 [圆心（C）]：   <u>【Enter】</u>（空回车）

指定圆弧的端点：   <u>鼠标指定端点</u>

图 1-39   画弧子菜单

2. 使用工具条

圆弧工具条的图标如图 1-13 所示。使用工具条画弧的操作步骤同键盘输入的操作步骤。

3. 使用下拉菜单

圆弧的菜单项"圆弧"在"绘图"下拉菜单中，如图 1-39 所示，用下拉菜单画弧共有 11 种输入方法。

（1）依次输入：三点。

（2）依次输入：起点、圆心及终点。

（3）依次输入：起点、圆心及夹角。

（4）依次输入：起点、圆心及弦长。

（5）依次输入：起点、终点及夹角。

（6）依次输入：起点、终点及方向。

（7）依次输入：起点、终点及半径。

（8）依次输入：圆心、起点及终点。

（9）依次输入：圆心、起点及夹角。

（10）依次输入：圆心、起点及弦长。

（11）连接画弧：同键盘输入中的"（8）线与弧及弧与弧的连接"。

通过以上的描述，读者不难看出：画弧的方法要比画圆的方法复杂得多。因此，后面在大多数的情况下，总是用先画圆，然后再按修剪的方法来画弧。简言之，就是以圆代弧。

1.4.2.3 椭圆

椭圆的命令原名为 ELLIPSE"，系统简化为"EL"。其工具条的图标形状如图 1-13 所示。

【例 1-9】   如图 1-40 所示，根据矩形 ABCD 的边长中点 E、F、G 绘制椭圆（见图 1-41）。

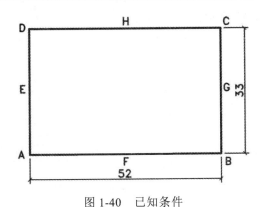

图 1-40　已知条件

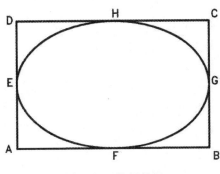

图 1-41　作图结果

⌨ **操作流程**

命令：　　　el【Enter】

ELLIPSE

指定椭圆的轴端点或［圆弧（A）/中心点（C）］：　　　鼠标点取起点 E

指定轴的另一个端点：　　　鼠标点取起点 G

指定另一条半轴长度或［旋转（R）］：　　　鼠标点取起点 F

画椭圆还可用后面学习的多段线进行样条拟合来完成。

1.4.3　多段线与圆弧、矩形和正多边形

多段线的命令原名为"PLINE"，系统简化为"PL"。使用该命令可以绘制"POLYLINE"实体。该命令集平面图形的所有形式于一体：可以用来画直线、圆弧、折线、多边形以及任意曲线；既可画细线，也可画不同粗细的线，还可画实心图形。"POLYLINE"实体由数段不同宽度、不同线型的直线或圆弧所组成。AutoCAD 将其一次画出的所有线段作为一个实体对待。

多段线具有以下特点：

（1）可以有宽度，并且宽度可以逐渐改变，形成锥度。

（2）可以用具有宽度的多段线绘制实心圆或圆环。

（3）连续相接的线和弧可以形成封闭的图形。

（4）具有可编辑性，例如，可以删除它的顶点，使一些线、弧相连，以及与另外的多段线相接，形成新的多段线。

（5）可以在指定的位置上使多段线倒角、倒圆。

（6）可以使多段线实现曲线拟合。

（7）可以查询折线的面积和周长。

本节只介绍"PLINE"命令的使用方法，关于多段线的编辑问题将在下节介绍。

下面分别讲解多段线的不同操作方法。

1.4.3.1　多段线与圆弧

【例 1-10】　绘制图 1-42 所示的图形，其中直线宽度为 1，箭头尾宽为 4，圆的左边最粗处线

图 1-42　带宽度的图形

宽为 4，右边最窄处线宽为 0，其余尺寸如图 1-42 所示。

⌨ **操作流程**

命令：　　<u>pl【Enter】</u>

PLINE

指定起点：　　<u>用鼠标指定起点</u>

当前线宽为 0.0000

指定下一个点或 [圆弧 （A） / 半宽 （H） / 长度 （L） / 放弃 （U） / 宽度 （W）]：

<u>w【Enter】</u>

指定起点宽度 <0.0000>：　　<u>1【Enter】</u>

指定端点宽度 <1.0000>：　　<u>【Enter】</u>

指定下一个点或 [圆弧 （A） / 半宽 （H） / 长度 （L） / 放弃 （U） / 宽度 （W）]：

<u>光标垂直向上，键入直线长度 21【Enter】</u>

指定下一个点或 [圆弧 （A） / 闭合 （C） / 半宽 （H） / 长度 （L） / 放弃 （U） / 宽度 （W）]：

<u>w【Enter】</u>

指定起点宽度 <1.0000>：　　<u>4【Enter】</u>

指定端点宽度 <4.0000>：　　<u>0【Enter】</u>

指定下一个点或 [圆弧 （A） / 闭合 （C） / 半宽 （H） / 长度 （L） / 放弃 （U） / 宽度 （W）]：

<u>光标垂直向上，键入箭头长度 15【Enter】</u>

指定下一个点或 [圆弧 （A） / 闭合 （C） / 半宽 （H） / 长度 （L） / 放弃 （U） / 宽度 （W）]：

<u>【Enter】</u>（结束箭头的绘制）

命令：　　<u>pl【Enter】</u>

PLINE

指定起点：　　<u>用鼠标指定圆周的最左边的起点</u>

当前线宽为 0.0000

指定下一个点或 [圆弧 （A） / 半宽 （H） / 长度 （L） / 放弃 （U） / 宽度 （W）]：

<u>a【Enter】</u>

指定圆弧的端点或

[角度 （A） / 圆心 （CE） / 方向 （D） / 半宽 （H） / 直线 （L） / 半径 （R） / 第二个点 （S）

/ 放弃 （U） / 宽度 （W）]：

<u>w【Enter】</u>

指定起点宽度 <0.0000>：　　<u>4【Enter】</u>

指定端点宽度 <4.0000>：　　<u>0【Enter】</u>

指定圆弧的端点或

[角度 （A） / 圆心 （CE） / 方向 （D） / 半宽 （H） / 直线 （L） / 半径 （R） / 第二个点 （S）

/ 放弃 （U） / 宽度 （W）]：　　<u>r【Enter】</u>

指定圆弧的半径：　　<u>15【Enter】</u>

指定圆弧的端点或 [角度 （A）]：

光标水平指向正右方，键入圆的直径 30【Enter】

指定圆弧的端点或

［角度（A）/圆心（CE）/闭合（CL）/方向（D）/半宽（H）/直线（L）/半径（R）/第二个点（S）/放弃（U）/宽度（W）］：　　w【Enter】

指定起点宽度 <0.0000>：　　【Enter】（采用默认值零）

指定端点宽度 <0.0000>：　　4【Enter】

指定圆弧的端点或

［角度（A）/圆心（CE）/闭合（CL）/方向（D）/半宽（H）/直线（L）/半径（R）/第二个点（S）/放弃（U）/宽度（W）］：　　cl【Enter】（闭合圆周，结束变粗度圆周的绘制）

1.4.3.2　绘制矩形

矩形工具不是 AutoCAD 的内部原命令，是用 AutoLISP 程序编制的外部命令，在菜单文件中定义。它的类型属于"POLYLINE"实体。

矩形的命令原名为"RECTANG"，系统简化为"REC"。

【例 1-11】按图 1-43 中所示尺寸，绘制线宽为 1 的圆角矩形。

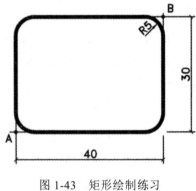

图 1-43　矩形绘制练习

🖲 **操作流程**

命令：　　rec【Enter】

RECTANG

指定第一个角点或［倒角（C）/标高（E）/圆角（F）/厚度（T）/宽度（W）］：　　f【Enter】（设置圆角半径）

指定矩形的圆角半径 <0.0000>：　　5【Enter】

指定第一个角点或［倒角（C）/标高（E）/圆角（F）/厚度（T）/宽度（W）］：w【Enter】（设置线宽）

指定矩形的线宽 <0.0000>：　　1【Enter】

指定第一个角点或［倒角（C）/标高（E）/圆角（F）/厚度（T）/宽度（W）］：鼠标指点 A 位置

指定另一个角点或［面积（A）/尺寸（D）/旋转（R）］：　　@40，30【Enter】（相对直角坐标给定 B 位置）

技巧　　如果矩形放置的位置和水平方向呈一定的夹角，可以使用其中的"R"选项，旋转整个矩形。

1.4.3.3　绘制正多边形

正多边形的命令原名为"POLYGON"，系统简化为："POL"。

【例 1-12】　如图 1-44 和图 1-45 所示，画已知圆内接正五边形。

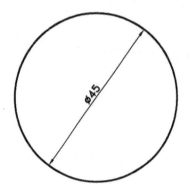

图 1-44　已知条件

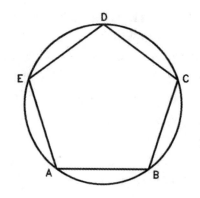

图 1-45　作图结果

⌨ **操作流程**

命令：　　　pol【Enter】

POLYGON

输入边的数目 <0>：　　　5【Enter】（正多边形边数）

指定正多边形的中心点或 [边（E）]：　　　鼠标点取圆心

输入选项 [内接于圆（I）/外切于圆（C）] <I>：　　　i【Enter】（正多边形内接于圆）

指定圆的半径：　　鼠标点取 D 点，确定圆的半径

1.4.4　点坐标的捕捉

　　在使用绘图命令画图时，经常需要利用可见实体上的某些特殊点作为当前点的坐标。对于这样的点，如果用光标点取，难免会有一定的误差；如果用键盘输入，可能不知道该点的准确数据。如何精确获得图中的这些点呢？这就需要使用实体捕捉的方法，即"对象捕捉"。

　　实体上某些点坐标的捕捉，以下将简称为捕捉。之所以这样说明，是因为在 AutoCAD 中有两种捕捉方式，除"对象捕捉"外，另一种是屏幕网格点（Grid）的捕捉，即"Snap"捕捉。

【**例 1-13**】　　利用捕捉设定 [见图 1-46（a）] 来画一个矩形的对角线。

　　利用图 1-43 来画它的一条对角线——A 点和 B 点的连线。

命令：　　　os【Enter】（发出"osnap"命令）

　　这时将弹出如图 1-46（a）所示的实体捕捉对话框，选择捕捉类型为"交点"，然后单击"确定"确认。

⌨ **操作流程**

命令：　　　l【Enter】

指定第一点：　　　鼠标点取 A 点

指定下一点：　　　鼠标点取 B 点

指定下一点：　　　【Enter】（结束）

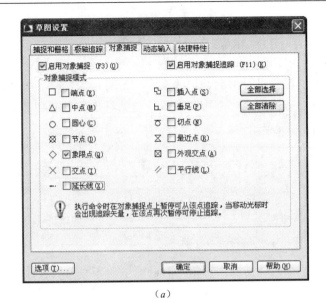

（a）　　　　　　　　　　　　　　　　　　　　（b）

图 1-46　对象捕捉

（a）对象捕捉；（b）对象捕捉光标菜单

从上例可以看出：所谓的捕捉是指在需要点坐标的时候，不是直接键入坐标，而是先指定捕捉的类型，然后用正方形的捕捉光标选取实体上的某一部位来给定点。

捕捉有以下几种类型：

（1）端点：直线或圆弧的两个端点。

（2）中点：直线或圆弧的中点。

（3）圆心：圆或圆弧的圆心。捕捉此点时，光标必须指示在圆周或弧线上。

（4）节点：指"Point"类型的实体。

（5）象限点：圆或圆弧的象限点，即圆周上 0°、90°、180°、270°的点。

（6）交点：线段、圆或圆弧之间的交点。当两线同时位于捕捉靶区中时，即交点在正方形光标中时，可直接捕捉；当一根线被选中，而另一根线不在靶区中时，需要进一步选取另一根线，才可捕捉到交点。前者适用于捕捉有形交点，而后者适用于经延伸才有交点的情况，即在画面中并不存在有形的交点的情况。

（7）插入点：块、形或文本的插入点。

（8）垂足：过最后画的一个点向圆、线段、圆弧或它们的延伸线作垂线时的垂足点。

（9）切点：过最后画的一个点向圆、圆弧作切线时的切点。

（10）最近点：离光标中心最近的线段、圆、圆弧上的点。

以上各捕捉类型在使用时，既可使用键盘输入，也可使用光标菜单输入。使用光标菜单输入的方法是：按住【Shift】键的同时单击鼠标的右键，这时将弹出图 1-46（b）所示的光标菜单，然后在菜单中用鼠标左键拾取即可。光标菜单不像下拉菜单那样是固定位置的，它动态地出现在当前光标所在的地方。

1.5　常用编辑命令及其用途

编辑命令是指对画面中已有的图线进行增删操作的命令。所谓"增"就是指复制已有的图线；所谓"删"就是指删除已有的图线。常用编辑命令的工具条如图 1-47 所示。

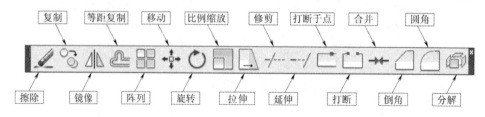

图 1-47　编辑命令工具条

这些编辑命令有一个共同的特征：都需要用户指定对画面中的哪些图线进行编辑。这就是所谓的"构造选择集"。

1.5.1　构造选择集

在输入一条编辑命令后，AutoCAD 通常出现下列提示："选择对象"。

它要求用户从已有图形中选择进行编辑的目标，选中的目标被送入选择集。对于这条提示，用户可使用下列方式响应。

（1）直接指点：用户直接移动光标到已有的图形上，然后按下鼠标左键。AutoCAD 将把被选中的图线用"醒目"的方式显示（改变颜色、线型或亮度），表示该图线已进入选择集，并且又重复出现提示"选择对象"，等待用户继续选择目标。该方式一次只能选取一个实体。当选择的实体为粗线时，应点取粗线的边界，否则选不到该线。

（2）L（Last）：最后画的实体。最后画的实体只有一个，再键入"L"，又重复选到这个目标。因此，只有采用其他方式才可继续选择目标。

（3）W（Window）：窗口方式。键入"W"后，AutoCAD 提示用户输入窗口的两个角点：

指定第一个角点：

指定对角点：

在用户选定对角点的过程中，AutoCAD 动态地显示一个窗口，帮助用户作出判断。在选定窗口后，完全属于窗口内的所有实体即被选中（100%在窗口内）。

（4）C（Crossing）：交叉窗口方式。键入"C"后，操作类似"W"窗口方式。但两者的不同点在于，在交叉窗口方式下，与窗口边界相交的实体和窗口内的实体都是选中的目标。

（5）P（Previous）：选择前一个选择集。键入"P"后，AutoCAD 把执行当前编辑命令前所构造好的选择集作为当前选择集。

（6）F（Fence）：折线方式。键入"F"后，不断地在图中画线，直到用空回车结束为止。凡是与所画的线相交的实体都将被选中。

（7）ALL：全部选中。

（8）AUTO：自动方式。这是 AutoCAD 的缺省方式。

在 AUTO 方式下，当选择图线时，如果点取在图线上，则该线将被选中，但当点取图中的空白处时，AutoCAD 要求选择第二个点。当第二个点在第一个点的右方时，相当于"W"式的窗选，即完全被窗口框中的图线为选中。当第二个点在第一个点的左方时，相当于"C"式的窗选，即完全在窗框中或与窗口相交的图线都将被选中。

（9）WP：多边形窗口。上述窗口只能为矩形，而这种方式的窗口可为任意多边形。操作时键入"WP"后，不断地在图中拾取点，直到用空回车结束为止，由这些点组成多边形窗口。它的取舍同"W"窗口。

（10）CP：操作同 WP，只是它的取舍规则同"C"窗口。

此外，当用户选择有错时，可用"U"键依次回退；还可用"R"键从选择模式转为扣除模式，在扣除模式下，用上述选择方法将误选的图线从选择集中扣除出去；也可用"A"键再回到选择模式中。因此，可以用"R"键和"A"键在选择和扣除两模式中自由地切换。

在选择模式下选取目标后，AutoCAD 在提示行显示下列形式的信息：

找到 n1 个，总计 n2 个

这些信息表示作了 n1 次选择，有 n2 个实体被选中。在多重选择中，有可能 n1>n2，因为在选择过程中，可能有部分实体被作了重复选择，或者有的选择没有搜索到目标。

在扣除模式下选择目标时，AutoCAD 在提示行显示的信息为：

找到 n1 个，删除 n2 个，总计 n3 个

这些信息表示作了 n1 次选择，在选择集中选到了 n2 个目标，还剩 n3 个目标。

1.5.2　图线的等距复制

等距复制是绘图中最常使用的一种操作。它相当于手工绘图中用三角板推平行线的动作。它的数据输入有两种方式。

1.5.2.1　给定距离

首先给定距离，然后用指点的方式，给出复制线在原线的哪一侧，如图 1-48 所示。该命令的命令原名为"OFFSET"，系统简化为"O"。

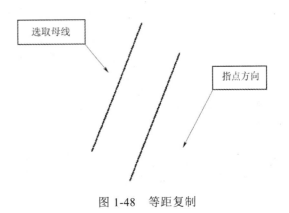

图 1-48　等距复制

操作流程

命令：　　　　o【Enter】

OFFSET

指定偏移距离或［通过（T）/删除（E）/图层（L）］：　　　50【Enter】

选择要偏移的对象，或［退出（E）/放弃（U）］<退出>：　　鼠标选择要偏移的母线

指定要偏移的那一侧上的点，或［退出（E）/多个（M）/放弃（U）］<退出>：

鼠标指定偏移的方向

选择要偏移的对象，或［退出（E）/放弃（U）］<退出>：　　　【Enter】

如果不用空回车结束，而是继续选择母线和指点方向，则可一直复制下去，直到用空回车结束为止。但是后面的复制其距离值将保持不变。如果需要改变偏移距离的数值，那就需要重新开始执行该命令，因为只有刚进入该命令的时候才可以给定偏移距离的数值。

1.5.2.2 给定通过点

给定通过点方式是用给定复制线通过点来确定线的位置。

操作流程

命令：　　　o【Enter】

OFFSET

指定偏移距离或［通过（T）/删除（E）/图层（L）］：　<50.0000>　　　t【Enter】

选择要偏移的对象，或［退出（E）/放弃（U）］<退出>：　　<u>鼠标选择要偏移的母线</u>

指定要偏移的那一侧上的点，或［退出（E）/多个（M）/放弃（U）］<退出>：

<u>鼠标指定通过点</u>

选择要偏移的对象，或［退出（E）/放弃（U）］<退出>：　　　　【Enter】

等距复制的直线与其母线等长，而其他类型的线与母线的关系如图 1-49 所示。

所有的编辑命令的图标在工具条上的位置和形状如图 1-47 所示。

图 1-49　等距复制线与母线的关系

使用工具条和使用命令行输入的操作步骤是一样的，下面不再赘述。所有的编辑命令都在下拉菜单"修改"中。

1.5.3 延伸

延伸有两种情况：一种情况是延伸至某一个边界；另一种情况是延伸一定的长度。

1.5.3.1 延伸至某一个边界

使用"EXTEND"命令，系统简化为"EX"。

技巧　　当系统询问延伸边界线时直接回车，系统会选择当前窗口中的所有图线为延伸边界线，方便用户多次延伸。当系统询问被延伸线时，按住【Shift】键再选择图线，会用延伸边界线剪切被选图线。

如图 1-50 所示，延伸楼梯栏杆到楼梯扶手（见图 1-51）。

操作流程

命令：　　　<u>ex【Enter】</u>

EXTEND

选择边界的边...

选择对象或〈全部选择〉：　　　鼠标选择楼梯扶手作为延伸边界线

选择对象：　　　【Enter】（结束延伸边界选择）

选择要延伸的对象，或按住 Shift 键选择要修剪的对象，或[栏选（F）/窗交（C）/投影（P）
/边（E）/放弃（U）]：　　f【Enter】（一次性地延伸全部需要延伸的楼梯栏杆）

选择要延伸的对象，或按住 Shift 键选择要修剪的对象，或[栏选（F）/窗交（C）/
投影（P）/边（E）/放弃（U）]：　　鼠标选择需延伸的直线 AB

选择要延伸的对象，或按住 Shift 键选择要修剪的对象，或[栏选（F）/窗交（C）/
投影（P）/边（E）/放弃（U）]：　　【Enter】（结束延伸命令）

指定第一个栏选点：　　鼠标点取第一个栏选点

指定下一个栏选点或 [放弃（U）]：　　鼠标点取第二个栏选点，【Enter】（延伸所有
选中直线）

指定下一个栏选点或 [放弃（U）]：　　【Enter】（结束延伸命令）

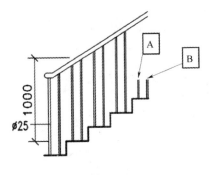 

图 1-50　已知条件　　　　　图 1-51　编辑结果

说明

（1）只有 LINE、ARC、CIRCLE 和 PLINE、TEXT 等类型的实体可作为延伸边界线，
而像 TRACE、SOLID 等实体无效。当以宽 PLINE 为边界时，以其中心线为边界。

（2）可以用各种选取目标的方式选择边界线，选中的边改为醒目显示。当用回车结束
选择后，如果没有合格的边界线，则显示："没有选到边界线"，并且要求重新选择。

（3）边界线经常用直接指点或 Fence 方式选取，它不能用 Last 等不能确定延伸方向的
方式选取。

（4）选取一次延伸边后，EXTEND 命令检查这个延伸边，根据拾取点在延伸边上的位
置，选择拾取点临近的一端延伸该边（圆弧沿圆周方向延伸），直到与一条界限边相交为
止。上一次延伸后的边仍然可以继续拾取为延伸边界线，继续延伸。

（5）如果延伸边延伸后与界限边不相交，则出现信息："这个实体不能延伸"。

（6）对于 PLINE 线，只有开式 PLINE 可以延伸，如果要求延伸一条闭式 PLINE，则
出现信息："不能延伸一条闭式 PLINE"。

对于开式 PLINE，其首边和末边将按直线或圆弧方式延伸。对于宽 PLINE，则按中心

线延伸到边界线，并且延伸末端的边界与中心线垂直。

对于有变宽度的直线段与圆弧，则按原倾斜度延伸。如果延伸后，其末端的宽度将出现负值，则该端的宽度改设置为零。

1.5.3.2　延伸一定的长度

延伸（也可缩短）直线、圆弧为一定的长度采用"LENGTHEN"命令，系统简化为"LEN"。该命令有四种使用形式，其操作步骤如下。

（1）给定延伸量的具体数值。

📟 **操作流程**

命令：　<u>len【Enter】</u>

LENGTHEN

选择对象或［增量（DE）/百分数（P）/全部（T）/动态（DY）］：　　<u>de【Enter】</u>

输入长度增量或［角度（A）］<0.0000>：　　<u>100【Enter】</u>

选择要修改的对象或［放弃（U）］：　　<u>鼠标选取需延长线的需延长的一端</u>（可为LINE、ARC、PLINE）

指定下一个栏选点或［放弃（U）］：　　<u>【Enter】</u>（结束命令）

（2）给定延伸量的相对百分比。

📟 **操作流程**

命令：　<u>len【Enter】</u>

LENGTHEN

选择对象或［增量（DE）/百分数（P）/全部（T）/动态（DY）］：　　<u>p【Enter】</u>

输入长度增量或［角度（A）］<0.0000>：　　<u>50【Enter】</u>

选择要修改的对象或［放弃（U）］：　　<u>鼠标选取需延长线的需延长的一端</u>（可为LINE、ARC、PLINE）

指定下一个栏选点或［放弃（U）］：　　<u>【Enter】</u>（结束命令）

（3）给定直线的绝对总长度。

📟 **操作流程**

命令：<u>len【Enter】</u>

LENGTHEN

选择对象或［增量（DE）/百分数（P）/全部（T）/动态（DY）］：　　<u>t【Enter】</u>

输入长度增量或［角度（A）］<1.0000>：　　<u>300【Enter】</u>（总长为300单位。对于圆弧长度值不得大于或等于圆周长）

选择要修改的对象或［放弃（U）］：　　<u>鼠标选取线</u>（可为LINE、ARC、PLINE）

指定下一个栏选点或［放弃（U）］：　　<u>【Enter】</u>（结束命令）

（4）延伸（或缩短）直线至指定点。

⌨ **操作流程**

命令：　<u>len【Enter】</u>

LENGTHEN

选择对象或［增量（DE）/百分数（P）/全部（T）/动态（DY）］：　<u>dy【Enter】</u>
（选择"动态"，动态指定直线或圆弧的新的端点）

选择要修改的对象或［放弃（U）］：　<u>鼠标选择延伸的对象</u>

指定新端点：　<u>鼠标选择直线或圆弧</u>（可为 LINE、ARC，对 PLINE 无效，指定新端点）

选择要修改的对象或［放弃（U）］：　<u>【Enter】</u>（结束命令）

1.5.4　修剪与擦除

1.5.4.1　对于修剪的操作

除了使用上述的"LENGTHEN"命令以外，更常使用的是修剪命令"TRIM"，该命令系统简化为"TR"。修剪只能切除实体的一部分，若需全部切掉则属于擦除的范畴。

　技巧　当系统询问剪切边时直接回车，系统会选择当前窗口中的所有图线为剪切边，方便用户多重修剪。当系统询问被剪切边时，按住【Shift】键再选择图线，会延伸直线到剪切边。

【**例 1-14**】　如图 1-52 所示，将该图修剪为图 1-53 所示样式。

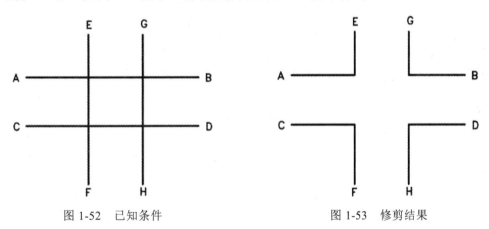

图 1-52　已知条件　　　　　　　　　图 1-53　修剪结果

⌨ **操作流程**

命令：　<u>tr【Enter】</u>

TRIM

选择剪切边...指定对角点：

选择对象或〈全部选择〉：找到 1 个，　<u>选择剪切边 AB</u>

选择对象：找到 1 个，总计 2 个，　<u>选择剪切边 CD</u>

选择对象：找到 1 个，总计 3 个，　<u>选择剪切边 EF</u>

选择对象：找到 1 个，总计 4 个，　　　选择剪切边 GH，【Enter】（选择剪切边结束）

选择对象：

选择要修剪的对象，或按住 Shift 键选择要延伸的对象，或[栏选（F）/窗交（C）/投影（P）/边（E）/删除（R）/放弃（U）]：　　　选择需要剪切的线（选择部分将被去除）

选择要修剪的对象，或按住 Shift 键选择要延伸的对象，或[栏选（F）/窗交（C）/投影（P）/边（E）/删除（R）/放弃（U）]：　　　【Enter】（可一直选择需剪切的线，直到回车结束）

说明　它的局限性参见"EXTEND"的说明。此外，剪切边同时也可选作为被切边。在选取被切边后，TRIM 命令检查这个被切边，根据拾取点的位置来确定被擦除的线段。如果拾取点在被切边端点和剪切交点之间，则被切边沿剪切交点被修剪（删除）。如果拾取点在两个剪切交点之间，则交点间的部分被修剪，该被切边被分为两个实体（见图 1-53）。当被切边为圆时，则该圆上至少要有两个剪切交点，该圆才能被修剪成圆弧。

1.5.4.2　对于擦除的操作

擦除命令的命令原名为"ERASE"，系统简化为"E"。

技巧　可以使用键盘功能键【Delete】完成同样的工作。

【例 1-15】　如图 1-54 所示，删除同心圆的小圆（见图 1-55）。

操作流程

命令：　　　e【Enter】

ERASE

选择对象：　　　鼠标点取要删除的对象【Enter】

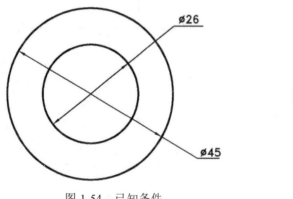

图 1-54　已知条件

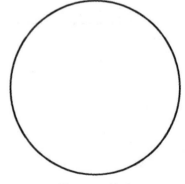

图 1-55　擦除

1.5.5　倒角、倒圆与相交

1.5.5.1　倒角

1. 对两条相交的直线作倒角（倒棱角）

在倒角处，直线段自动修剪或延伸，倒角距离 d1、d2 可以不同，如图 1-56 所示。倒角命令的命令原名为"CHAMFER"，系统简化为"CHA"。

【例 1-16】　如图 1-56 所示，对两条相交的直线作倒角（见图 1-57）。

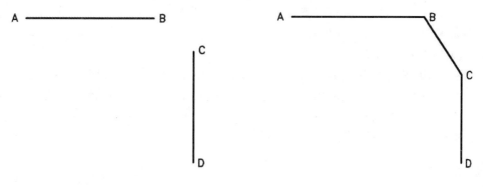

图 1-56　已知条件　　　　　　　　　　　　图 1-57　倒角

⌨ **操作流程**

命令：　<u>cha【Enter】</u>

CHAMFER

（"修剪"模式）当前倒角距离 1=0.0000，距离 2= 0.0000

选择第一条直线或 [放弃（U）/多段线（P）/距离（D）/角度（A）/修剪（T）/方式（E）/多个（M）]：　<u>d【Enter】</u>

指定第一个倒角距离 <0.0000>：　　　<u>10【Enter】</u>

指定第二个倒角距离 <10.0000>：　　　<u>15【Enter】</u>

选择第一条直线或 [放弃（U）/多段线（P）/距离（D）/角度（A）/修剪（T）/方式（E）/多个（M）]：　<u>鼠标点取直线 AB</u>

选择第二条直线，或按住 Shift 键选择要应用角点的直线：　　<u>鼠标点取直线 CD</u>

倒角（或倒圆）的工具图标形状和菜单位置如图 1-47 所示，其菜单位于"修改"菜单中。

2. 对整条 PLINE 作倒角

对于开式 PLINE，在各内顶点处倒角；对于闭式 PLINE，在各顶点处倒角。第一倒角距离 d1 与第二倒角距离 d2 的排列，从 PLINE 的起点开始，顺序计算。

⌨ **操作流程**

命令：　<u>cha【Enter】</u>

CHAMFER

（"修剪"模式）当前倒角距离 1=30.0000，距离 2=60.0000

选择第一条直线或 [放弃（U）/多段线（P）/距离（D）/角度（A）/修剪（T）/方式（E）/多个（M）]：　<u>p【Enter】</u>

选择二维多段线：　<u>鼠标选择多段线</u>

2 条直线已被倒角

3. 在一条 PLINE 内的各段或多于 PLINE 线之间作倒角

在一条 PLINE 内，可单独选取两条相邻直线倒角；也可以在一条 PLINE 和一条 LINE 之间进行倒角，倒角后两条线将合并成一条 PLINE。

AutoCAD 2009 可在两条 PLINE 之间进行倒角，但是 AutoCAD 2002 以前的版本是不可以在两条 PLINE 之间进行倒角的。

4. 倒角距离 d1 和 d2

倒角距离 d1 和 d2 都是系统变量，其初值均为 10（当使用向导开图，并使用缺省图幅 420mm×297mm 时）。因此，在倒角时，首先要用 CHAMFER 命令设置倒角距离。此外，也可以用系统变量名来设置倒角距离。这两个变量名分别为 "CHAMFERA" 和 "CHAMFERB"，可采用直接键入变量名的方式来设置。

⌨ 操作流程

命令：   chamfera【Enter】

输入 CHAMFERA 的新值 <30.0000>：   50【Enter】

命令：   chamferb【Enter】

输入 CHAMFERB 的新值 <60.0000>：   30【Enter】

5. 倒角命令的其他几种情况

（1）使用角度来指定倒角条件。

⌨ 操作流程

命令：   cha【Enter】

CHAMFER

（"修剪"模式）当前倒角距离 1=30.0000，距离 2=60.0000

选择第一条直线或 [放弃（U）/多段线（P）/距离（D）/角度（A）/修剪（T）/方式（E）/多个（M）]：   p【Enter】

选择二维多段线：   鼠标选择多段线

2 条直线已被倒角

（2）保留原线：仅画出倒角线而不修剪原来的两条线（见图 1-58 和图 1-59）。

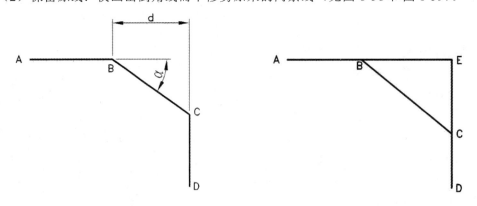

图 1-58   给定角度倒角   图 1-59   倒角而不修剪原线

⌨ 操作流程

命令：   cha【Enter】

CHAMFER

（"修剪"模式）当前倒角距离 1=20.0000，距离 2=15.0000

选择第一条直线或[放弃（U）/多段线（P）/距离（D）/角度（A）/修剪（T）/方式（E）/多个（M）]：　t【Enter】

输入修剪模式选项[修剪（T）/不修剪（N）]<修剪>：　n【Enter】

选择第一条直线或[放弃（U）/多段线（P）/距离（D）/角度（A）/修剪（T）/方式（E）/多个（M）]：　鼠标选择直线 AB

选择第二条直线，或按住 Shift 键选择要应用角点的直线：　鼠标选择直线 CD（结束命令）

（3）在给定距离和角度两种状态之间切换。

⌨ 操作流程

命令：　cha【Enter】

CHAMFER

（"修剪"模式）当前倒角距离 1=120.0000，距离 2=30.0000

选择第一条直线或[放弃（U）/多段线（P）/距离（D）/角度（A）/修剪（T）/方式（E）/多个（M）]：　m【Enter】

选择第一条直线或 [放弃（U）/多段线（P）/距离（D）/角度（A）/修剪（T）/方式（E）/多个（M）]：　a【Enter】

指定第一条直线的倒角长度<0.0000>：　20【Enter】

指定第一条直线的倒角角度<0.0000>：　45【Enter】

选择第一条直线或 [放弃（U）/多段线（P）/距离（D）/角度（A）/修剪（T）/方式（E）/多个（M）]：　鼠标选择直线 AB

选择第二条直线，或按住 Shift 键选择要应用角点的直线：　鼠标选择直线 CD

选择第一条直线或 [放弃（U）/多段线（P）/距离（D）/角度（A）/修剪（T）/方式（E）/多个（M）]：　【Enter】（结束）

1.5.5.2　倒圆

倒圆命令的命令原名为"FILLET"，系统简化为"F"。

当给定半径为非零数值时，可用圆角连接两个图线。

技巧　当给定半径为零时，可以使两线相交。绘图时，经常使用该命令使两直线或其他非闭合类型的两图线相交。

⌨ 操作流程

命令：　f【Enter】

FILLET

选择第一个对象或 [放弃（U）/多段线（P）/半径（R）/修剪（T）/多个（M）]：r【Enter】

指定圆角半径 <20.000>：   <u>50【Enter】</u>（给定半径为 50）

选择第一个对象或 [放弃（U）/多段线（P）/半径（R）/修剪（T）/多个（M）]：<u>鼠标点取上边直线</u>

选择第二个对象，或按住 Shift 键选择要应用角点的对象：   <u>鼠标点取右边直线</u>

1.5.5.3　相交

只要将倒角的倒角距离设为零，或将倒圆的半径设为零，就可使两个无交点的线相交。但是，必须将这两个命令设置在"修剪"模式下。

【例 1-17】 如图 1-60 所示，绘制两直线相交（见图 1-61）。

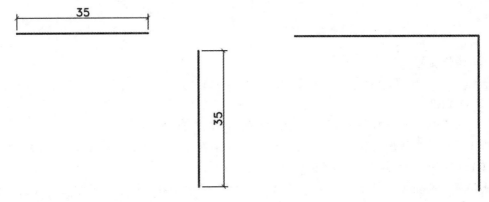

图 1-60　已知条件　　　　　　　　　　　图 1-61　直线相交

⌨ **操作流程**

命令：   <u>f【Enter】</u>

FILLET

选择第一个对象或 [放弃（U）/多段线（P）/半径（R）/修剪（T）/多个（M）]：<u>r【Enter】</u>

指定圆角半径 <20.000>：   <u>0【Enter】</u>（给定半径为 0）

选择第一个对象或 [放弃（U）/多段线（P）/半径（R）/修剪（T）/多个（M）]：<u>鼠标点取上边直线</u>

选择第二个对象，或按住 Shift 键选择要应用角点的对象：   <u>鼠标点取右边直线</u>

1.5.6　移动与复制

移动与复制是绘图中经常要用到的命令。它们有多种操作方式：

（1）可以使用命令行键入"MOVE"（移动）、"COPY"（复制）。

（2）可以使用工具条。

（3）可以使用下拉菜单。

（4）可以使用夹点编辑的方式（夹点英文为"Grip"）。

上述（1）～（3）种操作方式是先发命令再指定编辑实体的方式；第（4）种方式是先指定实体再选择命令的方式，即所谓的"夹点"。移动和复制在使用上相差不大，其区别仅仅在于复制后是否保留原线，如果保留则为"复制"，如果不保留则为移动。因此，在夹点编辑的方式下，这两种操作使用同一种命令项来完成，在命令行中仅仅名称不同而操作步骤完全一致，在下面的举例中为了简洁将以"移动"为例。下面分不同的情况和不同的操作方式来完成各种移动和复制工作。

1.5.6.1　沿正交方向移动或复制

正交方向是指 0°、90°、180°、270°方向，沿正交方向移动或复制又称为水平和垂直移动。沿此类方向的移动或复制可使用【F8】功能键，打开正交开关（状态行"ORTHO"字体为深黑色），限定移动方向。用光标指示方向，用键盘输入距离值。命令"MOVE"系统简化为"M"；命令"COPY"建议简化为"CO"。这两个命令在工具条上的位置和图标如图 1-47 所示。

📇 **操作流程**

命令：　　　m【Enter】

MOVE

选择对象：　　　用窗口选择图线

指定对角点：　　　窗口另一点

找到 3 个

选择对象：　　　【Enter】（空回车结束选线）

指定基点或 [位移（D）]〈位移〉：　　　鼠标点取参照基点（此时可以任意点取一点，因为后面采用的是相对位移值）

指定第二个点或〈使用第一个点作为位移〉：　　　100【Enter】（将光标指向右方后，从键盘输入距离。此时的 100 是相对原位置的距离值。注意此时的"ORTHO"的状态，应为打开状态）

执行上述步骤后，被选择的三根线将水平向右移动 100 单位的距离（或在 100 单位处复制）。

1.5.6.2　将图形移动（或复制）到指定点

【例 1-18】　如图 1-62 所示，用移动命令将该图中的汽车移位，移后位置如图 1-63 所示。

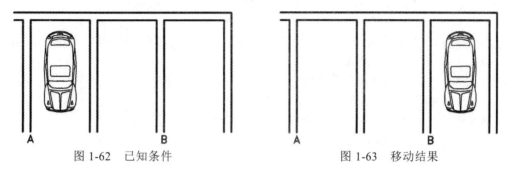

图 1-62　已知条件　　　　　　　　图 1-63　移动结果

📇 **操作流程**

命令：　　　m【Enter】

MOVE

选择对象：　　<u>鼠标选择需要移动的对象</u>

找到 1 个

选择对象：　　　　<u>【Enter】</u>

指定基点或 [位移（D）] <位移>：　　<u>用鼠标点取 A 点作为基点</u>

指定第二个点或 <使用第一个点作为位移>：　　<u>鼠标向右移动，指定 B 点</u>

1.5.6.3　相对当前位置一定距离或角度的移动（或复制）

相对当前位置一定距离或角度的移动（或复制）与沿正交方向移动或复制的情况相似，只是将光标定位改为相对直角坐标或相对极坐标。

🖾 **操作流程**

命令：　　<u>m【Enter】</u>

MOVE

选择对象：　　<u>选择图线</u>

找到 1 个

选择对象：　　　　<u>【Enter】</u>

指定基点或 [位移（D）] <位移>：　　<u>100，50【Enter】</u>

指定第二个点或 <使用第一个点作为位移>：　　　　<u>【Enter】</u>

执行上述步骤后，将图形沿 X 方向移动 100 单位，同时沿 Y 方向移动 50 单位。如果是已知距离和方向角，则应采用相对极坐标。

1.5.6.4　将图形进行多次复制

🖾 **操作流程**

命令：　　<u>co【Enter】</u>

COPY

选择对象：　　<u>选择图线</u>

找到 1 个

选择对象：　　　　<u>【Enter】</u>

指定基点或 [位移（D）/模式（O）] <位移>：　　<u>o【Enter】</u>

输入复制模式选项 [单个（S）/多个（M）] <多个>：　　<u>m【Enter】</u>

指定基点或 [位移（D）/模式（O）] <位移>：　　<u>100【Enter】</u>（使用光标指定方向，键入数值指定偏移的距离）

指定第二个点或 <使用第一个点作为位移>：　　<u>200【Enter】</u>（继续键入偏移值，注意偏移值始终是以基点为参照的，故数值需要累加）

指定第二个点或 [退出（E）/放弃（U）] <退出>：　　<u>【Enter】</u>（空回车结束）

1.5.6.5　使用"夹点"移动或复制

使用"夹点"时，应该先选择图形，使夹点显示出来（见图 1-64）。选择图形时可以使用直接选取（将光标指在图线上按鼠标左键），或使用窗选（将光标指在空白处按下鼠标左键，然后移动鼠标拉出窗口，再点出窗口的另一点。这时相当于"AUTO"方式选线）。

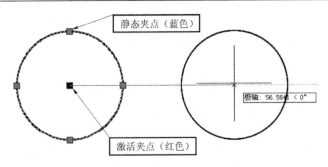

图 1-64　使用夹点编辑

图 1-64 中选择的是圆，一个圆有 5 个夹点（其中周边的 4 个是象限点，中间一个是圆心点）。夹点以小正方形表示，当小正方形为蓝色时，为静态夹点。再用鼠标点取圆心处的夹点，夹点将以红色显示，这时为活动状态，即激活夹点。此时按空格键可以在下列几种状态之间交替切换：

命令：
** 拉伸 **
指定拉伸点或［基点（B）/复制（C）/放弃（U）/退出（X）］：
** 移动 **
指定移动点或［基点（B）/复制（C）/放弃（U）/退出（X）］：
** 旋转 **
指定旋转角度或［基点（B）/复制（C）/放弃（U）/参照（R）/退出（X）］：
** 比例缩放 **
指定比例因子或［基点（B）/复制（C）/放弃（U）/参照（R）/退出（X）］：
** 镜像 **
指定第二点或［基点（B）/复制（C）/放弃（U）/退出（X）］：
** 拉伸 **
指定拉伸点或［基点（B）/复制（C）/放弃（U）/退出（X）］：

或者也可以按下鼠标的右键，在弹出的光标菜单中（见图 1-65）选择其中的某一项。

指定目标点时可以采用以下六种方法：

（1）直接指点：在屏幕中用鼠标点取。

（2）绝对坐标：100，50。

（3）相对直角坐标：@100，50。

（4）相对极坐标：@100<30。

（5）【F8】和【F10】：光标定向，键盘键入距离值。

（6）使用实体捕捉：捕捉设定的类型。

在"移动"项下有如下的几种操作选择：

指定移动点或［基点（B）/复制（C）/放弃（U）/退出（X）］：

图 1-65　夹点光标菜单

1）"指定移动点"：要求给定目标点，该操作是缺省方式。

2）"基点"：可重新定义基点，选择键是"B"，可以采用上述六种方式之一给定基点。

3）"复制"：打开复制模式，在复制模式下"移动"操作就变成了"复制"。因此，前面说"移动"和"复制"仅仅一步之差。"复制"的选择键是"C"，键入 C 后再给定目标点，将在目标点处出现复制的图形，但母线依旧存在。

4）"放弃"：取消上一步的误操作，相当于回退一步，选择键是"U"。

5）"退出"：退出夹点命令状态，选择键是"X"。

其他的夹点操作都有与上述相类似的选项，不再赘述。

在进入夹点状态后，每按一次回车键，即变换一种状态。变换的次序就是上述的顺序，并且是循环的操作（即镜像之后又是拉伸）。回车键也可以用空格键代替，但此时的鼠标右键不再代表回车，而是用于弹出上述的光标菜单。

1.5.7 阵列

阵列可以说是 AutoCAD 中"画"线最快的一个命令，如果该命令使用得当可以大大加快绘图的速度。作者充分利用该命令的特长，开发了计算机"变形作图法"。本书后续章节将作详细介绍。

阵列命令的命令原名为"ARRAY"，系统简化为"AR"。阵列命令有两种阵列模式：一种是矩形阵列，另一种是环形阵列。

【例 1-19】 如图 1-66 所示，使用矩形阵列对窗户进行阵列操作（见图 1-67）。

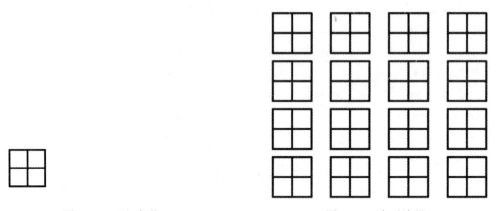

图 1-66 已知条件　　　　　　　图 1-67 阵列结果

⌨ **操作流程**

命令：　　　ar【Enter】

ARRAY

此时弹出阵列对话框，如图 1-68 所示。

选择对象：　　鼠标选择需阵列的对象

指定对角点：　　选择对角点（见图 1-69）

选择对象：　　【Enter】（回到图 1-68 所示界面）

鼠标点击确定按钮结束阵列命令

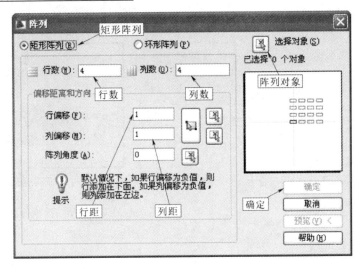

图 1-68　阵列对话框

1.5.8　拉伸

　　拉伸相当于捏面人的手法，即将所有图线都看作像橡皮筋一样可以自由伸缩。这样在画图时就有了很大的操作空间。构图时对图形的形状和大小不必斤斤计较，大可放开手脚快速构图。拉伸与前面介绍的阵列命令配合就形成了"变形作图法"的主要思路。

　　拉伸命令的命令原名 TRETCH"，系统简化为"S"。

　　拉伸命令的基本操作流程如下。

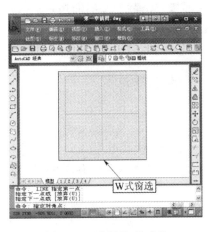

图 1-69　选择阵列对象

📖 操作流程

命令：　　　　s【Enter】
STRETCH
以交叉窗口或交叉多边形选择要拉伸的对象...
选择对象：　　鼠标点取窗选的右下角
指定对角点：　找到 1 个
选择对象：　　【Enter】
指定基点或［位移（D）］＜位移＞：　　用鼠标指定基点
指定第二个点或＜使用第一个点作为位移＞：　　指定目标点（窗口内的图线或端点，按基点至目标点的方向，被移动相当于基点至目标点之间的距离）

该命令的使用关键在于窗选图线。
下面根据不同的情况详细讲解各种不同类型拉伸的操作方法。

1.5.8.1　改变矩形的长或宽

　　【例 1-20】　将矩形的宽度增加 100 单位（见图 1-70）。

操作流程

命令：　　　s【Enter】

STRETCH

以交叉窗口或交叉多边形选择要拉伸的对象...

选择对象：　　利用"C"式窗口选择对象

指定对角点：　　选取窗口的对角

找到 1 个

选择对象：　　【Enter】

指定基点或 [位移（D）] ＜位移＞：　　100，0
【Enter】

指定第二个点或 ＜使用第一个点作为位移＞：　　【Enter】

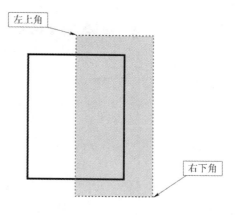

左上角

右下角

图 1-70　改变矩形的宽度

上述步骤是利用绝对坐标（100，0）作为变形拉伸的变形量，其中 100 为 X 方向的增量，0 为 Y 方向的增量。

1.5.8.2　将矩形改变成梯形

【例 1-21】　将 100×50 矩形改变成上底 50、下底 100、高 50 的直角梯形（见图 1-71）。

操作流程

命令：　　　点取矩形（在"命令："提示符下直接选取图形将启用夹点方式）
点取右上角夹点（激活夹点）

** STRETCH **

指定拉伸点或 [基点（B）/复制（C）/放弃（U）/退出（X）]：　　50【Enter】（打开【F8】，光标指向左面，键盘键入顶点移动的距离值）

键入 【Esc】键结束夹点操作（旧版的 AutoCAD 需按【Esc】两次才能结束夹点操作）

1.5.8.3　将矩形改变成平行四边形

【例 1-22】　如图 1-72 所示，将 100×50 矩形的上边向右平移 50 单位。

操作流程

命令：　　　s【Enter】

STRETCH

以交叉窗口或交叉多边形选择要拉伸的对象...

选择对象：　　鼠标点取窗选右下角

指定对角点：　　鼠标点取窗选左上角（先右后左形成"Crossing"窗口）

找到 1 个

选择对象：　　【Enter】（结束选线）

指定基点或 [位移（D）] ＜位移＞：　　50,0【Enter】

指定第二个点或 ＜使用第一个点作为位移＞：　　【Enter】

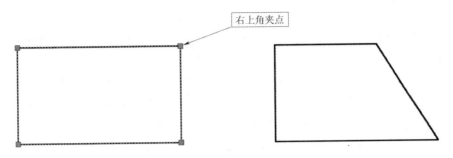

图 1-71　改变矩形为直角梯形

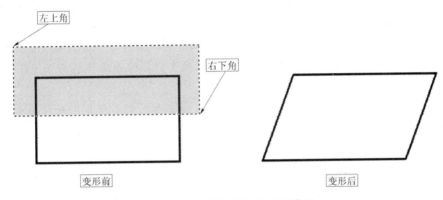

图 1-72　改变矩形为平行四边形

1.5.8.4　滑移图形

【例 1-23】　如图 1-73 所示，将"门"由"墙"的右边沿墙滑移至左边。

📟 **操作流程**

命令：　　　　s【Enter】

STRETCH

以交叉窗口或交叉多边形选择要拉伸

的对象...

选择对象：　<u>鼠标点取窗选右下角</u>

指定对角点：　<u>鼠标点取窗选左上角</u>

找到 3 个

选择对象：　　【Enter】（结束选线）

指定基点或［位移（D）］＜位移＞：

<u>任意点取基点</u>

指定第二个点或＜使用第一个点作为

位移＞：　　2000【Enter】（打开【F8】，

光标指向左，键入滑移距离）

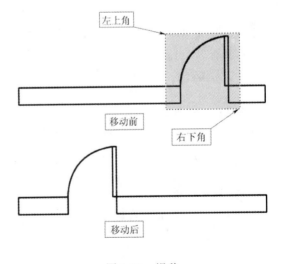

图 1-73　滑移

【说明】

（1）在选择移动部分目标的过程中，可以使用各种选择目标的方式，旧版 AutoCAD

必须至少使用一次开窗口的方式（用 Window 或 Crossing）。

如果在选择目标的过程中，没有使用窗口方式，仅使用单选方式，则 AutoCAD 系统将移动被选中的图标对象。

（2）STRETCH 命令把选择目标过程中使用的所有窗口作为位移窗口。

（3）在选中的目标中，对于 LINE、ARC、TRACE、SOLID 和 PLINE 中的直线段或圆弧段，当其一端在位移窗口外，则它就称为连接元素。在位移过程中，连接元素的拉伸、压缩或变形与元素的类型有关，其规则如下：

LINE——窗口外的端点不动，窗口内的端点移动，直线由此改变。

ARC——类似直线，但在圆弧改变的过程中，圆弧的弦高保持不变。由此来调整圆心的位置以及圆弧起始角、终止角的值。

TRACE、SOLID——窗口外的端点不动、窗口内的端点移动，由此来改变图形。

PLINE　　其中属于连接元素的直线段或圆弧段受到拉伸或压缩。而 PLINE 的宽度、切线方向与曲线拟合信息都不改变。

对于其他实体，如果其定义点在位移窗口内，则实体位移，否则不动。各类实体的定义点规定如下：

圆——定义点为圆心。

形（SHAPE）和块（BLOCK）——定义点为插入点，如果块移动，则块的属性也随之移动。

文本（TEXT）和属性定义（ATTDEF）——定义点为字符串的基线左端点（与文本的对齐方式无关）。

1.5.9　打断

打断命令的命令原名为"BREAK"，系统简化为"BR"。"BREAK"提供将直线、多段线、圆或圆弧等对象的部分删除，或是将一段对象分成两段对象。

打断有以下几种常用形式。

1.5.9.1　直接打断

技巧　当系统询问第二断点时，键入"F"，可以重新选择第一断点（系统默认选择图线时的输入点为第一断点）。绘图时经常利用这种方法在某处分断一直线或一条不封闭的图线。

【例 1-24】　如图 1-74 所示，使用打断命令删除圆的一部分（见图 1-75）。

操作流程

命令：　　　br【Enter】

BREAK

选择对象：　　鼠标点取 A 点

指定第二个打断点或[第一点（F）]：　　　用鼠标点取 B 点

1.5.9.2　将直线在交点处打断

将直线在交点处打断，即将直线在交点处一分为二，但并不切去任何部分。

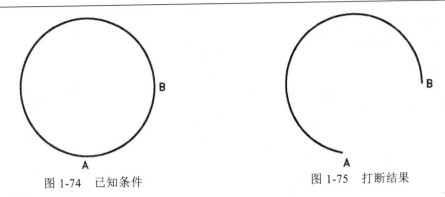

图 1-74　已知条件　　　　　　　　　图 1-75　打断结果

操作流程

命令：　　　　br【Enter】

BREAK

选择对象：　　鼠标选取 A 点

指定第二个打断点或［第一点（F）］：　　f【Enter】（重选第一断点）

指定第一个打断点：　　捕捉第一断点（B 点处，使用交点捕捉模式）

指定第二个打断点：　　@【Enter】（在 AutoCAD 中"@"代表前一个输入点，此时等于 B 点，也就是说第二断点和第一断点重合）

从 AutoCAD 2002 开始新增了打断于点的图标按钮 ▭ 。其输入次序为：选择需增加断点的图线；选择断点的位置。

说明　打断前的一根直线，在打断后变成了两根线。该命令也可以认为是在"画线"，绘图时应尽量用"编辑"的方法，这要比用"绘图"的方法更快且更方便。

1.5.10　比例缩放

比例缩放命令的命令原名为"SCALE"，系统简化为"SC"。比例缩放有两种常用方式。

1.5.10.1　已知缩放倍数的缩放

【例 1-25】　如图 1-76 所示，使用比例缩放命令对所示形体进行缩放操作（见图 1-77）。

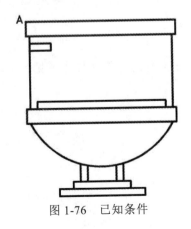

图 1-76　已知条件

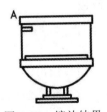

图 1-77　缩放结果

⌨ **操作流程**

命令：   <u>sc【Enter】</u>

SCALE

选择对象：   <u>鼠标选取需要缩放的对象</u>

指定基点：   <u>用鼠标点取 A 点作为基点</u>

指定比例因子或［复制（C）/参照（R）］<0.1>：   <u>0.5【Enter】</u>

1.5.10.2 将指定范围缩放成指定的长度

将指定范围缩放成指定的长度相当于将有误差的图形校准成准确的大小。

【例 1-26】 如图 1-78 所示，将一不知道边长的正方形缩放为边长为 200 单位的正方形。

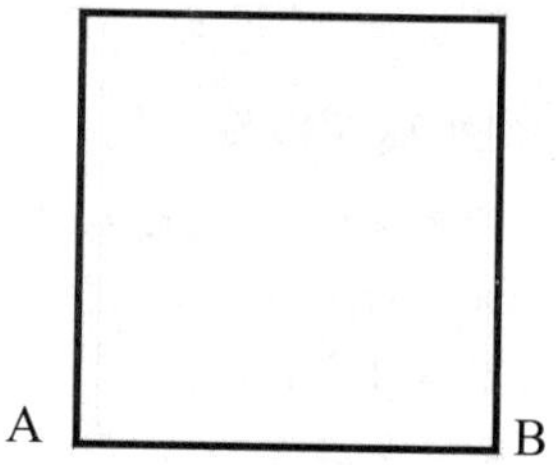

⌨ **操作流程**

命令：   <u>sc【Enter】</u>

SCALE

选择对象：   <u>鼠标选择该正方形</u>

找到 1 个

指定基点：   <u>鼠标点取 A 点</u>（缩放基点采用交点捕捉）

指定比例因子或［复制（C）/参照（R）］<0.5000>：   <u>r【Enter】</u>（选择参考方式）

指定参照长度 <1.0000>：   <u>鼠标选取 A 点</u>（交点捕捉参考直线的起点。当知道原正方形边长时，此处也可直接键入原边长的数值）

指定第二点：   <u>鼠标选取 B 点</u>

指定新的长度或［点（P）］<1.0000>：   <u>200【Enter】</u>（给定标准长度）

图 1-78 校准缩放

1.5.11 旋转

旋转命令的命令原名为"ROTATE"，系统简化为"RO"。该命令常用的方式有两种：一种方式是将图形以指定的基点为圆心旋转一定的角度；另一种方式是将图形中某一角度的线旋转至一给定的方向角。

1.5.11.1 旋转固定的角度

【例 1-27】 如图 1-79 所示，使用旋转命令对所示形体进行旋转操作（见图 1-80）。

⌨ **操作流程**

命令：   <u>ro【Enter】</u>

ROTATE

选择对象：找到 1 个   <u>鼠标选取需要旋转的对象</u>

指定基点：   <u>用鼠标点取 A 点作为基点</u>

指定旋转角度，或［复制（C）/参照（R）］<0>：   <u>90【Enter】</u>

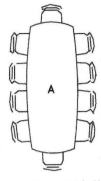

图 1-79　已知条件

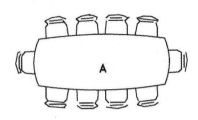

图 1-80　旋转结果

1.5.11.2　将梯形的上边旋转至 0°方向

【例 1-28】　如图 1-81 所示，将梯形的上边旋转至 0°方向。旋转后结果如图 1-82 所示。

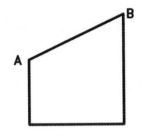

图 1-81　已知条件

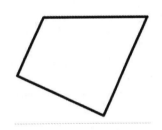

图 1-82　旋转结果

⌨ **操作流程**

命令：　　ro【Enter】

ROTATE

UCS 当前的正角方向：　　ANGDIR=逆时针　　ANGBASE=0

选择对象：　　鼠标选择梯形

找到 1 个

选择对象：　　【Enter】（结束选线）

指定基点：　　鼠标选取 A 点（基点使用交点捕捉）

指定旋转角度，或 [复制（C）/参照（R）] <0>：　　r【Enter】（选用参考方式）

指定参照角 <0>：　　鼠标选取 A 点（参考方向采用"交点"捕捉方式，如果知道边 AB 的倾角也可直接输入角度值）

指定第二点：　　鼠标选取 B 点（捕捉参考方向的另一点）

指定新角度或 [点（P）] <0>：　　0【Enter】

此外，使用夹点的旋转工具还可以进行旋转复制（见图 1-83）。

⌨ **操作流程**

命令：　　选择图线

选取热点夹点

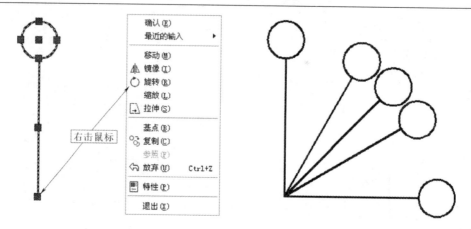

图 1-83　旋转复制

** 拉伸 **

指定拉伸点或［基点（B）/复制（C）/放弃（U）/退出（X）］：　　<u>右键弹出光标</u>
<u>菜单，选取"旋转"项</u>

** 旋转 **

指定拉伸点或［基点（B）/复制（C）/放弃（U）/退出（X）］：　　<u>c【Enter】</u>（选
择"复制"项，进入旋转复制状态）

**旋转 （multiple） **

指定拉伸点或［基点（B）/复制（C）/放弃（U）/退出（X）］：　　<u>-30【Enter】</u>（键
入旋转角。顺时针为负，逆时针为正）

** 旋转 （multiple） **

指定拉伸点或［基点（B）/复制（C）/放弃（U）/退出（X）］：　　<u>-45【Enter】</u>（继
续键入旋转角，注意角度总是从起始角算起）

** 旋转（multiple） **

指定拉伸点或［基点（B）/复制（C）/放弃（U）/退出（X）］：　　<u>-60【Enter】</u>

** 旋转 （multiple） **

指定拉伸点或［基点（B）/复制（C）/放弃（U）/退出（X）］：　　<u>-90【Enter】</u>

** 旋转 （multiple） **

指定拉伸点或［基点（B）/复制（C）/放弃（U）/退出（X）］：　　　　<u>【Enter】</u>
（结束）

　　说明　　对于夹点的五种操作都有类似的使用方法，这里不再一一叙述，望读者根据
以上的操作，举一反三，将其他的操作试一试。

1.5.12　镜像

　　镜像命令既可以对称复制图形对象，也可以镜像移动图形对象。这两种操作的不同在
于最后回答："N"，复制；"Y"，移动。

　　当镜像操作的对象为文字时，可以通过修改"MIRRTEXT"系统变量的值来决定文字

本身是否镜像。数值为"0"不镜像，数值为"1"则镜像。修改的方法是直接键入"MIRRTEXT"。系统简化命令为"MI"。

【**例 1-29**】　如图 1-84 所示，镜像已知三角形。镜像结果如图 1-85 所示。

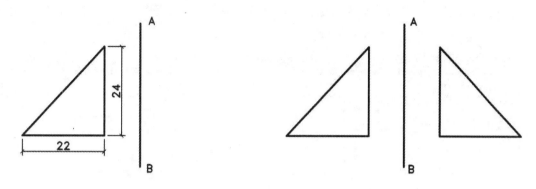

图 1-84　已知条件　　　　　　　　　　图 1-85　镜像结果

📟 **操作流程**

命令：　　　mi【Enter】

MIRROR

选择对象：　　　用鼠标选择要复制的三角形的左下角

指定对角点：　　　用鼠标窗选要复制的三角形的右上角

选择对象：　　　【Enter】

指定镜像线的第一点：　　　用鼠标点取 A 点

指定镜像线的第二点：　　　用鼠标点取 B 点

要删除源对象吗？［是（Y）/否（N）］：　　　N【Enter】（不删除源对象）

|说明|　　在给定镜像轴的两个定位点时可以使用各种坐标的输入方法，例如绝对坐标、鼠标点取、相对直角坐标、相对极坐标或者【F8】正交限定。实际使用时，应选择一种最方便的方式，本书后面在讲解具体图形的绘制时会有详细的讲解。正像上面解释的一样，镜像复制和镜像移动仅在最后一步回应不同。镜像复制是采用缺省值"N"；而镜像移动应在最后一步回应"Y"，表示需要删除母线。

1.6　图形和图例的模块化

从 AutoCAD 2000 版开始增加的"设计中心"功能和 AutoCAD 2004 版新增的"工具选项板"功能，使得我们可以将建筑上常用的图形和图例制作成图标按钮工具，使用时可做到一劳永逸。打开"设计中心"的热键是【Ctrl+2】，打开"工具选项板"的热键是【Ctrl+3】。

将"设计中心"和"工具选项板"这两项都打开时，画面如图 1-86 所示。由于这两项打开时所占的画面面积较大，所以 AutoCAD 提供自动隐藏功能。设置自动隐藏的方法是：

在这两个工具板的眉头部位右键单击，在弹出的菜单中取消"允许固定"选项，使其成为浮动面板，如图 1-87 所示；然后再在浮动面板的标题栏区单击鼠标右键，如图 1-88 所示，在弹出菜单中选择"自动隐藏"选项，即可达到在鼠标没有位于其上方时，"设计中心"和"工具选项板"自动隐藏，只保留标题栏在屏幕上。当需要使用时，只需将鼠标移动至相应的标题栏上，即可打开相应的工具板。

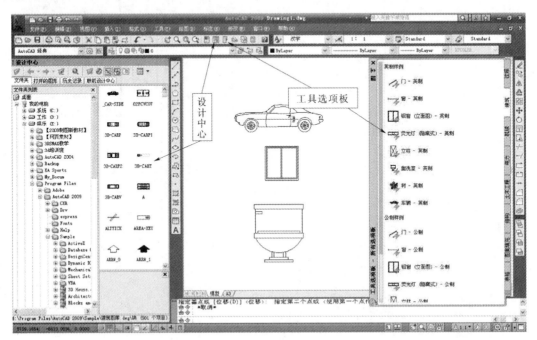

图 1-86 打开"设计中心"和"工具选项板"

1.6.1 设计中心的功能

通过图 1-86 可以看出，设计中心和 Windows 的文件浏览器非常相似，可以通过它检索所需要的图形库文件，就像使用 Windows 的文件浏览器一样。设计中心的层次结构是树形结构，最上层是系统的根目录（包括桌面、我的电脑、网络邻居），中间层是各级文件夹，最底层可以是三类文件。其中最底层的第一类是 AutoCAD 的".dwg"格式的文件；第二类是 AutoCAD 2009 所支持的位图格式文件（如".jpg"、".png"、".bmp"、".tga"、".tif"等格式），但到目前为止，AutoCAD 2009 还不能支持所有的位图文件格式（如".gif"和".psd"等），好在现在的位图文件格式转换器随处可见，必要时可将其转换为 AutoCAD 所支持的格式（例如，可使用图片浏览器"Acdsee"等软件）；第三类是 AutoCAD 的图案填充预定义文件".pat"。

通过设计中心，可以将".dwg"格式文件或".jpg"格式图片通过鼠标的"拖"和"放"实现将图形或图像直接插入当前图形中。通过拖放图案文件中的各种预定义图案的图标，可进行图案填充。

更为方便的是，设计中心将".dwg"格式的文件进一步分为七个部分，它们分别是标注样式、布局、块、图层、外部参照、文字样式、线型。这就意味着可以将这七种实

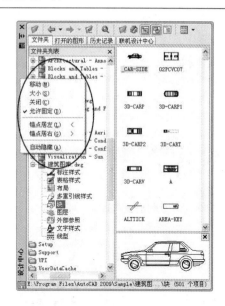

图 1-87 取消"设计中心"面板的固定状态　　　图 1-88 设置工具板"自动隐藏"

体分别单独引入当前文件。如图 1-88 所示，当将光标停留在"建筑图库"文件的"块"项目上时，右上方将出现该文件所包含的所有图块的图标列表，而右下方则可预览这些图块。这一功能的新增，使过去很繁琐地建立图形库的工作变得非常简单：只要将各种图块集中在一个文件中，该文件即可作为图库使用。而图库的分门别类，即可用文件来进行。

以上的新功能就是对图块和图例模块化的第一步，接着利用"工具选项板"可将各种图块和图案制作成图标按钮备用。

1.6.2 工具选项板

工具选项板功能是 AutoCAD 2004 版新增的功能，它的主要目的就是让普通用户制作方便自己使用的图标按钮，这在以前不是普通用户所能做到的，需要经过专门训练才能实现。

工具选项板的主要功能有两个：一个功能是制作图块按钮，另一个功能是制作图案填充按钮。其制作方法也有两种：一种方法是利用原始样例按钮复制后重新编辑产生新的按钮，另一种方法是利用"设计中心"自动生成。

第一种方法对填充颜色按钮比较适合；其他的按钮最好使用第二种方法，即使用"设计中心"来创建。

1.6.2.1 创建新的颜色填充按钮

选择任意一种颜色的填充按钮，单击鼠标右键，如图 1-89 所示。选择"复制"按钮。

然后，在空白面板处单击鼠标右键，使用"粘贴"功能复制一新的按钮，在新按钮上再次单击鼠标右键，如图 1-90 所示。

选择弹出菜单中的"特性"选项，修改按钮的"特性"。

如图 1-91 所示，在随后弹出的对话框中选择"颜色"属性，在下拉列表中选择"选择颜色"按钮，并在随后弹出的调色板中选择需要的颜色（见图 1-92）。用该方法可以定制出符合用户需求的各种"真彩色"系列颜色填充按钮。

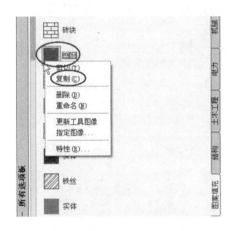

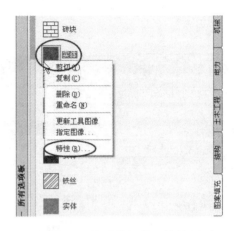

图 1-89 复制颜色填充按钮   图 1-90 修改按钮的"特性"

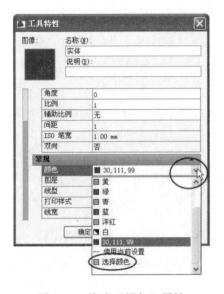

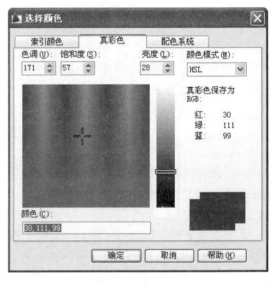

图 1-91 修改"颜色"属性   图 1-92 "真彩色"调色板

1.6.2.2 创建新的图案填充按钮

创建图案填充工具选项板，需要先准备好 AutoCAD 图案填充专用格式文件 "acadiso.pat"。该文件存在于 AutoCAD 的系统支持文件夹中，而 AutoCAD 2009 版的系统支持文件夹与以前的版本有很大的不同。AutoCAD 2004 版在安装完成后其传统的系统支持文件夹路径是 "C：\Program Files\AutoCAD 2009\Support"。而 AutoCAD 2009 版的系统支持文件夹路径已经改变了指向。新的指向与 Windows 的当前用户的系统配置文件夹的位置有关。由于同一台计算机的同一个 Windows 系统可以供不同的用户使用，但不同的用户在登录时使用不同的名称登录后，其系统的用户配置系统文件夹是不同的。这一改变可以让使用同一台计算机同一系统的用户拥有不同的 AutoCAD 环境。使得每个用户都拥有符合自己使用习惯和用途的 AutoCAD 系统。如图 1-93 所示，这是作者的 AutoCAD 2009 系统安装后的支持文件夹的实际存放位置："C：\Documents and Settings\Administrator\

Application Data\Autodesk\AutoCAD 2009\R17.2\chs\ Support"。其中"Administrator"是作者的 Windows 登录名。

在"设计中心"中按上述路径找到"acadiso. pat"文件，如图 1-93 所示。然后在文件名上方单击鼠标右键，在弹出的菜单中选择"创建填充图案的工具选项板"项，即可很简单地创建名为"acadiso"的工具选项板，制作结果如图 1-94 所示。

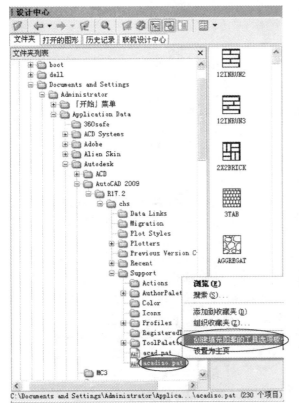

图 1-93　创建图案填充工具板

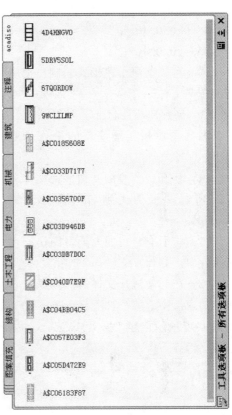

图 1-94　自己创建的图案填充工具板

注意　　要使自己制作的图案按钮能正常使用，必须保证创建该工具选项板的原始文件始终保持在其创建时所处的系统支持文件夹中，移动或删除该文件都会使制作的按钮工具因找不到该文件而无效（创建时该文件不在系统支持文件夹，也会使制作失败）。

此外，如果自己编制图案填充文件，图案文件的格式如下：

*pattern-name[,description]

angle,x-origin,y-origin,delta-x,delta-y[,dash-1,dash-2,…]

具体实例参见本书第 3 章 3.2.2。

自己编制的图案文件可以使用"设计中心"调入。操作方法是在"设计中心"的文件浏览器中找到该文件。如图 1-95 所示，调入文件名为"zhouji.pat"自编图案文件，双击该文件名，此时"设计中心"的列表区列出文件内图案的图标，预览区将显示选中图案的预览图。

图 1-95 所示图案的原文如下：

*3dbox,立方块

90,0,0,75,43.3,100,-50

30,0,0,75,43.3,-50,100

-30,0,0,75,43.3,100,-50

*steel,钢

45, 0, 0, 0, 10

45, 4, 0, 0, 10

读者可以参照上述形式编制自己所需的图案文件。

1.6.2.3 编制图块按钮

编制图块按钮最简单的操作步骤如下：

（1）新开一个绘图文件，将文件名定为所制图形的类别名，例如"家具.dwg"。

（2）将所有常用的同类型图块插入该文件中，并保存文件。

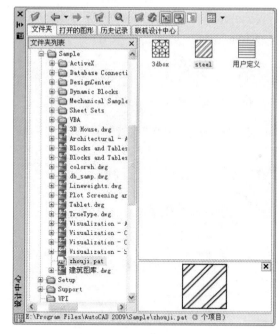

图 1-95 调入自己编制的图案

（3）在另一新开文件的"设计中心"中找到该文件。用鼠标右键单击文件名，在随后弹出的窗口中选择"创建工具选项板"项，即可创建以该文件名为工具板名的图块工具板。如图 1-96 所示创建"家具.dwg"文件的工具板，创建结果如图 1-97 所示。

图 1-96 创建"家具.dwg"工具板

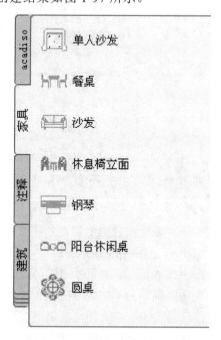

图 1-97 "家具"工具选项板

利用上述方法，读者可以将自己常用的图形，分门别类地建成自己的图形库工具按钮。

1.7 图 形 的 层 叠

AutoCAD 2004 版新增了"擦除"（命令名为"WIPEOUT"）功能（在 AutoCAD 2009 版中改名为"区域覆盖"，命令名仍为"WIPEOUT"）。其用途是在图面中擦出一片空白的区域，以便实现图与图的穿插。同时，还新增了改变层叠的图形的叠放次序的命令。这两个新增功能在系统下拉菜单中的位置如图 1-98 和图 1-99 所示。联合使用这两个命令，可以省却一些剪切图形的操作，便于实现图块和文字的插入。

1.7.1 区域覆盖和绘图次序

1.7.1.1 区域覆盖

区域覆盖命令的操作步骤如下：

（1）单击如图 1-98 所示的菜单项，或键入命令"WIPEOUT"。

（2）在所需区域覆盖的图形区依次选择多边形的顶点。

（3）回车结束。

如图 1-100 所示，在已填充的区域标注文字，需先区域覆盖一定的区域，然后再行标注。

图 1-98 "区域覆盖"

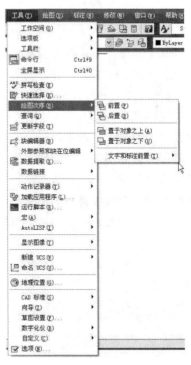

图 1-99 "绘图次序"

注意   "WIPEOUT"并不是将图线从图中真正地去除，而是用一空白区域遮挡住已绘图线，使其看不见而已。如图 1-100 所示，实际上有三个层次的内容，从下到上依次是填充图案、区域覆盖区、文字。其中位于区域覆盖区以下的图形将被区域覆盖区遮挡。区域覆盖区是一种"实体"，可以使用图形编辑命令进行编辑。但是，一旦编辑该实体，该实体的显示次序将发生改变。最后编辑或绘制的实体被安排在最上层。但是，我们可以使用"绘图次序"命令来改变实体的绘图次序。绘图次序命令的名称是"DRAWORDER"。

1.7.1.2　绘图次序

（1）后置或前置的操作步骤如下：

1）选择如图 1-100 所示的菜单项"后置"（或"前置"）。

2）选择需后置的对象，选择结束需按回车键。

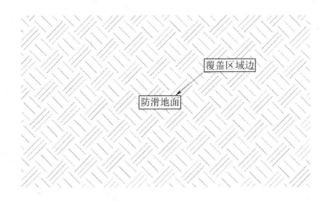

图 1-100　覆盖空白区域

（2）置于对象之下或置于对象之上的操作步骤如下：

1）选择如图 1-99 所示的菜单项"置于对象之下"（或"置于对象之上"）。

2）选择需置于另一对象之下的对象，选择结束需按回车键。

3）选择参照对象。

通过"绘图次序"命令，可以随时改变每个实体的显示层次。

1.7.2　利用"区域覆盖"功能插入图块

通过本书第 4 章 4.3.4 节绘制平面图的练习，将可以体会到像绘制门、窗这一类的操作，虽然不难，但却很繁琐。利用"区域覆盖"功能，就可以在不切断墙线的情况下，直接将门、窗图块插入，而墙线却能自动地断开。下面以插入门、窗为例，讲述该方法的操作步骤。

（1）绘制窗图形，如图 1-101 所示。

（2）使用"区域覆盖"命令绘制一自动区域覆盖区域，该命令要求用户依次选择多边形各个顶点，选择完毕以回车结束。绘制结果如图 1-102 所示。

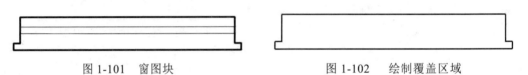

图 1-101　窗图块　　　　　　　　　　　图 1-102　绘制覆盖区域

（3）使用"绘图次序"中的"后置"命令将区域覆盖区域从上层移至下层。绘制结果如图 1-103 所示。

（4）使用"W"命令将所绘图形制作成
窗图块，键入 W【Enter】，弹出如图 1-104
所示对话框，按该图所示顺序依次选择"对
象"、拾取基点、选择窗图形、确定文件路
径和图名。

图 1-103　带区域覆盖区域的窗图块

经过上述操作，我们就制作好了自带区域覆盖功能的图块"window01.dwg"。
使用时只要利用"插入块"命令将图块直接插入即可，其墙线被区域覆盖区域所覆

图 1-104　使用"W"命令写块

盖，因而无需切断。操作实例如图 1-105
所示。

上述所举的例子，其图形所占区域与区
域覆盖区域有公共的边界。如果没有公共的
界面，则区域覆盖边界会显示出来，影响了
图形的正确显示，此时需要将区域覆盖边界
隐藏。下面以门图块为例作进一步说明。

首先，制作门的图块和一略大于门的范围
的区域覆盖区域，如图 1-106 所示。

其次，将门图块插入，如图 1-107 所示。

此时门的显示不正确，因而需要进一步
修正。修正的方法是将区域覆盖区域的边界
显示关闭，其方法如下。

如图 1-98 所示，选择"区域覆盖"命令，

接着进行如下操作。

操作流程

命令：_wipeout
指定第一点或 [边框（F）/多段线（P）] <多段线>：　　f【Enter】
输入模式 [开（ON）/关（OFF）] <ON>：　　off【Enter】
正在重生成模型

关闭区域覆盖区域边界显示后的结果如图 1-108 所示。

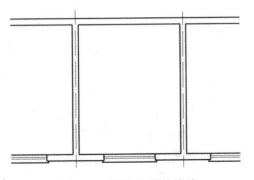

图 1-105　插入块覆盖墙线

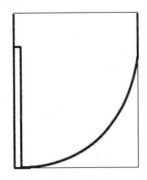

图 1-106　门图块和区域覆盖区域

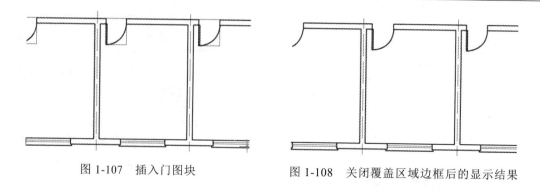

图 1-107　插入门图块　　　　　　　　图 1-108　关闭覆盖区域边框后的显示结果

注意　在制作图块时，不能将区域覆盖边界关闭。如果将其关闭，在制作图块时将因选择不到该区域覆盖区域而使覆盖功能无法完成。

因此，在制作图块时将区域覆盖边框的显示打开，在插入图块时将区域覆盖边框的显示关闭，以达到隐藏边界的目的。

通过上述描述可知，在 AutoCAD 2009 版中，可以利用其区域覆盖功能来避免大量的图形区域覆盖和剪切操作，省去了大量的琐碎操作。同时，由于该"区域覆盖"并不是真正意义上的去除，而仅仅是覆盖遮挡而已，因此，上述的门和窗一旦删除，则它们下层的墙线又会自动露出，好像是自动连接上一样。由此可见，采用该方法绘图要比过去的切断法简单、方便得多。"区域覆盖"功能应用得好，可大大提高绘图的效率和绘图的速度。

练　习　题

1-1　练习下列操作，并仔细观察界面变化：

（1）移动鼠标并注意其指针在屏幕各部分的变化。

（2）在图形区移动鼠标并注意屏幕左下角坐标显示的变化。该数值指明当前十字光标在屏幕上的精确位置。

（3）在状态栏上单击"捕捉模式"，观察其颜色变化，并在屏幕上移动指针观察其"跳跃"性。

（4）再单击"捕捉模式"并观察命令行。

（5）移动指针至工具条，使指针停留数秒，注意工具提示。

（6）移动指针至工具条的周边空白处，按住鼠标左键不放，拖动工具条至屏幕的任意地方。观察工具条在屏幕周边和中间的不同变化。

1-2　简述异常情况下文件的恢复方法。

1-3　试述命令的输入方法有哪几种？

1-4　启动 AutoCAD 系统有哪几种途径？

1-5　构造选择集有哪几种方法？分别在何种情况下使用？

1-6　常用的绘图命令有哪些？常用的编辑命令有哪些？

1-7　简述"LINE"和"PLINE"命令的异同，两者所产生对象如何进行转换？简述"ARC"和"PLINE"命令中圆弧项的异同，两者所产生对象是否可以进行转换？

1-8　简述用"ARC"和"CIRCLE"命令画圆弧的利弊，两者画图时的各自操作流程是什么？

1-9　简述"FILLET"命令的几种不同应用途径，有何应用技巧？

1-10　简述使用"EXTEND"命令和"TRIM"命令编辑多根直线时，如何做到一次性处理全部需延长或缩短的直线。

绘　图　题

1-1　按给定图形绘图（见图 1-109），不标尺寸。

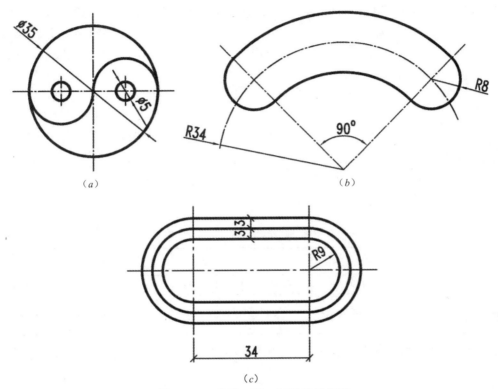

（a）　　　　　　　　　　　　　　　　（b）

（c）

图 1-109　直线、圆、圆弧连接练习

1-2　根据图 1-110（a）给定的尺寸绘制图 1-110（b）、（c）。〔提示：图（b）阵列数为 5，图（c）阵列数为 40〕。

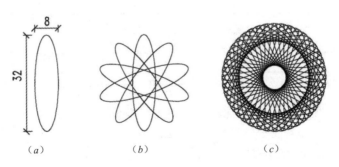

（a）　　　　　　（b）　　　　　　（c）

图 1-110　椭圆阵列练习

第2章 制图基本规定

建筑工程制图是表达建筑工程设计的重要技术资料，是施工的主要依据。为了使建筑工程图表达统一，清晰简明，提高制图质量，便于识读，既满足设计和施工等的要求，又便于技术交流，对于图样的画法、图线的线型和应用、图中尺寸的标注、图例以及字体等，都必须有统一的规定。这个统一的规定就是国家制图标准《房屋建筑制图统一标准》（GB/T 50001—2001）。本章结合国家制图标准介绍如何使用 AutoCAD 绘制标准的建筑施工图。

2.1 图纸与电子图幅

建筑工程制图对图样的内容、格式、画法、尺寸标注、图例和字体等都有统一的规定。

2.1.1 图纸的规格

图纸的幅面简称为图幅。图幅有 A0～A4 五种基本尺寸，即 0～4，如表 2-1 所示。该表中各个尺寸代号的含义如图 2-1 所示。

表 2-1　　　　　　　　　　　图幅及图框尺寸　　　　　　　　　　　单位：mm

尺寸代号 ＼ 幅面代号	A0	A1	A2	A3	A4
$b \times l$	841×1189	594×841	420×594	297×420	210×297
c	10			5	
a	25				

必要时，图纸可沿长边方向加长（短边尺寸不得加长），但加长后的尺寸应符合表 2-2 的规定。

表 2-2　　　　　　　　　　图纸长边加长后的尺寸　　　　　　　　　　单位：mm

幅　面　代　号	长　边　尺　寸	长边加长后的尺寸
A0	1189	1486, 1635, 1783, 1932, 2080, 2230, 2378
A1	841	1051, 1261, 1471, 1682, 1892, 2102
A2	594	743, 891, 1041, 1189, 1338, 1486, 1635, 1783, 1932, 2080
A3	420	630, 841, 1051, 1261, 1471, 1682, 1892

注　有特殊需要的图纸，可采用 $b \times l$ 为 841mm×891mm 与 1189mm×1261mm 的幅面。

图纸水平方向为长边的图幅为横式，竖直方向为长边的图幅为竖式（见图 2-2）。A0～A3 图纸宜采用横式，A4 图纸宜采用竖式。A0～A3 图纸很少使用竖式，为了节省印刷费用，设计单位往往将横式图纸竖向使用。目前，由于使用计算机绘图，绘图机往往使用的是卷筒纸。因而过去手工绘图时使用的单张印刷的图纸，对绘图机来说使用起来很不方便。

但是，由于计算机有直接调用已有图形的功能，因而可以将图框的样式做成样图备用。此外，由于受到绘图机宽度的限制，在计算机绘图之前应该考虑出图时绘图机的绘图能力。常用的绘图机有 1 号绘图机和 0 号绘图机两种。由于 0 号绘图机的价格远远高于 1 号绘图机的价格，因此，许多设计单位购置的绘图机多是 1 号绘图机。所以在制图中最常用的图幅是 1 号和 2 号。

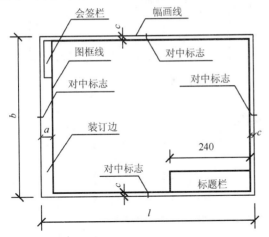

图 2-1 横式图纸幅面格式

此外，1 号绘图机的宽度是 A1 格式的宽度尺寸，因而虽然是横式的图纸，但打印时仍然是以竖直方向输出。而用 1 号绘图机打印 A2 格式的图纸时，有横向和竖向两种打印方式。

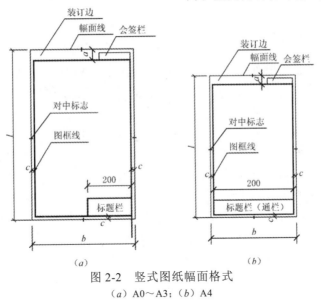

（a）　　　　　　　　　（b）

图 2-2 竖式图纸幅面格式

（a）A0～A3；（b）A4

注意 打印的方向和图纸的格式既有联系又有区别。在本书第 5 章（出图）中将作详细介绍。

标题栏、会签栏的具体内容，因设计单位和工程项目的不同，各设计单位都有自己独特的形式。但其内容大体相似，如图 2-3 和图 2-4 所示。标题栏的长和宽一般为 180mm×40mm，会签栏的一般为 75mm×20mm。

2.1.2 AutoCAD 中电子图幅的设定

在本书第 1 章 1.2 节讲述了关于使用向导建立新图的方法，并介绍了如何设置图幅的步骤。利用向导开图是使用 AutoCAD 自动设置的功能，那么，与图纸设置有关的内容究竟是什么呢？下面就来深入学习有关的内容。

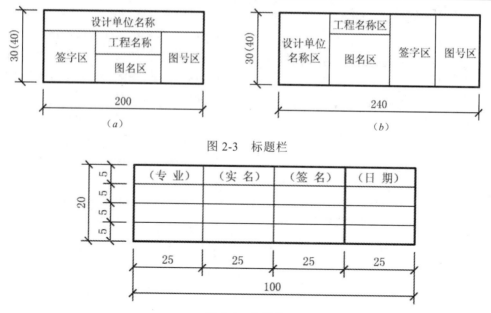

图 2-3　标题栏

图 2-4　会签栏

其实，计算机绘图时是不用图纸的，只有打印时才用图纸。在此所说的关于图纸设置的问题主要是为了解决"所见即所得"的问题。具体来说就是：在 AutoCAD 中所画的图形和最后从绘图机中打印出的图形如何保持一致，并且符合我国的国家标准。在实际应用中，经常会出现打印的图形不合要求的情况，主要表现在图形分布不均匀、位置偏、图形打印不全、比例不准以及字体大小、线型等不符合制图标准，等等。

为了能像手工绘图一样，在一张有固定大小的图纸上画图，人为地在计算机中画地自限（当然，这不是必须的，仅仅是为了在绘图时，能有一个比较大小的依据而已）。控制电子图幅的命令原名为"LIMITS"。由于该命令在绘图中每幅图只需使用一次，因而没有必要简化它，使用时可以用下拉菜单执行。该命令在下拉菜单中的位置如图 2-5 所示。

【例 2-1】　设置一幅用于绘制 A3 幅面、绘图比例为 1∶10 的图纸。

⌨ **操作流程**

单击菜单：格式/图形界限

命令：'_limits

重新设置模型空间界限：

指定左下角点或 [开(ON)/关(OFF)] <0.0,0.0>：　　　【Enter】（图纸左下角的坐标值取缺省值 0，0）

指定右上角点 <140.0,70.0>：　　　4200,2970【Enter】（指定图纸右上角的坐标值）

通过上述操作，可以完成一幅 4200mm×2970mm 的电子"图纸"。

说明　"LIMITS"命令并不改变屏幕的显示情况，它只是改变了用户能输入的图形元素坐标值的范围，以避免出现超出绘图区边界的错误。"LIMITS"的另两个选项就是用于打开或关闭绘图的边界限制功能（"ON"为打开，"OFF"为关闭）。在"ON"状态下，绘图元素不能超出边界，否则将出现"超出图形界限"的错误，AutoCAD 将不画出这部分图形。在"OFF"状态下，AutoCAD 不进行边界检查，因此绘图元素超出边界时也可以画图。"LIMITS"的初始值为"OFF"状态。

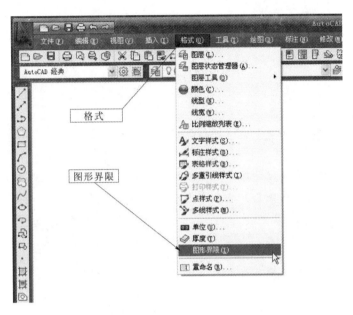

图 2-5　图纸边界设定

　　设置"LIMITS"时，只需比所绘制的图形的最大尺寸大一倍左右即可，设置过大的"LIMITS"对屏幕显示是不利的。因为，如果设置过大，当用屏幕缩放命令"ZOOM"进行全屏缩放时，可能只在屏幕上产生一个很小的实际有图区（有时会误认为图形不见了）。

2.1.3　在屏幕上移动电子"图纸"

　　当设置了绘图边界后，还需使用"ZOOM"命令对屏幕进行缩放，使整个电子"图纸"在屏幕上满屏显示。"ZOOM"命令的简化名为"Z"。

　　"ZOOM"命令实际上是在屏幕上移动电子"图纸"。它就像平时观看物体一样：当物体离我们近时，看起来就大一些；当物体离我们远时，看起来就小一些；当物体离我们远到一定的程度，就会从我们的视线中消失。"ZOOM"命令看起来就像在放大和缩小图形，实际上只是看起来大了或小了，图形本身的真实大小并没有任何改变。它与本书第 1 章介绍的"SCALE"命令完全不同，"SCALE"命令真正改变了图形的实际大小。但下面为了叙述方便，依然使用"放大"和"缩小"来描述。

　　由于计算机屏幕比通常的工程蓝图要小得多，因此"ZOOM"命令的使用频率是很高的。为此 AutoCAD 2009 将"ZOOM"命令的各种功能编制了多种工具按钮，其实它们都属于"ZOOM"命令，只是将各选项加了进去（平移窗口属于另一个命令"PAN"）。下面对其一一加以解释（见图 2-6）。

　　"ZOOM"工具位于"标准工具条"中。

实时平移
窗口缩放
实时缩放
缩放上一个

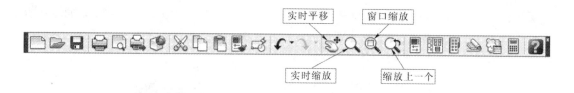

图 2-6 屏幕缩放与平移

2.1.3.1 窗口缩放

操作流程

命令: z【Enter】（或单击“窗口缩放”按钮，见图 2-6）

ZOOM

指定窗口的角点，输入比例因子 (nX 或 nXP)，或者[全部(A)/中心(C)/动态(D)/范围(E)/上一个(P)/比例(S)/窗口(W)/对象(O)] <实时>: 选取放大区域的一个角点（相当于窗选物体）

指定对角点: 选取放大区域的对角点

上述操作将所选区域放大至满屏。

2.1.3.2 全图缩放

（1）使用工具条。图 2-6 中的“窗口缩放”按钮的右下角有一个三角形标记，用鼠标单击后向下拖动会弹出新的工具条，如图 2-7 所示（凡是有三角形标记的按钮，按住后都会弹出下层工具条）。将光标拖动到“全图缩放”按钮后松开鼠标左键，此操作即告完成。

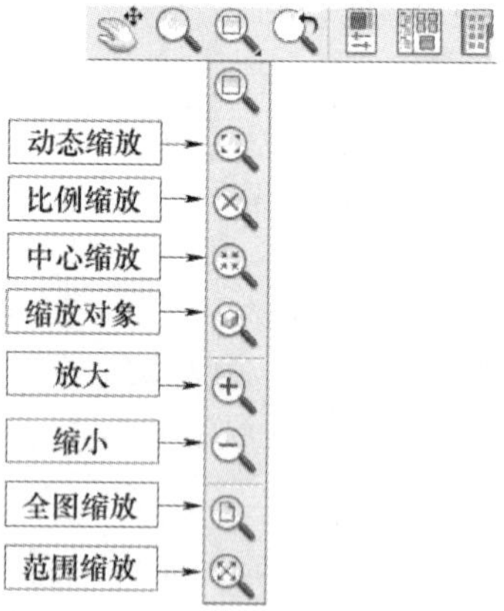

动态缩放
比例缩放
中心缩放
缩放对象
放大
缩小
全图缩放
范围缩放

图 2-7 窗口缩放下层工具条

（2）使用键盘操作。

操作流程

命令: z【Enter】

ZOOM

指定窗口的角点，输入比例因子 (nX 或 nXP)，或者[全部(A)/中心(C)/动态(D)/范围(E)/上一个(P)/比例(S)/窗口(W)/对象(O)] <实时>: a【Enter】(选择“All”选项，显示全部“图纸”)

2.1.3.3 范围缩放

（1）使用工具条。单击图 2-7 中的“范围缩放”按钮，此操作即告完成。此操作将图纸有图区以尽量大的比例显示。

（2）使用键盘操作。

操作流程

命令: z【Enter】

ZOOM

指定窗口的角点，输入比例因子（nX 或 nXP），或者 [全部 (A) / 中心 (C) / 动态 (D) / 范围 (E) / 上一个 (P) / 比例 (S) / 窗口 (W) / 对象 (O)] <实时>：   e【Enter】（选择 "范围"）

在 AutoCAD 2009 系统中，只要简单地双击滚轮就可以达到此操作的目的。

2.1.3.4 返回前一显示状态

（1）使用工具条。单击图 2-6 中的 "缩放上一个" 按钮，此操作即告完成。

（2）使用键盘操作。

操作流程

命令：   z【Enter】

ZOOM

指定窗口的角点，输入比例因子（nX 或 nXP），或者 [全部 (A) / 中心 (C) / 动态 (D) / 范围 (E) / 上一个 (P) / 比例 (S) / 窗口 (W) / 对象 (O)] <实时>：   p【Enter】（选取 "上一个" 选项，返回前一显示状态）

该方式用于当用局部放大方式放大图形进行局部绘图之后，又需回到原先的全图方式继续绘制其他的部分时。

2.1.3.5 放大

（1）使用工具条。单击图 2-7 中的 "放大" 按钮。该功能将当前图形的显示放大一倍。

（2）使用键盘操作。

操作流程

命令：   z【Enter】

ZOOM

指定窗口的角点，输入比例因子（nX 或 nXP），或者 [全部 (A) / 中心 (C) / 动态 (D) / 范围 (E) / 上一个 (P) / 比例 (S) / 窗口 (W) / 对象 (O)] <实时>：   2x【Enter】（AutoCAD 自动执行 "比例" 选项）

2.1.3.6 缩小

（1）使用工具条。单击图 2-7 中的 "缩小" 按钮。该功能将当前图形的显示缩小一倍。

（2）使用键盘操作。

操作流程

命令：   z【Enter】

ZOOM

指定窗口的角点，输入比例因子（nX 或 nXP），或者 [全部 (A) / 中心 (C) / 动态 (D) / 范围 (E) / 上一个 (P) / 比例 (S) / 窗口 (W) / 对象 (O)] <实时>：   0.5x【Enter】（AutoCAD 自动执行 "比例" 选项）

2.1.3.7 比例缩放

（1）使用工具条。单击图 2-7 中的 "比例缩放" 按钮，然后键入缩放倍数。

（2）使用键盘操作与"放大"、"缩小"的操作相同。

注意　当直接给数值时，缩放参照原图的大小；当数值后面加"x"时，缩放参照当前屏幕。

在 AutoCAD 2009 中，连续滚动鼠标滚轮就可达到缩放屏幕的目的。向上推动为放大，向下推动为缩小。

2.1.3.8　中心缩放

（1）使用工具条。单击图 2-7 中的"中心缩放"按钮，然后点取缩放的中心点，最后键入显示区高度或者缩放倍数。例如，键入 100 代表显示以所给点为中心 100 单位高的范围；键入 2x 代表显示以所给点为中心，2 倍于当前图形大小的放大图形。

（2）使用键盘操作。

操作流程

命令：　　　z【Enter】
ZOOM
指定窗口的角点，输入比例因子（nX 或 nXP），或者[全部(A)/中心(C)/动态(D)/范围(E)/上一个(P)/比例(S)/窗口(W)/对象(O)]〈实时〉：　　　c【Enter】
指定中心点：
输入比例或高度〈5479.9〉：　　　100【Enter】（或 2x【Enter】）

2.1.3.9　动态缩放

使用工具条操作时，单击图 2-7 中的"动态缩放"，将出现图 2-8 所示的界面，屏幕上出现三个矩形框，即图幅界限、当前显示范围、动态取景框。此时，利用鼠标左键可以调整动态取景框的大小（调焦距），移动鼠标取景，按下鼠标右键确认（快门）。

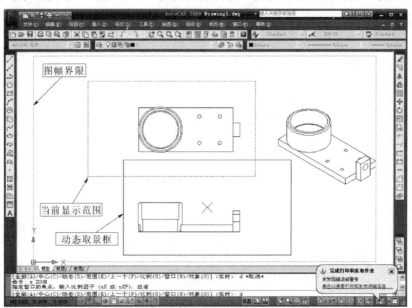

图 2-8　动态缩放

2.1.3.10 实时缩放

（1）使用工具条。单击图 2-6 中"实时缩放"按钮，然后按住鼠标左键不放，上下移动鼠标（向上移动放大，向下移动缩小），回车结束。如果是 3D 鼠标，则中间滚轮即为该功能。

（2）使用键盘操作。

⌨ **操作流程**

命令：　　 z【Enter】

ZOOM

指定窗口的角点，输入比例因子（nX 或 nXP），或者[全部(A)/中心(C)/动态(D)/范围(E)/上一个(P)/比例(S)/窗口(W)/对象(O)]＜实时＞：　　【Enter】（选择"实时"）

<u>按住鼠标左键不放，上下移动鼠标</u>

按 Esc 或 Enter 键退出，或单击右键显示快捷菜单。　　【Enter】（结束）

2.1.4 在屏幕上移动电子"图纸"

（1）使用工具条。单击图 2-6 中的"实时平移"按钮，然后按住鼠标左键不放，上下左右移动鼠标，回车结束。

该方式使用的是"PAN"命令，其简化名为"P"。

在 AutoCAD 2009 中，可直接按下鼠标中间的滚轮，然后移动鼠标即可实现该功能。

（2）使用键盘操作。

⌨ **操作流程**

命令：　　 p【Enter】

PAN

<u>按住鼠标左键不放，上下左右移动鼠标</u>

按 Esc 或 Enter 键退出，或单击右键显示快捷菜单。　　【Enter】（结束）

上述操作也可用"鸟瞰视图"代替。

2.1.5 使用"鸟瞰视图"

选择"视图"中的"鸟瞰视图"菜单项，这时将出现如图 2-9 所示的界面。

对"鸟瞰视图"窗口的三种操作分别如下：

（1）放大："鸟瞰视图"窗口内的图形放大。

（2）缩小："鸟瞰视图"窗口内的图形缩小。

（3 全局："鸟瞰视图"窗口内的图形尽量大。

以上各种方法各有其特点，读者可以根据自己的需要自选。

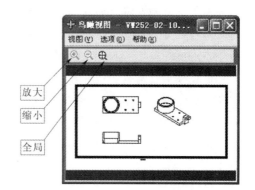

图 2-9　鸟瞰视图

2.1.6 命令的嵌套

使用命令行键入命令与使用菜单或工具条操作的不同在于使用键盘输入命令时必须

在命令状态下。也就是说，在一个命令执行中途是不能同时再执行另一个命令的。但是，为什么使用工具条的屏幕缩放命令或鼠标滚轮快捷键却可以呢？明白这一点对我们是很有用的。因为在绘制某一图线时，很可能需要调整当前屏幕的显示大小，也就是在不中断当前绘图命令的前提下，变换屏幕的显示。这就需要使用 AutoCAD 的一个特别的命令——"透明"指令。透明指令的执行键是英文状态的单引号"'"。使用时，将其加在需要嵌套执行的命令前面。透明指令的作用是在不中断正在执行的命令的前提下，嵌套执行另一个命令（但是，并不是所有的命令都可以嵌套执行，前面学习的绘图命令和编辑命令就都不能嵌套执行。透明指令经常被用于一些辅助性的命令，例如这里的屏幕缩放命令）。

【例 2-2】   在绘制直线时按需要缩放屏幕。

⌨ **操作流程**

命令：   <u>l【Enter】</u>

LINE

指定第一点：   <u>任取一点</u>

指定下一点或［放弃(U)］：   <u>'z【Enter】</u>（本来在此应该给定直线的下一点，但此时键入了屏幕缩放命令"ZOOM"，而 AutoCAD 并不处在"命令："状态，因此要在 z 的前面加上单引号。这时 AutoCAD 将暂时挂起"LINE"命令，转去执行"ZOOM"命令）

>>指定窗口的角点，输入比例因子（nX 或 nXP），或者［全部(A)/中心(C)/动态(D)/范围(E)/上一个(P)/比例(S)/窗口(W)/对象(O)］<实时>：   <u>点取窗口的角点</u>（使用窗口缩放）

>>>>指定对角点：   <u>指定窗口的对角点</u>

正在恢复执行 LINE 命令。   （窗口缩放已经完成，"LINE"命令将继续执行）

指定下一点或［放弃(U)］：   <u>指定直线的下一点</u>

指定下一点或［放弃(U)］：   <u>【Enter】</u>（结束）

说明   以上的操作经常出现在绘制大图的过程中，可能是直线的一点落在当前窗口内，而另一点却在窗口的外面，这时就需要类似的操作，在不中断画线的前提下将窗口外的图形移进窗口内显示。而工具条中的屏幕缩放和平移命令执行的就是加了透明指令"'"的"ZOOM"和"PAN"。"鸟瞰视图"窗口具有相同的功能。因此，实用时，建议使用鼠标滚轮来调整屏幕，这样操作比较方便。因为它们随时可以用来切换屏幕而不用中断正在执行的命令。如果使用键盘键入就需要使用单引号，因此不如工具按钮方便。在 AutoCAD 中，许多命令都有类似的情况，即工具条或下拉菜单，包括上述的鼠标滚轮的操作等，往往不是单一命令的触发键，而是几个命令或命令加选项的组合形式，这一点请读者注意。

2.2　比例与比例因子

2.2.1　比例

建筑形体的尺寸与图纸的尺寸相比，悬殊很大，不可能将建筑形体按其真实大小绘制在图纸上，通常需要缩小绘制。图样中图形和实物之间的线性尺寸之比，称为比例。比例应用阿拉伯数字来表示，比值为 1 的比例称为原值比例，即 1：1。比值大于 1 的比例称为放大比例，如 2：1 等。比值小于 1 的比例称为缩小比例，如 1：100 等。习惯上所称比例的大小，是指比值的大小，例如 1：50 的比例比 1：100 的大。

绘图比例应根据被绘物体的大小和复杂程度，同时考虑各专业的惯例，按表 2-3 选用。

图纸上比例注写在图名右侧，字的大小比图名的大小要小一号。

表 2-3　　　　　　　　　　　　　　绘 图 比 例

常用比例	1：1，1：2，1：5，1：10，1：20，1：50，1：100，1：150，1：200，1：500，1：1000，1：2000，1：5000，1：10000，1：20000，1：50000，1：100000，1：200000
可用比例	1：3，1：4，1：6，1：15，1：25，1：30，1：40，1：60，1：80，1：250，1：300，1：400，1：600，1：1500，1：2500，1：3000，1：4000，1：8000，1：15000

以上所说的比例是指最终绘制在图纸上的图形的比例，那么在 AutoCAD 中如何设置比例呢？由于在 AutoCAD 中标注尺寸是由计算机自动测量图形的尺寸大小，因而在计算机中绘图时是用物体的真实大小来画的，这与手工绘图是不同的。手工绘图是在实实在在的图纸上进行的，因而不可能在画房屋时用一张和房屋一样大的纸张。所以，手工绘图是将房屋缩小一定的比例后画在纸上的。而计算机绘图的"图纸"可以由我们任意地设定，所以在计算机中绘图是这样的：我们按照物体的真实尺寸向计算机中输入数据，也就是说按照 1：1 的比例输入计算机。在用打印机或绘图机出图时，我们再按一定的比例输出至图纸上。因此，对于计算机绘图来说，比例是指绘图的输入与输出的比例。

2.2.2　比例因子

由于输出比例的影响，在绘图时有些数据需要乘以比例因子。什么是比例因子呢？现举例说明。

当用 1：100 的比例绘图时，需要写一个 5mm 高的汉字，那么在计算机中是不是可以就用 5mm 来作为字的高度呢？如果用 5mm 高的字来写，那么将图打印出来时就会发现根本找不到所写的字。因为打印出来的字不是 5mm 高，而是 0.05mm 高。因此，当初应该用 500mm 高的字来写，这样打印出的字的高度就是所需要的 5mm。这个简单的算术大家都很明白。500 这个数据就是由 5mm 乘以 100 而得来的。数据"100"就是这张图的比例因子。

根据信息的来历不同，一张图上有两种信息：一种信息是绘图信息，另一种信息是非绘图信息。绘图信息是指物体的投影线，非绘图信息是指文字说明、尺寸标注、线型和图例等。所有的非绘图信息都要考虑比例因子的问题,否则将会出现文字太大或太小、线太粗或太细、剖面线太密或太稀等问题。

由于我国的建筑工程制图使用的是公制，绘图比例是百分比。比例因子的计算也很简单，它等于绘图比例的倒数。例如，1：2 图形的比例因子为 2，2：1 图形的比例因子为 0.5。

在 AutoCAD 2009 中，非绘图信息的显示比例采用专门的"注释对象"的注释比例来完成，可以不再使用以前版本中使用的比例因子的人工计算的控制方式。有关的具体使用方法将在本书第 4 章中详述。

2.3 图线与图层

2.3.1 线型及其用途

在绘制建筑工程图时，为了表示出图中不同的内容，并且能够分清主次，必须使用不同的线型和不同粗细的图线。

建筑工程图的图线线型有虚实类的虚线、点划线、双点划线，有粗细类的粗线、中粗线、细线，还有折断线、波浪线等。对于不同的专业，上述线型还具有不同的含义。线型的一般用途如表 2-4 所示。

表 2-4　　　　　　　　　　　线型、线宽与用途

名　称		线　型	线宽	一　般　用　途
实线	粗		b	主要可见轮廓线
	中		$0.5b$	可见轮廓线
	细		$0.25b$	可见轮廓线、图例线等
虚线	粗		b	见有关专业制图标准
	中		$0.5b$	不可见轮廓线
	细		$0.25b$	不可见轮廓线、图例线等
单点长划线	粗		b	见有关专业制图标准
	中		$0.5b$	见有关专业制图标准
	细		$0.25b$	中心线、对称线等
双点长划线	粗		b	见有关专业制图标准
	中		$0.5b$	见有关专业制图标准
	细		$0.25b$	假想轮廓线、成形前原始轮廓线
折断线			$0.25b$	断开界线
波浪线			$0.25b$	断开界线

图线线型和线宽的用途因各专业不同而有所区别，应按专业制图的规定来选用。

建筑工程制图中，对于表示不同内容和区别主次的图线，其线宽都互成一定的比例，即粗线、中粗线、细线三种线宽之比为 $b:0.5b:0.25b$。

粗线的宽度代号为 b，它应根据图的复杂程度及比例大小、从下面线宽（mm）系列中选取：2.0，1.4，1.0，0.7，0.5，0.35，0.25，0.18（0.12）。

绘制比例较小的图或比较复杂的图，选用较细的线。

当选定了粗线的宽度后，中粗线及细线的宽度也就随之确定而成为线宽组，如表 2-5 所示。

同一图纸中，采用相同比例绘制的各图，应选用相同的线宽组。绘制比较简单的图或比较小的图，可以只用两种线宽，其线宽比为 $b:0.25b$。

图纸的图框线和标题栏线的宽度，随图纸幅面的大小不同，可以参照表 2-6 来选用。

由线宽系列可以看出，线宽之间的公比是：它与图纸幅面的长边尺寸系列、短边尺寸系列以及字体的高度系列（连同汉字的长仿宋字的字宽系列）都互相一致，且与国际标准统一，即它们的公比都是 $\sqrt{2}$。

表 2-5　　　　　　　　　　　　　　　线　宽　组　　　　　　　　　　　单位：mm

线宽比	线　宽　值					
b	2.0	1.4	1.0	0.7	0.5	0.35
$0.5b$	1.0	0.7	0.5	0.35	0.25	0.18
$0.25b$	0.5	0.35	0.25	0.18		

注　1. 需微缩的图纸，不宜采用 0.18mm 及更细的线宽。

　　2. 同一张图纸内，各种不同线宽中的细线，可统一采用较细线宽组的细线。

表 2-6　　　　　　　　　　　　　图框与标题栏的线宽　　　　　　　　　单位：mm

图 纸 幅 面	图 框 线	标题栏外框线	标题栏分隔线
A0，A1	1.4	0.7	0.35
A2，A3，A4	1.0	0.7	0.35

说明　当图形较小时，虚线或点划线可用细实线来代替。

2.3.2　图层

图层（Layer）的概念对初学者而言是一个比较难以理解的概念。在手工绘图中没有可比的概念，因为图纸只有一张。可是，在 AutoCAD 中却可以利用图层将一张图分成若干张，还可以将不同性质的图形分画在不同的图层上以方便检验图形。图层可以想象为没有厚度的透明的薄片，实体就画在它的上面。

1. 图层的性质

图层具有以下一些性质：

（1）每个图层都有一个名称。其中名字为"0"（零）的图层是 AutoCAD 自动定义的，其他图层由用户根据需要来定义。图层的名字可以用数字、字母、"$"、"-"、"_"任意组合，也可以使用汉字。

（2）每个图层所容纳的实体数不加限制。

（3）每张图所使用的图层数量不加限制。

（4）每个图层具有统一的线型和颜色。

（5）同一图层上的实体处于同一种状态（如可见、不可见等）。

（6）可用有关的图层命令改变图层的线型、颜色和状态，也可用属性命令改变实体所在的图层。

（7）各图层具有相同的坐标系、绘图界限和显示时的缩放倍数。因此，各图层是精确地互相对齐，图层之间不可相对移动。

上述线型在 AutoCAD 中可用图层来实现：用图层的"线型"属性来实现"虚线"、"点划线"、"双点划线"等线型，用图层的"颜色"属性来区分线的不同粗细。

2. 图层的建立方法

下面来学习图层的建立方法。

（1）单击图层按钮，如图 2-10 所示。

（2）接着 AutoCAD 将弹出图层管理对话框，如图 2-11 所示。

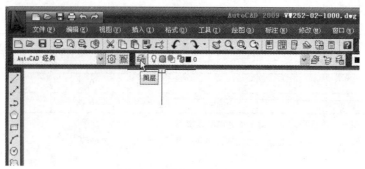

图 2-10 图层工具按钮

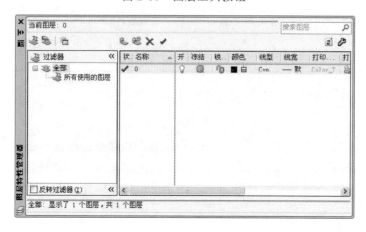

图 2-11 图层管理对话框

（3）在图层管理对话框中单击"✎"按钮，将在图层列表框中产生新的一行。此时，可从键盘键入图层的名称，也可使用系统缺省的图层名"图层 1"。如果不再进一步设置图层的其他属性，则单击"⊠"按钮关闭图层对话框即可完成。

下面就几种常用的线型，举例说明图层的其他属性的设置方法。

2.3.3 实线图层

（1）按上述方法建立一个新图层，命名为"粗线"，如图 2-12 所示。

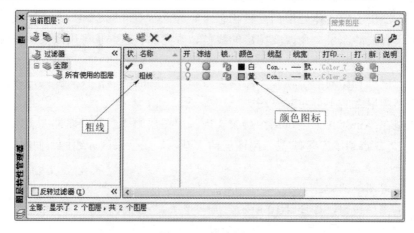

图 2-12 粗线图层

注意 不要按"确定"按钮。

（2）单击颜色图标，给粗线图层设置一个与众不同的颜色。

注意 不同类型的图层要给定不同的颜色加以区分。

单击颜色图标后将弹出图 2-13 所示的颜色对话框，在其中选取黄色为粗线图层的颜色。选取时，可以双击颜色图标完成颜色的选择，或单击颜色图标后再单击"确定"按钮结束（AutoCAD 2009 的许多操作与 WindowsXP 的操作一致，以后类似的操作不再赘述）。

说明 图 2-13 是 AutoCAD 的标准颜色对话框。该图中有四个区域，即基本色区、灰色区、中间色区和逻辑色区。其中逻辑色区对图层无效。一般只使用基本色区内的颜色；而其他色区的颜色肉眼很难区分相邻两个颜色的差别，使用不便，因而尽量避免使用。否则，在出图时会产生错误，切记！

为了使用方便，AutoCAD 将每种颜色赋予一个代号，从 0 号到 255 号，共计 256 种颜色（如果系统当前显示设备不是 256 色以上的设置，有可能在此显示只有 16 种颜色，这与 AutoCAD 无关，而与 Windows 的显示卡设置有关）。基本色区从红色开始，1 号为红色、2 号为黄色、3 号为绿色、4 号为青色、5 号为蓝色、6 号为品红色、7 号为白色。当屏幕为白底时，7 号显示为黑色；当屏幕为黑底时，7 号显示为白色（即使是黑底白线，打印时仍然打印成黑线。图 2-13 是白底黑线时的情况）。

与虚线不同，AutoCAD 2000 之前的版本不提供线宽的属性，因此还不能用"线宽"属性来控制线的粗细。但是，自 AutoCAD 2000 版开始提供线宽的属性。由于采用比较方便的打印样式表来控制输出时的各种线型的打印样式，所以仍然不使用图层的"线宽"属性，而仅以颜色在屏幕上加以区分。将来在出图时可以给不同的颜色分配不同样式的"笔型"，这样可在图纸上画出不同粗度的图线。这就是现在最常用的控制线宽的方法，因为屏幕是在不断变换着的，粗细在屏幕上的显示也是变化的，而颜色却是恒定的。

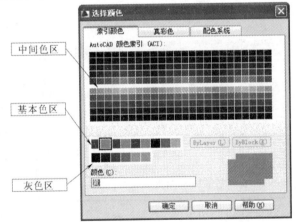

图 2-13 颜色对话框

打印样式表的使用方法将在本书第 5 章中详述。

用同样的方法，大家可尝试着建立"中粗线"（4 号为青色）和"细线"（7 号为白色）图层。这样就完成了实线图层的设置。

2.3.4 虚线与点划线图层

当需要在屏幕上显示线型样式时，AutoCAD 可以给图层以"线型"的属性来控制虚实类线型的显示。其操作方法如下：

（1）建立一个"虚线"的图层，如图 2-14 所示。

（2）用鼠标单击"Continuous"，将弹出线型选择对话框（见图 2-15）。此时，除了"Continuous"实线一种线型之外，没有其他线型可选。这是因为第一次使用的原因，需要设计者自行装载其他线型。

（3）用鼠标继续单击图 2-15 中的"加载"按钮来装载新的线型。此时弹出的对话框如图 2-16 所示。从中选取"ACAD_ISO02W100"和"ACAD_ISO04W100"。它们分别是虚线和点划线线型（如果需要其他的线型也可一并选取）。反复选择直到你需要的线型全部装入图 2-15 所示的线型选择对话框为止。

（4）在线型选择对话框中选择"ACAD_ISO02W100"作为当前虚线层的线型，"确定"结束。

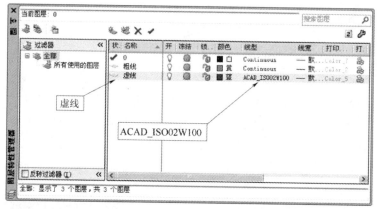

图 2-14　虚线图层

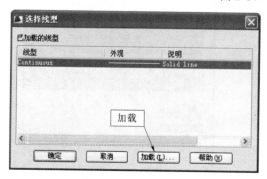

图 2-15　线型选择

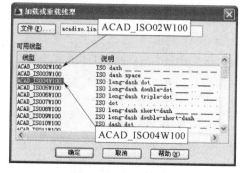

图 2-16　线型装载

（5）为了实现不同粗度的虚线，同样给定虚线层以不同的颜色。在此，给定虚线层为 5 号蓝色（中粗虚线）。

（6）按照上述方法设置"点划线"图层。点划线线型可选用"ACAD_ISO04W100"线型，颜色选 3 号绿色。

当建立了多个图层时，就有了当前活动层的概念，简称为"当前层"。所画的图形即被放置在"当前层"上。此外，我们还可能需要打开、关闭、锁定、冻结图层。

2.3.5　图层的常用操作

1. 设置当前层

将某一指定的图层作为当前层，可将图线画在特定的层上。图层的操作常用物体属性工具条来完成，这样操作比较方便。只要单击向下的黑三角即可打开图层操作下拉条，如图 2-17 所示。然后用鼠标单击所需的层名即可将其设为当前层。

2．打开或关闭当前层

只要单击图 2-17 中"打开、关闭"图标即可。关闭一个图层，则该图层上的所有图线将不在屏幕上显示，但是仍然可以用"All"方式选择该层上的图线。因此，关闭一个图层，并不能完全阻止对其上图线的误操作。若想完全封闭该层，应该使用"冻结"命令。

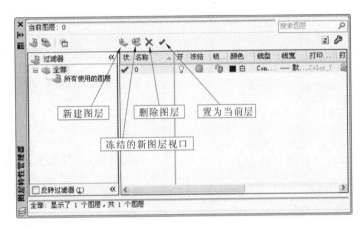

图 2-17　图层操作

3．冻结图层

只要单击图 2-17 中的"冻结"图标即可冻结、解冻图层。冻结的图层将不显示，也不能编辑（删除、移动等）。

4．锁定图层

只要单击图 2-17 中的"锁定"图标即可锁定、解锁图层。锁定的图层依然显示在屏幕上，可以作为绘图的参照体（捕捉线的端点、交点等），但不可编辑（删除、移动等）。

2.3.6　改变图线所在的图层

每个图线一定位于一个图层上，它同时也就可能具有了该图层的属性——颜色和线型。

说明　此处说的"可能"是指图线自身的颜色和线型为逻辑型——Bylayer，而非具体的某一颜色和线型。由于这一概念容易混淆视听，因此，如果没有改变原 AutoCAD 的当前颜色和线型，可不去理会。AutoCAD 的缺省当前颜色和线型如图 2-18 所示。如果图线具有自己的颜色和线型，那么它不会理会它所在图层的这些属性。换句话说，它的颜色和线型不随图层而改变，独立于图层。这是我们所不希望的，因此要尽量避免。

图 2-18　物体属性

图 2-19　属性编辑按钮

当将图线从它所在的图层转移到另一个图层上时，就可以达到改变线型的目的。正因为如此，在画线时不一定要面面俱到，可以以任何一种线型绘制它，然后用换层的方法修正它的线型。

修改图层的操作方法如下：

（1）单击"属性编辑"按钮（见图 2-19）或按【Ctrl+1】键，弹出如图 2-20 所示的列表框。单击选择图线按钮选取图线，然后单击"图层"栏右边的"0"，此时可以在弹出的下拉列表中选择目标图层。

（2）再次按【Ctrl+1】键关闭属性编辑列表栏。

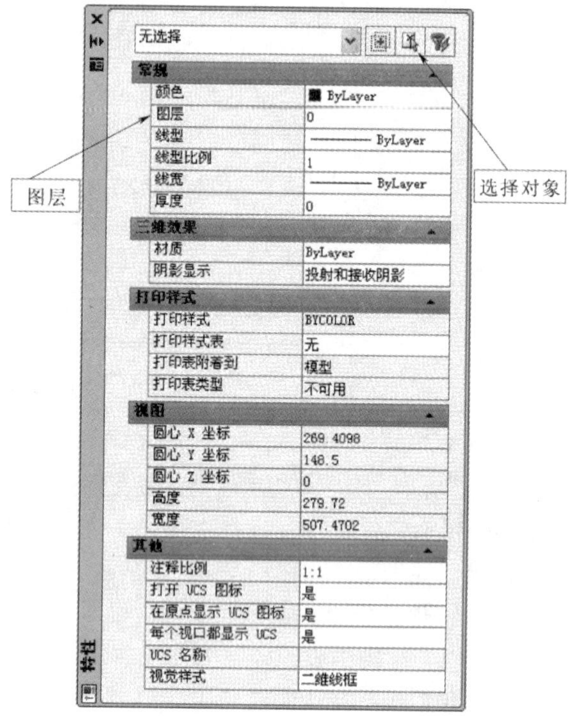

2.3.7　图层的调配

2.3.7.1　特性匹配

在绘图的过程中，经常需要将一些图线从其所在的图层转移到特定的图层上，以使其与其他图线相匹配。

在"标准工具栏"中有一个"特性匹配"工具，如图 2-21 所示。它用于将一些图线的属性与某一指定图线的属性相同，即可以将一些图线转移到某一指定图线所在的图层。这是很好的转层工具，它的命令原名为"MATCHPROP"，系统简化为"MA"。

图 2-20　属性编辑列表

操作流程

命令：　<u>ma　【Enter】</u>
MATCHPROP
选择源对象：　<u>选择参考图线</u>
当前活动设置：颜色 图层 线型 线型比例 线宽 厚度 打印样式 标注 文字 填充图案 多段线 视口 表格材质 阴影显示 多重引线
选择目标对象或 [设置(S)]：　<u>选择需转换图层的图线</u>（可使用多重选择）
选择目标对象或 [设置(S)]：　<u>【Enter】</u>（结束）

特性匹配

图 2-21　"特性匹配"工具

2.3.7.2　换到指定层

将所选图线转移到指定的图层上，可以按如下的方式操作，如图 2-22 所示。

图 2-22　修改图线所在的图层

🖮 **操作流程**

命令：　　<u>选择需转层的图线</u>（用窗口进行多重选择）

指定对角点：　<u>单击窗口的另一角</u>

　　　　　　<u>在图层列表中选择目标图层</u>（见图 2-22）

命令：　　<u>按【Esc】键结束</u>

取消

2.4　工程字体与字体设定

2.4.1　工程字体

　　工程图中常用的文字有汉字、阿拉伯数字和拉丁字母等。字体的规格大小用字号表示。字号及其使用范围如表 2-7 所示。

表 2-7　　　　　　　　　　字 号 及 其 使 用 范 围

字号（即字高）	2.5	3.5	5	7	10	14	20
字宽	1.8	2.5	3.5	5	7	10	14
使用范围		（1）详图的数字标题。 （2）标题的比例数字。 （3）剖面代号。 （4）一般文字说明		各种图的标题		大标题或封面标题	
	尺寸、标高及其他数字	表格的名称详图及附注的标题					

　　字号系列中的公比也是 $1:\sqrt{2}$，即字宽与字高之比，简称为宽高比。该比值近似等于 0.7。AutoCAD 中用字高加宽高比来确定字的大小尺寸。

　　字体用标准长仿宋体。现行的建筑制图标准是针对手工制图而定的，计算机制图只能参照执行。

　　此外，需注意以下事项：

　　（1）当拉丁字母单独用作代号或符号时，不使用 I、O、Z 三个字母，以免与阿拉伯数字的 1、0、2 相混淆。

（2）阿拉伯数字、拉丁字母以及罗马数字都可以用正体或斜体，单独书写时一般采用斜体。

（3）阿拉伯数字、拉丁字母以及罗马数字与汉字并列书写时，要比汉字小一号。对于这一点，WindowsXP 中的国标字库"仿宋_GB2312"满足要求。

图 2-23 是长仿宋体和西文斜体"Italic"的示例。

国标长仿宋体2312

Italic.shx 123 AaBbCc

图 2-23　字体示例

2.4.2　字体设定

在写字前必须对所用的字体加以设定，否则 AutoCAD 使用的是缺省字型"Standard"。该字型调用的是 AutoCAD 的西文字库文件"txt.shx"。该字库不包含汉字。如果用该字型书写汉字，屏幕上将出现"？？？"，而且是一个汉字对应一个"？"。

在 AutoCAD 中注写文字，西文和中文要用不同的输入方法。AutoCAD 2009 与以前的版本不同，它直接采用 Windows 的输入法。但它所用的字库除了 Windows 所具有的字库以外，还有 AutoCAD 专用的字库。AutoCAD 专用的字库文件的后缀为".shx"，而 Windows 字库文件的后缀为".ttf"。

字型定义的命令原名为"STYLE"，系统简化名为"ST"。

下面通过实例介绍两种字体的定义过程。

【例 2-3】 定义字型"Standard"，要求使用"Italic.shx"西文字体文件和"Gbcbig.shx"中文大字体文件。

操作步骤如下：

（1）键入 ST，此时将出现图 2-24 所示的对话框，缺省的字型名应为"Standard"。如果不是该字型名，可从其下拉列表中选取。

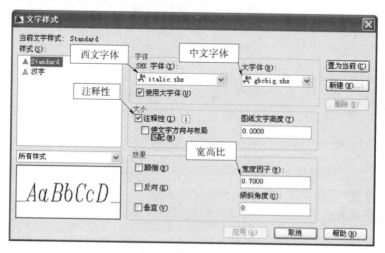

图 2-24　注释性文字样式定义

（2）单击"字体名"——字库文件名选择栏的黑三角，拉出下拉列表，从中选择"italic.shx"文件。此步骤选择西文字库文件。

（3）勾选"使用大字体"选项。

（4）在"大字体"栏列表中选择"Gbcbig.shx"文件。此步骤选择中文字库文件。

（5）勾选"注释性"选项，使用注释性实体的注释比例完成文字的显示比例的调整。

（6）保持"图纸文字高度"栏数值为 0.0000，使得该字型可以用于不同大小文字的书写。

（7）单击"宽度因子"——宽高比书写栏，键入 0.7。此步骤给定字的宽高比。

（8）单击"应用"——应用设量，而后单击"⊠"按钮关闭文字样式对话框。

说明 在"大小"分区中，"图纸文字高度"栏的数值应保持为"0.0000"。如果该栏为其他数值，那么该字型的字高就为该栏中的数值，将来书写文字时字高将不能改变。而我们写字时，要根据不同的情况书写不同字号的字。因此，在此固定字的高度，不利于使用。

【例 2-4】 用"仿宋_GB2312.ttf"字体文件定义"汉字"字型。

操作步骤如下：

（1）键入 ST ，弹出图 2-24 所示的对话框。

（2）单击其中的"新建"——新字型按钮，此时将弹出一个书写框，键入"汉字"。

（3）单击"字体名"——字库文件名选择栏的黑三角，拉出下拉列表，从中选择"仿宋_GB2312"文件名。此步骤选择中文字库文件。

（4）勾选"注释性"选项，使用注释性实体的注释比例完成文字的显示比例的调整。

（5）保持"图纸文字高度"栏数值为 0.0000，使得该字型可以用于不同大小文字的书写。

（6）单击"宽度因子"——宽高比书写栏，键入 0.7。此步骤给定字的宽高比。

（7）单击"应用"——应用设置，而后单击"⊠"按钮关闭文字样式对话框。

说明 该字库中缺少制图中常用的"φ"字母，更没有结构图中常用的 2 级钢的符号"Φ"。但可以使用 Windows 的造字程序自己扩充。

2.4.3 书写文字

AutoCAD 2009 中书写文字的方法有很多种。现根据需要分述如下。

2.4.3.1 标注文字

标注文字即在图中不同的位置注写文字。这种方式宜用"DTEXT"命令，系统简化命令为"DT"。

操作流程

单击 图标选择合适的注释比例（从 AutoCAD 2008 版以后可以使用注释比例控制文字等非绘图信息的显示比例。）

命令： dt【Enter】

TEXT

当前文字样式： "汉字" 文字高度： 3.5000 注释性： 是

指定文字的起点或［对正(J)/样式(S)］：   <u>指定字的起点</u>

指定图纸高度<3.5000>：   <u>5【Enter】</u>

指定文字的旋转角度 <0>：   <u>【Enter】</u>（字书写的方向角，水平从左至右书写时角度为 0）

<u>用鼠标移到屏幕的右下角，单击 Windows 的输入法，选用自己熟悉的输入法</u>

<u>建筑制图【Enter】</u>（键入文字）

<u>用【Ctrl+Enter】键关闭中文输入法</u>（该组合键为 Windows 的中西文切换键）

<u>【Enter】</u>（结束）

> **说明**   只有在输入汉字时才打开中文输入法，输入西文或书写结束时应该关闭中文输入法。否则在命令状态时，键盘的键入将是中文，而 AutoCAD 是不认中文命令的。西文的标注过程同上，只是不用打开中文输入法而已。当选用了一种中文输入法后，再次使用时只要用【Ctrl+Enter】键打开即可。当然 Windows 的热键是可以自己定义的，此处为 WindowsXP 的缺省定义。

2.4.3.2   大片的施工说明

用上述方法书写的文字，每一行为一个整体。换行或用鼠标移动书写位置后，再写的文字将作为另一个实体。如果想用段落调整的方法来编排文字，应该使用 AutoCAD 14 开始新增的命令"MTEXT"，用它书写的多行文字将作为一个实体处理。它的工具按钮位于绘图工具条上，如图 2-25 所示。

图 2-25   书写文字

其操作步骤如下：

（1）单击按钮 **A**。

（2）点取书写范围的左上角，拖动鼠标，并给定书写范围的右下角。而后将出现图 2-26 所示的对话框。

图 2-26   文本编辑对话框

（3）在字体选择栏选择字体。

（4）在字高栏填写字高值（同样需要乘以比例因子）。

（5）在文本编辑栏键入文字（如果需要输入汉字，则需要打开中文输入法）。

（6）单击"确定"按钮结束。

2.4.3.3 变换字型

如果当前字型为"Standard"，而需要书写汉字，如何改变当前字型为"汉字"呢？

（1）变换"DTEXT"命令。

操作流程

命令：   dt【Enter】

TEXT

当前文字样式： "Standard" 文字高度： 3.5000 注释性： 是

指定文字的起点或［对正(J)/样式(S)］：   s【Enter】（选择样式）

输入样式名或［?］＜Standard＞：   汉字【Enter】（键入字型名）

当前文字样式： "汉字" 文字高度： 5.0000 注释性： 是

指定文字的起点或［对正(J)/样式

(S)］：   指定字的起点

指定图纸高度＜5.0000＞：   5【Enter】

指定文字的旋转角度＜0＞：

书写文字【Enter】

【Enter】（结束）

（2）对于 MTEXT，只要单击"样式"
下拉列表（见图 2-26），在"样式"列表
栏中选择"汉字"即可。

2.4.4 修改文字

用图 2-20 中的属性编辑工具来修改
文字。当选择的实体是文字时将弹出如图
2-27 所示的对话框。

此外，修改文字更多的时候被用于标
注文字。其操作方法是：将现有的文字用
前面介绍的复制命令加以复制，然后再用
鼠标双击文字即可将复制的文字改为所需
的文字。这种方法比直接书写要快，因为
它省去了文字定形数据的输入。

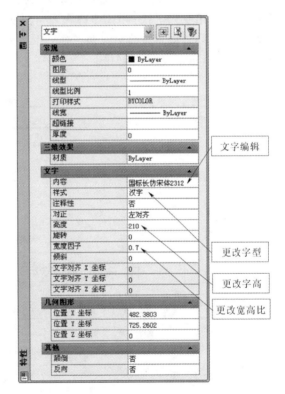

图 2-27 文字编辑

练 习 题

2-1 试述设置图形界限有什么作用。

2-2 试述什么是透明指令，在何种情况下使用，应如何使用。

2-3 试述在 AutoCAD 中如何设置比例。

2-4　简述比例和比例因子的关系，并写出比例因子的主要应用对象。

2-5　简述图层具有哪些性质。如何快速变换图层？冻结与关闭图层的区别是什么？如果希望某图线显示又不希望该线条无意中被修改，应如何设置图层状态？

2-6　试述 AutoCAD 2009 中书写文字的方法。在目前的通用 CAD 系统中往往会缺少某些字符，如二级钢的直径符号，试问如何解决？

2-7　如何创建新的文字样式，并为其设置相应的字体、高度及颠倒效果？

绘　图　题

按尺寸抄绘如图 2-28 所示的作业图框和标题栏（不标尺寸）。

具体要求如下：

（1）比例：1∶1。

（2）图线：图框线宽为 1mm，标题栏外框为 0.7mm，标题栏分隔线为 0.18mm。

（3）字体：西文字体为"tssdeng.shx"，中文字体为"tssdchn.shx"，图名用 7 号字，比例用 5 号字。标题栏：单位名用黑体 10 号字，图名用长仿宋体 7 号字，其他中文用 5 号字，西文用 3.5 号字（所用字体在"资源文件"的字体文件夹中）。

（4）布局匀称，线型和字型正确，作图准确。图框和标题栏符合《房屋建筑制图统一标准》（GB/T 50001—2001）的要求。

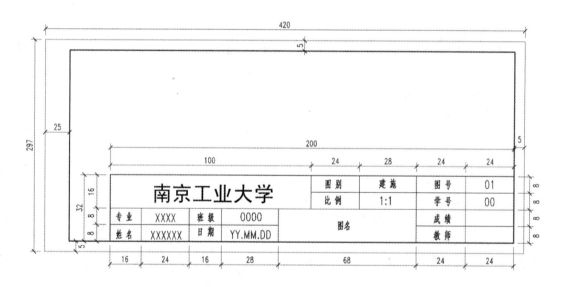

图 2-28　绘制图框

第 3 章　投影制图与计算机绘图法

要在平面（图纸）上画出空间物体的形状，则需要采用投影的方法。设置一个投影面，用垂直于该投影面的投影光线将物体的轮廓投影在投影面上，如图 3-1 所示。这种方法被称为投影法。

在工程制图中的视图就是画法几何中的正投影图，因此，绘制工程图就需要画法几何的正投影知识。但是，施工图还要在正投影图的基础上，进一步加注尺寸和文字说明。为此，本章利用正投影法结合工程制图规范，讲解基本形体和组合体视图的绘制方法和表达形式。

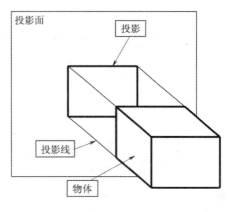

图 3-1　投影

3.1　基　本　视　图

3.1.1　三面视图和六面视图

1. 三面视图

由于一个投影不能完整地反映空间物体的形状和大小，所以在画法几何中，要先设立三个互相垂直的投影面 H、V 和 W，并画出物体在这三个投影面上的投影，即水平投影、正面投影和侧面投影，如图 3-2 所示；再把这三个投影面展平在 V 面所在的平面上，就得到了图 3-3 所示的三面视图（简称为三视图）。

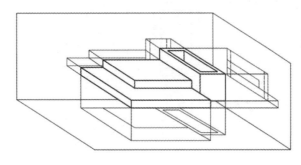

图 3-2　三面投影

在建筑制图中，将水平投影、正面投影和侧面投影分别称为平面图、正立面图和侧立面图。三视图的排列位置如图 3-3 所示。

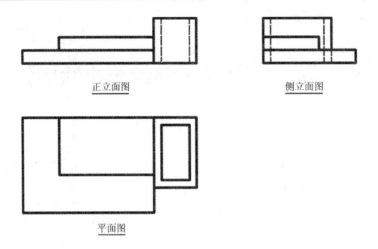

正立面图   侧立面图

平面图

图 3-3   三视图

三视图之间的投影联系规律如下（见图 3-4）：

正立面图和平面图——长对正。

正立面图和侧立面图——高平齐。

平面图和侧立面图——宽相等。

在应用以上规律作图时，要注意形体的上、下、左、右、前、后六个方位在视图上的表示，特别要注意前、后面的表示。例如，平面图的下方和左侧立面图的右方都反映形体的前面，平面图的上方和左侧立面图的左方都反映形体的后面，如图3-4 所示。

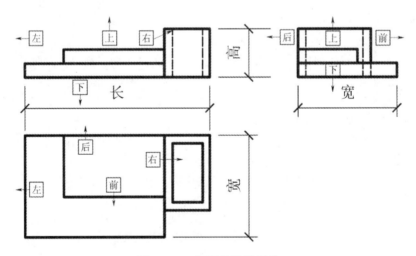

图 3-4   三视图的投影规律

2．六面视图

对于某些工程形体，当画出三视图后还不能完整地表达其形状时，则要增加新的投影面，通过画出新视图来表达。若要得到从物体的下方、背后或右侧观看时的视图，则需再增设三个分别平行于投影面 H、V 和 W 的新投影面 H_1、V_1 和 W_1，并在其上分别形成从下向上、从后向前和从右向左观看时所得到的视图，分别称为底面图、背立面图和右侧立面图。于是，共有六个投影面和六个视图，通称为基本投影面和基本视图。图 3-5 为梁、板、柱节点的六面视图（简称为六视图）。图 3-6 为梁、板、柱节点的轴测图。

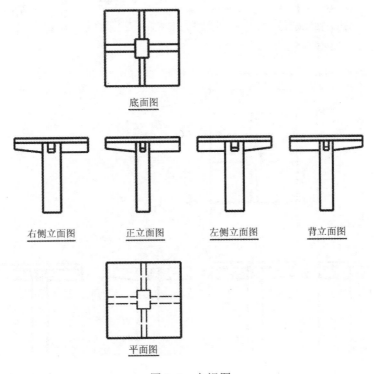

底面图

右侧立面图　　　正立面图　　　左侧立面图　　　背立面图

平面图

图 3-5　六视图

在六视图的排列位置中，平面图位于正立面图的下方，底面图位于正立面图的上方，左侧立面图位于正立面图的右方，右侧立面图位于正立面图的左方，背立面图位于左侧立面图的右方，如图 3-5 所示。从该图中可以看出，平面图与底面图、正立面图与背立面图、左侧立面图与右侧立面图分别呈对称图形，仅是图名、图形内的虚实线有所不同。

六视图之间的投影规律如下：

正立面图、平面图、底面图和背立面图——长对正。

正立面图、左侧立面图、右侧立面图和背立面图——高平齐。

平面图、左侧立面图、底面图和右侧立面图——宽相等。

图 3-7 为六视图的投影规律示意图。在运用该规律作图时，要特别注意前、后、左、右四个方位在视图中的表示。例如，平面图的下方、左侧立面图的右方、底面图的上方和右侧立面图的左方均反映形体的前面，平面图的上方、

图 3-6　梁、板、柱节点的轴测图

左侧立面图的左方、底面图的下方和右侧立面图的右方均反映形体的后面；背立面图的左方反映形体的右面，背立面图的右方则反映形体的左面。

如果六个视图画在一张图纸内，并且按图 3-5 所示的位置排列时，可以省略注写视图的名称。但为了明确起见，在工程图中通常仍注写出各视图的名称。如不能按图 3-5 的排列配置视图时，则必须分别注写出各个视图的名称，图名宜注写在视图的下方，并用粗实线画出字的底线，如图 3-5 所示。

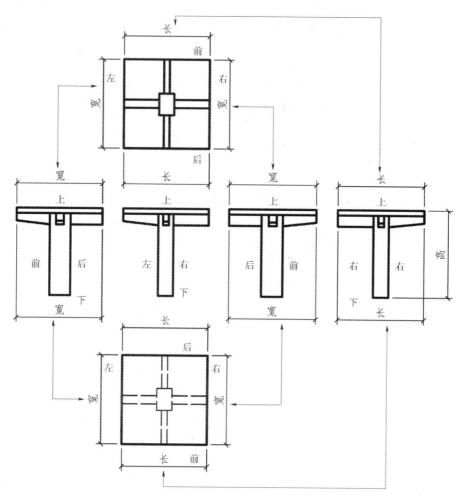

图 3-7   六视图投影规律

3.1.2   三视图的计算机作图法

绘制三视图首先要计算形体的总长、总宽和总高。如果以圆为轮廓，为了绘图方便，只算到圆心位置为止（尺寸标注也是如此）。侧立面图可以直接根据正立面图和平面图绘出，因此可暂时不作考虑。

【例 3-1】   图 3-8 为一组合体的轴测图，该形体的总长为 30mm，总宽为 20mm，而总高应该算作 15mm，下面介绍三视图的计算机作图法。

步骤 1：画矩形。首先画一个 30mm×15mm 的矩形。矩形命令的命令原名为"RECTANG"，系统简化为"REC"。

⌨ 操作流程

命令：　　rec【Enter】

RECTANG

指定第一个角点或［倒角(C)／标高(E)／圆角(F)／厚度(T)／宽度(W)］：　　鼠标指定起点

指定另一个角点或［面积(A)／尺寸(D)／旋转(R)］：　　@30,15【Enter】

步骤 2：向正下方复制矩形，如图 3-9 所示。

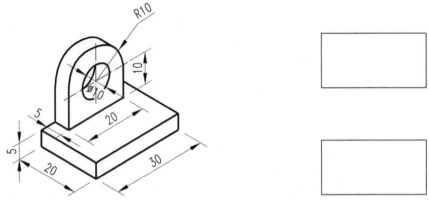

图 3-8　组合体轴测图　　　　　　　　　　图 3-9　步骤 2

"复制"命令的命令原名为"COPY"，系统简化为"CO"；"正下方"使用功能键【F8】来控制。

⌨ 操作流程

命令：co【Enter】

COPY

选择对象：找到 1 个

选择对象：　　【Enter】

当前设置：复制模式 = 多个

指定基点或［位移(D)／模式(O)］〈位移〉：　　任取一点

指定第二个点或〈使用第一个点作为位移〉：　　打开【F8】　　〈正交　开〉
向下点取一点

指定第二个点或［退出(E)／放弃(U)］〈退出〉：　　【Enter】（结束）

步骤 3：将图 3-9 中下面的矩形由 30mm×15mm 改为 30mm×20mm。因为平面的轮廓为 30mm×20mm。可采用变形工具"STRETCH"（即"S"命令），向下拉长 5mm。

（1）拉长（5mm）。

⌨ 操作流程

命令：　　s　【Enter】

STRETCH

以交叉窗口或交叉多边形选择要拉伸的对象...

选择对象：　<u>用"C"式窗口选择</u>

指定对角点：　<u>窗口对角点</u>

找到 1 个

选择对象：

指定基点或 [位移(D)] <位移>：　　<u>任取一点</u>

指定第二个点或 <使用第一个点作为位移>：　　<u>5【Enter】</u>（当前【F8】正交已打开，将光标指向下方，键入拉伸距离）

现在的两个矩形都是"PLINE"格式，为了便于复制图线和图线的连接，构图阶段应将直线用"LINE"格式表示。

（2）炸开矩形为"LINE"直线。炸开命令的命令原名为"EXPLODE"，系统简化为"EX"，该命令在编辑工具条中的按钮为 ▦。

⌨ 操作流程

命令：　　<u>x【Enter】</u>

EXPLODE

选择对象：　<u>用窗口选线</u>

指定对角点：　<u>窗口对角线</u>

找到 2 个

选择对象：　<u>【Enter】</u>（结束）

步骤4：绘制组合体底座立方体的两面投影。首先，利用"OFFSET"等距复制命令完成立面图中的投影线（见图3-10）；然后，利用倒圆命令将两线交成图 3-10 中的矩形。

（1）等距复制（距离为 5mm）。

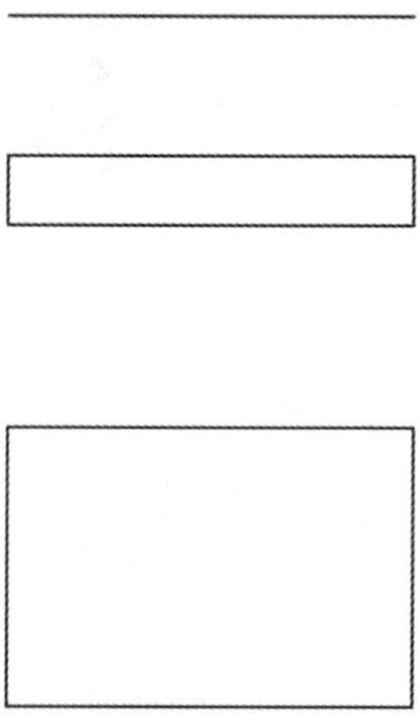

⌨ 操作流程

命令：　　<u>o【Enter】</u>

OFFSET

当前设置：删除源=否　图层=源　OFFSETGAPTYPE=0

指定偏移距离或 [通过(T)/删除(E)/图层(L)] <1.0000>：　　<u>5【Enter】</u>

选择要偏移的对象，或 [退出(E)/放弃(U)] <退出>：　　<u>选底线</u>

指定要偏移的那一侧上的点，或 [退出(E)/多个(M)/放弃(U)] <退出>：　　<u>向上点取一点</u>

选择要偏移的对象，或 [退出(E)/放弃(U)] <退出>：　　<u>【Enter】</u>（结束）

（2）两线相交。使用倒圆角命令"FILLET"（系统简化名为"F"），将其半径设

图 3-10　步骤 4

为 0。

操作流程

命令：　　　f【Enter】

FILLET

当前设置：模式 = 不修剪，半径 = 10.0000

选择第一个对象或 [放弃(U)/多段线(P)/半径(R)/修剪(T)/多个(M)]：

r【Enter】

指定圆角半径〈10.0000〉：　　0【Enter】（将倒圆半径设为0）

选择第一个对象或 [放弃(U)/多段线(P)/半径(R)/修剪(T)/多个(M)]：　　选线

选择第二个对象，或按住 Shift 键选择要应用角点的对象：　　选另一线

重复上述操作流程将另一边相交，此时的画面如图 3-10 所示。

步骤 5：在立面图中画两个同心圆（将圆弧用圆代替），圆心在上部直线的中点处。

（1）设定捕捉模式（为交点模式）。捕捉命令的命令原名为"OSNAP"，系统简化为"OS"。键入 OS【Enter】，弹出图 3-11 所示的对话框。单击这些项前面的复选框，使其复选框中出现"√"符号。这种方法称为捕捉设定。一旦设定，将一直有效，直到再次单击复选框去除"√"符号为止。此外，功能键【F3】用于控制捕捉设定的"开"和"关"，大家不妨一试。

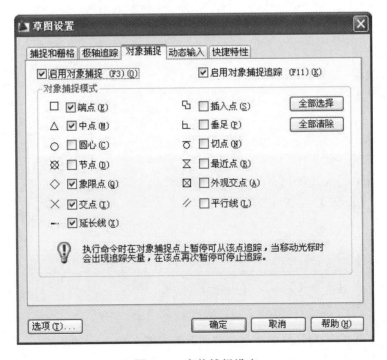

图 3-11   实体捕捉设定

（2）用"中点"捕捉圆心位置画圆（半径为 10mm）。画圆命令为"CIRCLE"，系统简化名为"C"。

⌨ 操作流程

命令：　　c【Enter】

CIRCLE

指定圆的圆心或 [三点(3P)/两点(2P)/切点、切点、半径(T)]：　　捕捉直线中点

指定圆的半径或 [直径(D)]：　　10【Enter】（半径）

（3）用"OFFSET"命令复制圆（距离为 5mm）。

⌨ 操作流程

命令：　　o【Enter】

OFFSET

当前设置：删除源=否　图层=源　OFFSETGAPTYPE=0

指定偏移距离或 [通过(T)/删除(E)/图层(L)] <5.0000>：　　5【Enter】

选择要偏移的对象，或 [退出(E)/放弃(U)] <退出>：　　选择大圆

指定要偏移的那一侧上的点，或 [退出(E)/多个(M)/放弃(U)] <退出>：　　向内复制

选择要偏移的对象，或 [退出(E)/放弃(U)] <退出>：　　【Enter】（结束）

步骤 6：过图 3-12 中的交点 A 和 B 向下画两条垂线，如图 3-13 所示。

利用【F8】正交控制功能和"交点"捕捉方式画垂线。绘图之前检查"正交"状态，使其处于打开状态。

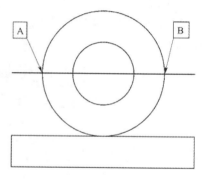

图 3-12　步骤 5

⌨ 操作流程

命令：　　l【Enter】

LINE

指定第一点：　　捕捉交点 A（见图 3-12）

指定下一点或 [放弃(U)]：　　向下取一点

指定下一点或 [放弃(U)]：　　【Enter】（结束）

命令：　　【Enter】（重复 LINE 命令）

LINE

指定第一点：　　捕捉交点 B（见图 3-12）

指定下一点或 [放弃(U)]：　　向下取一点

指定下一点或 [放弃(U)]：　　【Enter】（结束）

此时的画面如图 3-13 所示。

步骤 7：使用"TRIM"修剪命令修剪立面图成图 3-14 所示的形式。

修剪命令的命令原名为"TRIM"，系统简化为"TR"。

⌨ 操作流程

命令：　　tr【Enter】

TRIM

当前设置:投影=UCS, 边=无

选择剪切边...

选择对象或〈全部选择〉: <u>选择线 1</u>(见图 3-14)

找到 1 个

选择对象: <u>选择线 2</u>(见图 3-14)

找到 1 个, 总计 2 个

选择对象: <u>选择线 3</u>(见图 3-14)

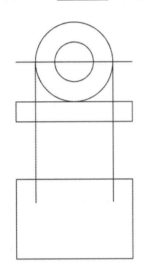

图 3-13 步骤 6

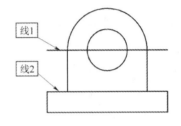

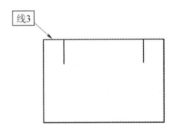

图 3-14 步骤 7

找到 1 个, 总计 3 个

选择对象: <u>【Enter】</u>

选择要修剪的对象,或按住 Shift 键选择要延伸的对象,或[栏选(F)/窗交(C)/投影(P)/边(E)/删除(R)/放弃(U)]: <u>去除圆的部分</u>

选择要修剪的对象,或按住 Shift 键选择要延伸的对象,或[栏选(F)/窗交(C)/投影(P)/边(E)/删除(R)/放弃(U)]: <u>去除左边的直线部分</u>

选择要修剪的对象,或按住 Shift 键选择要延伸的对象,或[栏选(F)/窗交(C)/投影(P)/边(E)/删除(R)/放弃(U)]: <u>去除右边的直线部分</u>

选择要修剪的对象,或按住 Shift 键选择要延伸的对象,或[栏选(F)/窗交(C)/投影(P)/边(E)/删除(R)/放弃(U)]: <u>【Enter】</u>(结束)

此时的画面如图 3-14 所示。

至此,已经完成立面图的构图工作,接下来将完成平面图的构图工作。

步骤 8:用"OFFSET"命令将线 3(见图 3-14)向下复制(距离为 5mm)。接着用"FILLET"命令将其与两根上面留下的短直线相交。此时的画面如图 3-15 所示。

步骤 9:用"象限点"捕捉和【F8】正交键配合,将立面图中小圆的轮廓引下来(类

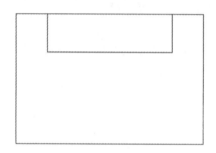

图 3-15　步骤 8

似于图 3-13 所示的步骤 6），如图 3-16 所示。然后，用"TRIM"命令将其剪切，此时选择直线 A 和直线 B 为剪刀，经剪切后形成图 3-17 所示的形式（类似于图 3-14 步骤 7）。

至此，已经完成了立面图和平面图的构图工作，接下来将利用这两个图来画左侧立面图。

步骤 10：将平面图复制一份并将其旋转 90°，如图 3-18 所示。

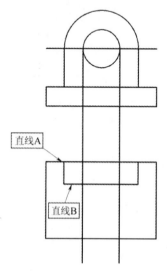

图 3-16　步骤 9——下引小圆轮廓

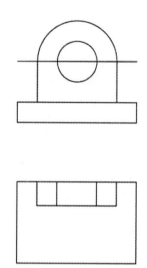

图 3-17　步骤 9——修剪结果

（1）复制。

🏭 **操作流程**

命令：　　<u>co【Enter】</u>

COPY

选择对象：　<u>窗选</u>

指定对角点：　<u>窗口对角点</u>（选中全部平面图）

找到 9 个

选择对象：　<u>【Enter】</u>（结束）

当前设置：复制模式 = 多个

指定基点或 [位移(D)/模式(O)] <位移>：

<u>任选一点</u>

指定第二个点或 <使用第一个点作为位移>：　<u>在右边选取一点</u>

指定第二个点或 [退出(E)/放弃(U)] <退出>：　<u>【Enter】</u>

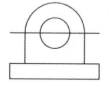

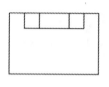

图 3-18　步骤 10

（2）旋转。旋转的命令原名为"ROTATE"，系统简化为"RO"。

⌨ **操作流程**

命令：　　ro【Enter】

ROTATE

UCS 当前的正角方向： ANGDIR=逆时针　ANGBASE=0

选择对象：　　窗选

指定对角点：　　窗口对角点（选择刚刚复制的平面图）

找到 9 个

选择对象：　　【Enter】

指定基点：　　选择基点（选择刚刚复制的平面图的中心位置作为旋转中心）

指定旋转角度，或［复制(C)/参照(R)］＜0＞：　　90【Enter】（逆时针旋转90°）

此时的画面如图 3-18 所示。此步骤的目的是为了保持侧立面图和平面图宽相等。

步骤 11：使用"LINE"命令，将捕捉设定设置为"交点"和"象限点"，即交点和四分点模式；同时，利用【F8】正交限定，画出侧面图的构图线，如图 3-19 所示，该图经剪切后如图 3-20 所示。至此，就完成了全部的构图工作，接下来将做最后的完整工作。

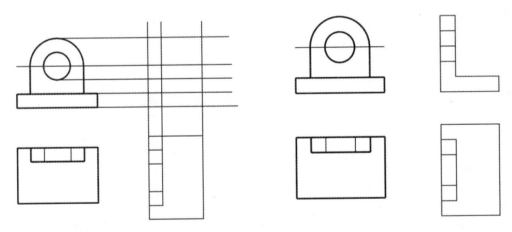

图 3-19　步骤 11　　　　　　　　　　图 3-20　剪切后的图

步骤 12：将可见轮廓线转移到粗实线层上，将不可见轮廓线转移到虚线层上，补画出圆心的定位轴线，并将其转移到点划线层上。

利用本书第 2 章介绍的方法，建立"粗线"（2 号色）、"虚线"（5 号色）和"点划线"（3 号色）三个图层。

（1）调整可见轮廓线到"粗线"层：选择所有的可见轮廓线，单击图层列表栏并选择"粗线"图层，将可见轮廓线转移到"粗线"图层上。

（2）调整不可见轮廓线到"虚线"层：选择所有不可见轮廓线，单击图层列表栏并选择"虚线"图层，将可见轮廓线转移到"虚线"图层上。

（3）补画视图中圆的定位轴线：使用"LINE"命令，并设置"象限点"实体捕捉加【F8】正交模式画垂线；再用"夹点"调节轴线的长短至适当的长度。

（4）调整轴线到"点划线"层：选择所有的轴线，单击图层列表栏并选择"点划线"图层，将可见轮廓线转移到"点划线"图层上。

（5）擦除辅助线：用"ERASE"（系统简化名为"E"）命令擦除作为辅助线的平面图的复制件。

（6）调整线型比例：用"LTSCALE"（系统简化名为"LTS"）命令调整线型比例。若从图中看不出虚线和点划线，则它们仍然是实线。这主要是由线型比例不当造成的，线型比例和比例因子相同都为 1，需用"LTSCALE"命令调整线型比例。

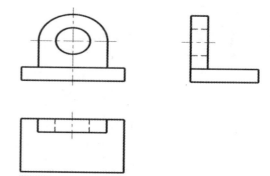

图 3-21　组合体三视图

⌨ **操作流程**

命　令：　lts【Enter】

LTSCALE

输入新线型比例因子 <1.0000>：0.3【Enter】（以线型比例的经验值是比例因子的 0.3 倍为宜）

正在重生成模型

此时的画面如图 3-21 所示。

本次绘图所用到的全部命令如表 3-1 所示。

表 3-1　　　　　　　　　　常　用　命　令

命　令	功　能	命　令	功　能	命　令	功　能
COPY/CO	复制	LAYER/LA	图层控制	OSNAP/OS	捕捉设定
ERASE/E	擦除	LINE/L	直线	RECTANG/REC	矩形
EXPLODE/X	炸开	LTSCALE/LTS	线型比例	ROTATE/RO	旋转
FILLET/F	倒圆角	OFFSET/O	等距复制	STRETCH/S	拉伸
图层列表栏	转移图层	正交/【F8】	正交设定	TRIM/TR	修剪

注　表中"/"的左面是命令原名，右面是简化名或热键。

3.1.3　镜像视图

当用直接正投影法绘制的图样不利于形体的表达时，可用镜像投影法绘制，但应在图名后加注"（镜像）"二字。

如图 3-22 所示，将镜面放在形体的下面，代替水平投影面，在镜面中反射得到的图像称为"平面图（镜像）"。由该图可知，它与通常绘制的平面图除了一些线的可见性不同外，其形状与平面图是一样的。在建筑装潢图中，天棚平面图就是镜像视图。不过由于专业的原因，并不在图名上加注"（镜像）"二字。

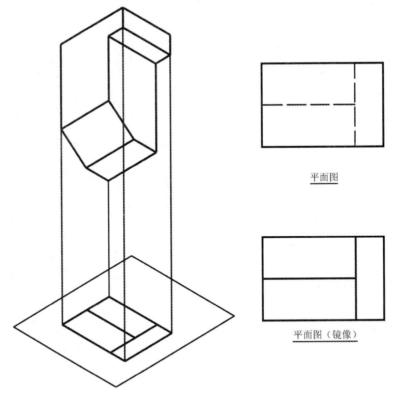

平面图

平面图（镜像）

图 3-22　镜像视图

说明　镜像视图并不是将图形镜像处理，它不是 AutoCAD 中的"MIRROR"命令的意思。请不要将两者混淆。

3.1.4　局部视图

局部视图只表达形体某个局部的形状和构造。

画局部视图时，一般要用箭头表示投影的方向，并用字母加以标注，如图 3-23 所示。当局部视图按投影关系摆放位置，而中间又没有其他的图形隔开时，可省略标注，如图 3-24 所示。

局部视图的分割线用波浪线或折断线表示，如图 3-23 所示。但当所示部分的局部结构完整且外轮廓线又成封闭时，则无需画上分割线，如图 3-24 所示。

3.1.5　斜视图

当物体某些部分与基本投影面不平行时，其在基本投影面上的投影不能反映该部分的实形。为此，设立平行于物体倾斜部分的辅助投影面，在该面上画出的视图能反映该部分的实形。这种向倾斜投影面投影所得的视图称为斜视图。

画图时必须在斜视图的下方用大写字母标出视图的名称，在相应的视图附近用箭头指明投影部位和投影方向，并标注同样的大写字母，如图 3-25 所示。斜视图只画出倾斜部位的投影，因此斜视图往往同时又是局部视图。

斜视图一般按投影关系摆放，必要时也可放置在其他适当位置，或将图形转正放置。但图形转正时，应在图名中加注"（旋转）"二字，如图 3-26 所示。

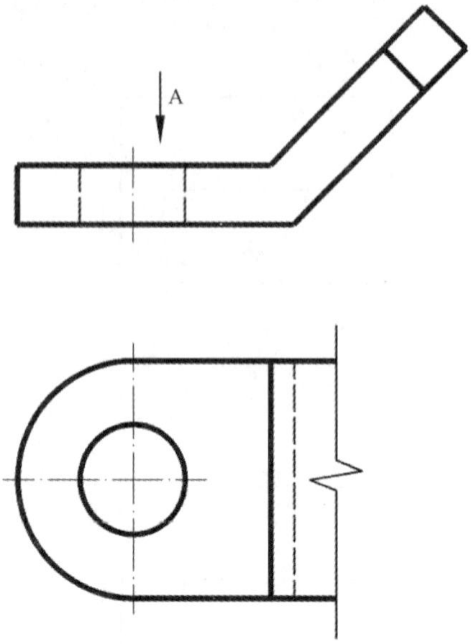

图 3-23 局部视图

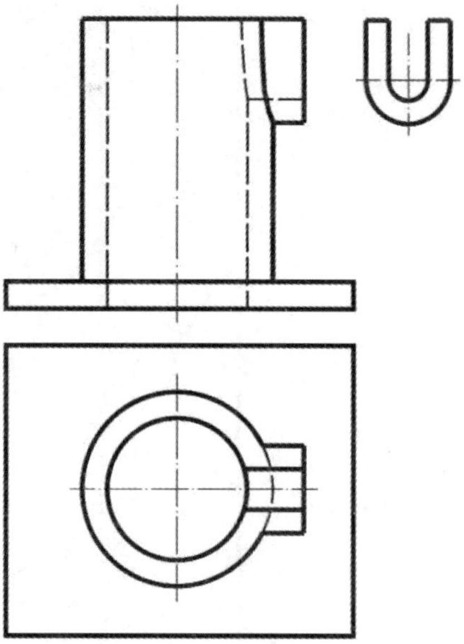

图 3-24 局部视图（省略标注）

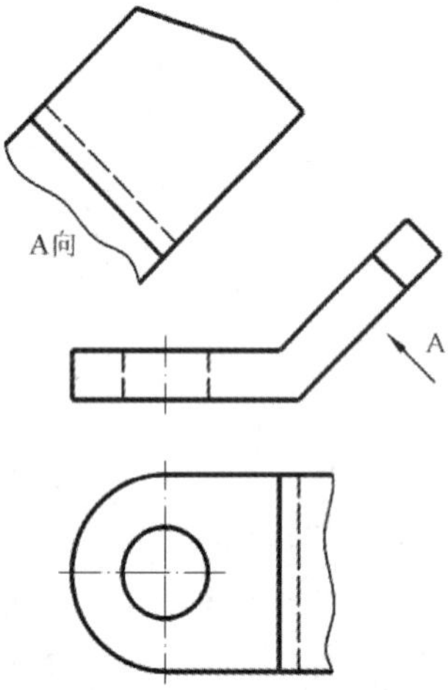

图 3-25 斜视图

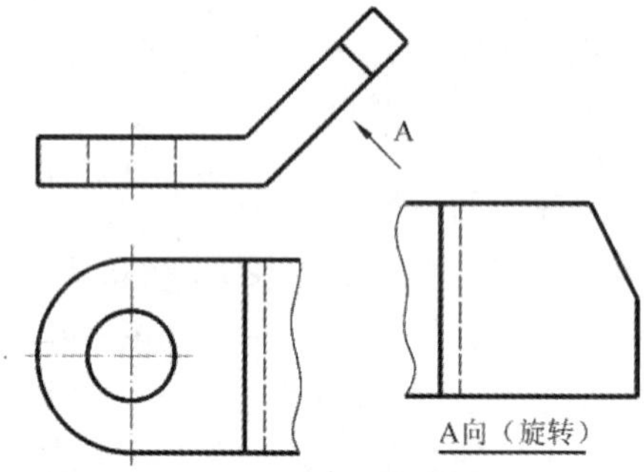

图 3-26 斜视图（旋转）

3.1.6 旋转视图

假想将物体的倾斜部分旋转到与某一基本视图平行后，再向该投影面作投影，这样得到的视图称为旋转视图，如图 3-27 所示。

图 3-27 中，正立面图仍需保持原来的位置，平面图中右侧部分则按旋转成水平位置后画出，圆柱体与右侧部分的交线也按旋转后的位置画出。正立面图中的箭头和双点划线表示旋转方向和旋转后的位置，可以省略不画。

旋转视图可以省略标注旋转方向及字母。

说明 旋转视图与 AutoCAD 中的“ROTATE”旋转图线不同。注意不要将两者混淆。

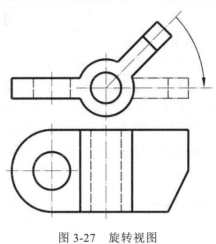

图 3-27 旋转视图

3.2 剖　面　图

3.2.1 剖面图的形成与图示方法

根据上面介绍的各种视图，可以将物体的外部形状和大小表达清楚，至于形体的内部构造，则在视图中用虚线表示。如果不可见的部分很多，视图中会出现过多的虚线，甚至虚线、实线相互重叠或交叉，致使图形很不清楚，更不便于标注尺寸。

为此，在工程制图中采用剖面图来解决这一问题。用一个平面作为剖切平面，假想把形体切开，移去前面的部分，剩下部分的视图称为剖面图，简称为剖面。图 3-28 为台阶剖面图的剖切情况，图 3-29 为台阶的剖面图。

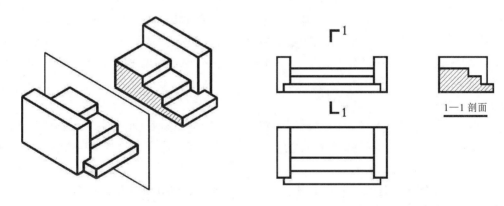

图 3-28 台阶的剖切情况　　　　　　　图 3-29 台阶的剖面图

剖面图中包含剖切符号和材料图例。剖切符号由剖切位置线和剖视方向线组成，均应使用粗实线绘制。

剖切位置线表明了剖切平面的位置，长度宜为 6～10mm，应避免与其他图线相交。

剖视方向线应垂直于剖切位置线，在剖切位置线两端的同侧各画一段与它垂直的粗短线，长度宜为 4～6mm。它表示观看方向朝向这一侧。例如，图 3-29 中的剖视方向表示向右看。

按照《房屋建筑制图统一标准》（GB/T 50001—2001）规定，画剖面图时在截断面部分应画上形体的材料图例，常用建筑材料图例可参阅本书附录 2。当不注明材料图例时，则可用等间距、同方向的 45°细线（称为图例线）来表示，如图 3-29 中的剖面图所示。

图例在 AutoCAD 中是用图案填充来完成的。标注图例时应注意以下几点：

（1）同类材料不同品种使用同一种图例时，应在图上附加说明。

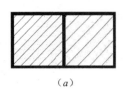 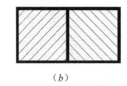

（a）　　　　　　　　　（b）

图 3-30 相同图例的处理方法

（a）错开；（b）反向

（2）两个相同的图例相接时，图例线应错开或倾斜方向相反，如图 3-30 所示。

（3）对于过于狭窄的断面，当画出材料有困难时，则可予以涂黑表示。两个相邻的涂黑图例间，应留有空隙，其宽度不得小于 0.7mm。

（4）面积过大的建筑材料图例，可在轮廓线内沿轮廓线局部表示。

3.2.2　图案填充

剖面图例在 AutoCAD 中的绘制，一般使用图案填充命令"BHATCH"来完成，该命令建议简化为"H"。AutoCAD 以前的版本使用"HATCH"命令填充，但由于"HATCH"命令的图形边界不能重叠，且在图案对象填充上功能不够，所以从 AutoCAD R12 版起增加了"BHATCH"命令。"HATCH"命令现已很少被使用。"BHATCH"命令能自动定义边界，然后忽略整个或部分不是边界的部分。当使用"BHATCH"命令时，不需要选择边界的每一段线。"BHATCH"将自行用一条多段线来定义边界，填充后自动将其删除它；还可以使放在边界内的图形或字符避开图案。

图案填充的方法如下：用键盘键入 H【Enter】，或使用绘图工具条的按钮 ▨ 。

此时弹出对话框，如图 3-31 所示。操作过程大致为：选择图案→指定填充范围→预览效果→改变比例→预览效果→改变旋转角度→预览效果→再改变……直至满意→应用。

3.2.2.1　选择图案

单击"图案"按钮后弹出的对话框如图 3-32 所示。该对话框分为"ANSI"、"ISO"、"其他预定义"等几项，可用鼠标选择这几个选项卡其中之一，用翻滚条前后查找所需图案。最后按"确定"按钮确认。

图 3-32 中标出了建筑上常用的几种材料。遗憾的是，AutoCAD 的图案库中缺少建筑中的常用建材——木材的图案。

> **说明**　在因特网上有大量由用户开发的 AutoCAD 图案库文件。只要替换两个文件即可扩充自己的图案库。这两个文件是"C:\Program Files\AutoCAD 2009\UserData Cache\Support\acadiso.pat"和"E:\Program Files\AutoCAD 2009\Support\acad.slb"。其方法是将原 AutoCAD 2009 下的这两个文件删除或保存到其他的地方，然后将从因特网下载的同类型的文件改为上述名称即可。

图 3-31　图案填充

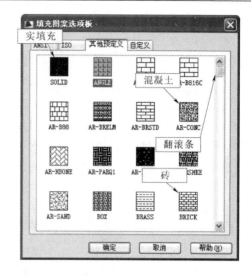

图 3-32　图案选择

如果上面的方法做不到，可以用下面的方法自己动手改写"C:\Program Files\AutoCAD 2009\UserDataCache\Support\acadiso.pat"文件。改写方法是在该文件的末尾加上以下数据（注意要严格按照下面的格式输入）：

*WOOD,WOOD GRAIN

0, .2,.05, 1,1, .05,-.95

90, .6,.4, 1,1, .1,-.9

45, .4,.3, .7071067812,.7071067812, .0707,-.2121,.0707,-.1414,.495,-.4243135623

45, .15,0, .7071067812,.7071067812, .07071,-.14142,.07071,-1.131373562

45, .5,-.1, .7071067812,.7071067812, .07071,-1.343503562

45, .6,.05, .7071067812,.7071067812, .07071,-1.343503562

45, .45,.15, .7071067812,.7071067812, .07071,-1.343503562

45, .4,.2, .7071067812,.7071067812, .14142,-1.272793562

45, .65,.95, .7071067812,.7071067812, .14142,-1.272793562

45, .3,.25, .7071067812,.7071067812, .28284,-1.131373562

45, .25,.3, .7071067812,.7071067812, .28284,-1.131373562

45, .9,.6, .7071067812,.7071067812, .28284,-1.131373562

45, .2,.4, .7071067812,.7071067812, .212132,-1.202081562

45, 0,.55, .7071067812,.7071067812, .212132,-1.202081562

45, .1,.45, .7071067812,.7071067812, .212132,-1.202081562

45, .75,.75, .7071067812,.7071067812, .3535534,-1.060660162

45, .65,.8, .7071067812,.7071067812, .3535534,-1.060660162

45, .75,.55, .7071067812,.7071067812, .494974746,-.919238815

26.5650512, .3,.15, .894427191,-.4472135955, .11180339,-2.12426458

26.5650512, .5,.45, .894427191,-.4472135955, .11180339,-2.12426458

26.5650512, .45,.35, .894427191,-.4472135955, .11180339,-2.12426458
26.5650512, .25,.05, .894427191,-.4472135955, .2236068,-2.012461177
26.5650512, .45,.5, .894427191,-.4472135955, .335410196,-1.900657781
26.5650512, .35,.55, .894427191,-.4472135955, .447213595,-1.788854382
26.5650512, .25,.6, .894427191,-.4472135955, .447213595,-1.788854382
26.5650512, .1,.9, .894427191,-.4472135955, .447213595,-1.788854382
26.5650512, .1,.8, .894427191,-.4472135955, .559017,-1.677050977
26.5650512, .15,.7, .894427191,-.4472135955, .559017,-1.677050977
63.43494882, .5,.3, .894427191,.4472135955, .11180339,-2.12426458
63.43494882, .35,.2, .894427191,.4472135955, .11180339,-2.12426458
63.43494882, .2,.05, .894427191,.4472135955, .2236068,-2.012461177
63.43494882, .5,.2, .894427191,.4472135955, .2236068,-2.012461177
63.43494882, .1,0, .894427191,.4472135955, .335410196,-1.900657781
63.43494882, 0,0, .894427191,.4472135955, .447213595,-1.788854382
63.43494882, .9,.05, .894427191,.4472135955, .447213595,-1.788854382
63.43494882, .55,.15, .894427191,.4472135955, .447213595,-1.788854382
63.43494882, .75,.05, .894427191,.4472135955, .559017,-1.677050977
63.43494882, .65,.1, .894427191,.4472135955, .559017,-1.677050977

图 3-33 木纹图案

该图案的形状如图 3-33 所示。不过采用这种方法在"BHATCH"对话框中没有幻灯片显示。

3.2.2.2 指定范围

点取指定范围按钮后屏幕将转到图形窗口，只需用鼠标在所需填充的范围内任取一点即可，如果填充的范围分散在几处，则需一一点取。

注意 图案填充只能填在封闭的图形内，开口图形需预先画一临时图线将其闭合，待填完后再将其删除。

3.2.2.3 预览

由于图案填充的图案是预设的，在具体使用中，可能在比例和图案的绘制方向上不合乎要求，因此，在决定使用前应使用"预览"检验。如果不满意，则执行下述调整比例和旋转角度两步。

3.2.2.4 比例

用于调整图案的大小和间距。

3.2.2.5 旋转角度

用于调整图案的放置方向。

3.2.2.6 应用

当预览效果满意后，单击"确定"按钮完成图案的填充。

说明 单击"图案填充和渐变色"对话框的按钮 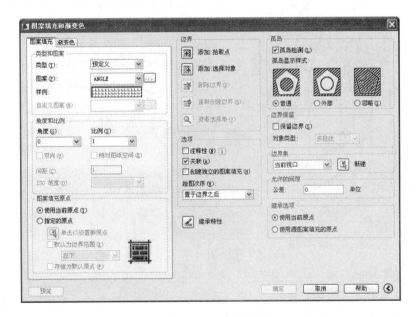 ，将显示更多选项，用于对图案填充做进一步的设定。由于缺省设定一般都能满足要求，因此该项一般不需变动。下面将该项的内容简单介绍一下，见图 3-34。

● "弧岛"：孤岛检测类型。当图案填充有内部嵌套情况时，检查填充范围的方式。"普通"方式填充孤岛，"外部"方式不填，"忽略"方式不考虑孤岛图形。

● "边界保留"：保留边界开关，决定填完后边界是否保留。

● "对象类型"：填充边界所用的类型。如果选择"保留边界"选项，则有多段线"PLINE"或面域"REGION"两种边界线可供选择。一般多段线用于二维图形，面域用于三维图形。

● "边界集"：定义边界集。"当前视口"表示要 AutoCAD 在屏幕上自行分析选择已指定的边界是什么。这种方式在当前屏幕图形很复杂的情况下，会让 AutoCAD 运行很久才能决定什么是边界。因此，在填充图案时应将屏幕缩放在合适的范围，使得当前屏幕仅仅显示需要填充的图形。"新建"按钮表示采用手工指定的方式来人为指定边界的计算范围。这样 AutoCAD 就不需要分析所有的图形，从而大大加快了 AutoCAD 分析填充边界的速度。

图 3-34 进一步设置

3.2.3 图案编辑

图案编辑命令的命令原名为"HATCHEDIT"，系统简化为"HE"。该命令的图标按钮在"修改 II"工具条中，图标为 ▨ 。

图案编辑命令的目的就是用来编辑图案对象。这个命令在执行后所出现的对话框与"HATCH"命令的完全相同，只是"边界"框中的前四项不可用。可以利用图案编辑命令改变图案的形状、比例和旋转角，等等。

📠 **操作流程**

命令: 　　　he【Enter】

HATCHEDIT

选择图案填充对象: 　　选择图案

选择图案后将弹出如图 3-31 所示的对话框。其他操作同"HATCH"。

此外，还有一种图案编辑方式是：过去的 AutoCAD 版本因为没有图案编辑功能，因而只能使用"EXPLODE"炸开命令将图案炸开，炸开后"图案"实体将不存在，图案被转化为一条条直线、圆弧等。现在该方式已淘汰不用。

3.2.4 剖面图的类型

剖面图根据剖切范围的不同可分为全剖面图、半剖面图和局部剖面图三种。

3.2.4.1 全剖面图和半剖面图

沿剖切面将形体全部剖开后，画出的剖面图称为全剖面图。全剖面图往往用于表达外形不对称的形体。

由基本视图和剖面图各占一半而合成的视图称为半剖面图。半剖面图只有当所画的视图为对称图形时才能使用。半剖面图既展示了形体的外形，同时也反映出了形体的内部情况，一张图起到了两张图的作用，因此图面比较紧凑、合理。

根据剖切平面的数量和剖切平面间的相对位置，剖切可分为用一个剖切面剖切、用两个平行剖切面剖切和用两个相交剖切面剖切等三种。

下面以窨井的剖面图为例，介绍剖面的种类。窨井的空间形状如图 3-35 所示。

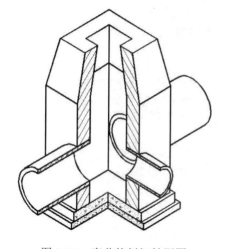

图 3-35 窨井的剖切轴测图

用一个剖切面剖切：用一个平面将形体全部剖开后所得到的剖面图，如图 3-36 所示的 2—2 剖面图即为窨井的全剖面图。因为窨井左侧面图的外形不对称，所以窨井的左侧面图改画成了全剖面图。图 3-36 中的三个视图很好地体现了窨井的内外形状。其中正立面图位置的 1—1 剖面图由于外形对称，因此画成了半剖面图。1—1 剖面和 2—2 剖面已经能很好地反映窨井的内部状况，因此平面图仅仅使用基本视图来表示，同时还可省去内部的不可见线，而仅画出外形。但是，如果内部有圆形孔洞，其圆的定位轴线不能省略，请注意这一点。

此外，半剖面图中，剖面图部分的放置位置也有规定。当图形为左右对称时，剖面图画在点划线的右方（如图 3-36 中的 1—1 剖面图所示）；当图形为上下对称时，剖面图画在点划线的下方。

当剖切平面与形体的对称平面重合，且剖面图位于基本视图的位置时，可以不予标注剖面的剖切符号。例如，图 3-36 中的 1—1 剖面和 2—2 剖面的标注可以省略。但为了清楚起见，往往还是像图 3-36 那样标出。

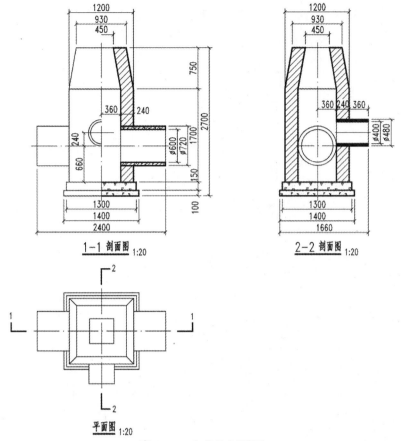

图 3-36　窖井的剖面图

　　对于外形简单的形体，虽然形体是对称的，有时为了简单起见，仍然可画成全剖面图。

3.2.4.2　平行剖面图

　　当用一个剖切平面剖切形体时，不能将形体内部前后、左右或上下位置的内部构造表达清楚，而且当这个形体并不很复杂、无需画两个单一剖面图时，假想把剖切平面作适当转折，即将两个需要的平行剖切平面联系起来，成为阶梯状，因此又称为阶梯剖面图。其图示方法如图 3-37 所示。

　　图 3-37 中的剖切平面的转折是为了同时剖到前墙上的门和后墙上的窗。由于剖切是假想的，因此在剖面图中不应画出两个剖切平面的自身交线。此外，需要转折的剖切线，应在转角的外侧加注与该符号相同的编号。

3.2.4.3　相交剖面图

　　用两个相交的剖切面剖开物体，把两个平面剖切得到的图形旋转到与投影面平行的位置，然后再进行投影，这样得到的剖面图称为旋转剖面图。其图示方法如图 3-38 所示。

　　在图 3-38 所示的圆柱形组合体中，因两个圆孔的轴线不位于平行基本投影面的一个平面上，故把剖切平面沿着平面图所示的转折剖切线转折成两个相交的剖切平面。左方的剖切平面平行于正立面，右方的剖切平面倾斜于正立面，两剖切平面的交线垂直于水平面。剖切后，将倾斜剖切面以交线为旋转轴，旋转成平行于正立面的位置，然后画出它的剖面图。在此，也不应画出两个相交剖切面的交线。在相交剖切线的外侧，应加注与该剖面相同的剖切符号，如图 3-38 所示。

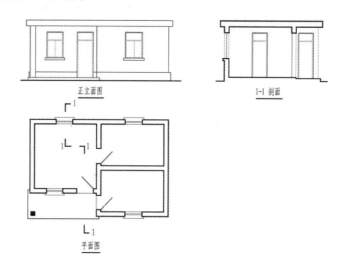

图 3-37 阶梯剖面图

3.2.4.4　局部剖面图

形体被局部地剖切后得到的剖面图，称为局部剖面图。局部剖面图仅适用于有一小部分需要用剖面图表达的场合，即用于没有必要用全剖面图或半剖面图的情况，且剖切较为随意。因为局部剖面图的大部分仍为表示外形的视图，故仍用原来视图的名称，且不标注剖切符号。

局部剖面图与外形视图之间用波浪线分界，波浪线不能与轮廓线或中心线重合且不能超出外轮廓线。如图 3-38 的平面图即包含了一个局部剖面图。该局部剖面图是为了显示侧壁的一个小圆孔。

图 3-39（a）中的波浪线超出了外形，因而是错误的，图 3-39（b）才是正确的。

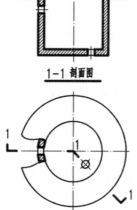

图 3-38　旋转剖面图

3.2.4.5　绘制剖面图的注意事项

（1）剖切面位置的选择，除应经过形体需要剖切的位置外，应尽可能平行于基本投影面，或将倾斜剖切面旋转到平行于基本投影面上，此时应在该剖面图的图名后加注"（展开）"二字，并把剖切符号标注在与剖面图相对应的其他视图上。

（2）因为剖切是假想的，因此除剖面图外，其他视图仍应按完整形体来画。若一个形体需用几个剖面图来表示时，各剖面图选用的剖切面互不影响，各次剖切都是按完整形体进行的。

（3）剖面图中已表达清楚的形体内部形状，在其他视图中投影为虚线时，一般不必画出；但对没有表示清楚的内部形状，仍应画出必要的虚线。

（4）剖面图一般都要标注剖切符号，但当剖切平面通过形体的对称面，且剖面图又处于基本视图的位置时，可以省略标注剖面剖切符号。

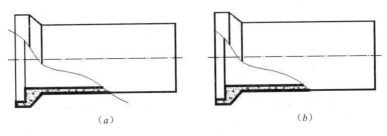

图 3-39　局部剖面图
（a）错误；（b）正确

3.3　断　面　图

3.3.1　断面图的形成与图示方法

当用剖切平面剖切形体时，仅画出剖切平面与形体相交的图形称为断面图（又称为截面图），简称为断面。图 3-40 为台阶踏步断面图，相当于画法几何中的截断面。可见，断面图仅仅是一个"面"的投影，而剖面图是形体被剖切后剩下部分的"体"的投影。

断面图的剖切符号，只用剖切线表示，并以粗实线绘制，长度宜为 6～10mm。

断面剖切符号的编号，宜采用阿拉伯数字按顺序连续编号，并注写在剖切线的一侧，编号所在的一侧为该断面的剖视方向。断面图宜按顺序依次排列。

3.3.2　断面图的类型

根据断面图在视图中的位置，可将断面图分为移出断面图、重合断面图和中断断面图三种。

（1）移出断面图：位于视图以外的断面，称为移出断面图。图 3-40 中的 1—1 断面图在正立面图右侧，称为移出断面图。移出断面的轮廓线用粗实线画出。

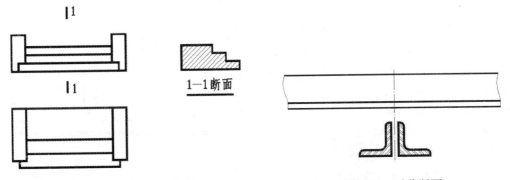

图 3-40　台阶踏步断面图　　　　　　　　　图 3-41　对称断面

当移出断面图形是对称的，其位置紧靠原视图而并无其他视图隔开，即断面图的对称中心线为剖切平面迹线的延长线时，可省略标注剖切符号和编号，如图 3-41 所示。

（2）重合断面图：重叠在视图之内的断面图，称为重合断面图。例如，图 3-42（a）

为一角钢的重合断面图，它是假想把剖切得到的断面图形，绕剖切线旋转后，重合在视图内而成，通常不标注剖切符号，也不予编号。又如，图 3-42（b）所示的断面图以剖切位置为对称中心线，故剖切线改为用点划线且不予编号。

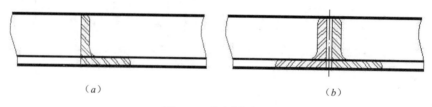

（a）   （b）

图 3-42 重合断面图

（a）不对称断面；（b）对称断面

为了与视图轮廓线相区别，重合断面的轮廓线用细实线画出。当原视图中的轮廓线与重合断面的图线重合时，视图中的轮廓线仍用粗实线完整画出，不应断开。断面部分应画上相应的材料图例。

（3）中断断面图：画等截面的细长杆件时，常把视图断开，并把断面图画在中间断开处，称为中断断面图。如图 3-43 所示的角钢

图 3-43   中断断面图

较长，且沿全长断面形状相同，可假想把角钢中间断开画出视图，而把断面图布置在中断位置处，这时可省略标注断面剖切符号等。中断断面图可视为移出断面图的特殊情况。

3.4 尺 寸 标 注

在工程图中，除了用视图或剖面图、断面图来表达形体的内外形状外，还必须标注出形体的实际尺寸以明确它的具体大小。本节根据基本几何体和组合体的尺寸标注方法，详细讲解如何在 AutoCAD 中标注符合《房屋建筑制图统一标准》（GB/T 50001—2001）的尺寸。

3.4.1   尺寸的组成形式与 AutoCAD 中的尺寸变量

图样上标注的尺寸，由尺寸线、尺寸界线、尺寸起止符号、尺寸数字等组成，如图 3-44 所示。

3.4.1.1   尺寸线

（1）尺寸线应使用细实线。

（2）尺寸线不超出尺寸界线。

（3）中心线、尺寸界线以及其他任何图线都不得用作尺寸线。

（4）线性尺寸的尺寸线必须与被标注的长度方向平行。

（5）尺寸线与被标注的轮廓线间

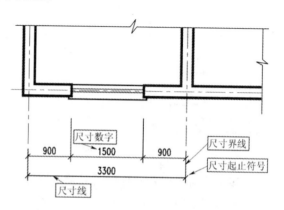

图 3-44   尺寸的组成

距以及互相平行的两尺寸线的间隔一般为 6～10mm。

3.4.1.2 尺寸界线

（1）尺寸界线应用细实线。

（2）一般情况下，线性尺寸的尺寸界线垂直于尺寸线，并超出尺寸线约 2mm。

（3）尺寸界线不宜与需要标注尺寸的轮廓线相接，应留出不小于 2mm 的间隙。当连续标注尺寸时，中间的尺寸界线可以画得较短。

（4）图形的轮廓线以及中心线可以用作尺寸界线。

（5）在尺寸线互相平行的尺寸标注中，应把较小的尺寸标注在靠近被标注的轮廓线上，较大的尺寸则标注在较小尺寸的外边，以避免较小尺寸的尺寸界线与较大尺寸的尺寸线相交。

3.4.1.3 尺寸起止符号

（1）尺寸线与尺寸界线相接处为尺寸的起止点。在起止点上应画出尺寸起止符号，一般为 45° 倾斜的中粗短线，其倾斜方向与尺寸界线成顺时针 45° 角，其长度宜为 2～3mm；当画比较大的图形时，其长度约为粗实线粗度的 5 倍。在同一张图纸上的这种 45° 倾斜短线的宽度和长度应保持一致。

（2）当在斜着引出的尺寸界线上使用 45° 斜线不清晰时，可以使用箭头为尺寸起止符号。箭头的形式如图 3-45 所示。箭头的长度约为粗实线粗度的 5 倍，并予涂黑。在同一张图纸或同一图形中，尺寸箭头的大小应保持一致。

（3）当相邻的尺寸界线的间隔都很小时，尺寸起止符号可以采用小圆点。小圆点的直径约为粗实线粗度的 1.4 倍；当粗实线的粗度较小时，其直径可以为粗实线粗度的 2 倍。

图 3-45 箭头形式

3.4.1.4 尺寸数字

（1）建筑工程图上标注的尺寸数字，是物体的实际尺寸，它与绘图所用的比例无关。

（2）建筑工程图上标注的尺寸数字，除了标高及总平面图以 m 为单位外，其他都以 mm 为单位。因此，建筑工程图上的尺寸数字无需注写单位。

（3）尺寸数字的高度，一般为 3.5mm，最小不得小于 2.5mm（次要的图形可用 2.5mm）。

（4）尺寸数字的注写方向如图 3-46 所示。

（5）对于靠近竖直方向向左或向右 30° 范围内的倾斜尺寸（图 3-46 中阴影部位），应按字头向右读数（图 3-46 中数据应为 86 而不是 98）。由于该范围的标注极易读错。因此，如图 3-47 所示，该范围的尺寸数字应用旁注线引至水平标注［见图 3-47（a）］，或将尺寸线断开标注［见图 3-47（b）］。

（6）任何图线不得穿过尺寸数字；当不能避免时，必须将该图线断开。

（7）尺寸数字应尽量注写在水平尺寸线的上方中间，离尺寸线约 1mm。当尺寸界线的间隔太小，注写不下时，最外边的尺寸数字可以注写在尺寸界线的外侧，中间的尺寸数字可与相邻的数字错开注写，必要时可以使用旁注线引出注写。

尺寸标注参见图 3-36 所示的窨井剖面图。

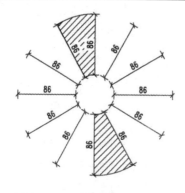

图 3-46　尺寸数字的注写方向

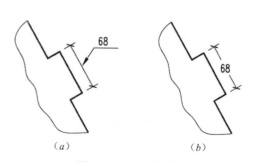

图 3-47　注写特例

（a）使用旁注线；（b）尺寸线断开

3.4.2　AutoCAD 中尺寸形式的设定

在 AutoCAD 中标注尺寸，首先需要根据前面学习的有关尺寸的规定，定制符合我国标准的尺寸形式，然后再使用尺寸标注命令标注尺寸。当开始标注尺寸时，已不需要回答有关尺寸形式和大小的问题（命令本身也不提供有关形式的选项）。因此，学习标注尺寸之前，应先学习尺寸形式的设定。

AutoCAD 2009 与以前的版本相比，在尺寸标注方面有很大的改进，旧版本的内容已不大可能使用，所以本书只以 AutoCAD 2009 为蓝本讲解。

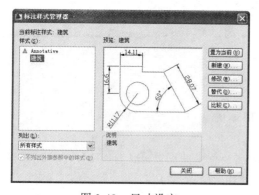

图 3-48　尺寸设定

AutoCAD 2009 尺寸设定的命令原名为"DIMENSION"，简化名为"D"。

键入 D【Enter】或点取"样式"工具条中的图标 ，AutoCAD 将弹出如图 3-48 所示的对话框。

"样式"区用于将自己的设置命名或调用现成的格式。该区一般不被使用（除非想对尺寸的形式单独用文件的方式来管理）。

如果设计者曾经接触过 AutoCAD R14 以前的版本，在此不要受到先前概念的干扰。从 AutoCAD R14 版开始，尺寸的各种类型可以预先一一加以设置。标注时，计算机会自动对其加以区分。

如果将尺寸类型比作一棵树，尺寸主样式就相当于主干，对它的设置将对下面所列的其他六种都有作用，其他六种类型相当于它的分样式，包括线性尺寸、角度、半径、直径、坐标轴、旁注线和公差。

操作步骤如下：

（1）单击"修改…"按钮，设置"建筑"主样式。

（2）单击"新建…"按钮，创建"建筑"的下层"线性"分样式。

（3）单击"新建…"按钮，创建"建筑"的下层"直径"分样式。

3.4.2.1　设置"建筑"主样式

（1）用鼠标单击"修改…"按钮，弹出如图 3-49 所示的对话框。

首先填写"线"选项卡：

1）将图中所有的复选框的"√"全部去掉，如图 3-49 所示。

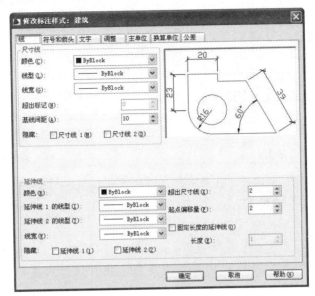

图 3-49　"线"设置

2）设置基线间距为 10mm。

3）设置箭头形状为实心三角。

4）设置超出尺寸线为 2mm。

5）设置起点偏移量为 2mm。

此时完成了"线"选项卡的设置，如图 3-49 所示。

说明　下面对图 3-49 中各栏的作用做进一步解释。

（1）"尺寸线"区：

● "颜色"：用于定义尺寸线的颜色。其缺省值为"ByBlock"，是一种逻辑色，表示尺寸线的颜色和尺寸所在的图块保持一致。建议不要去改变它，否则尺寸的颜色会不统一。其他的"颜色"意义与此相似，后面不再赘述。

● "线型"：尺寸线的线型，建议使用缺省值，与尺寸图块保持一致。

● "线宽"：尺寸线的粗度，建议使用缺省值，与尺寸图块保持一致。

● "超出标记"：用于定义尺寸线在尺寸界线外的长度，如图 3-50 所示（该图中的"尺寸线延伸"），该项在起止符号为箭头时无效。按《房屋建筑制图统一标准》（GB/T 50001 —2001）的规定，该值应为 0，即尺寸线不得超出尺寸界线。

● "基线间距"：用于设定基线型标注中的基线增量，如图 3-51 所示（该图中的"基线间距"）。一般机械制图两条尺寸线的间距为 10mm 左右。建筑制图常用"连续型标注"，如图 3-50 所示。对于连续型标注，该项没有意义。

● "隐藏"右方的"尺寸线 1"和"尺寸线 2"：用于省略尺寸线的前端（第一个）和后端（第二个）。在半剖面图中，常需省略尺寸的一端，如图 3-36 中的 1—1 剖面图上

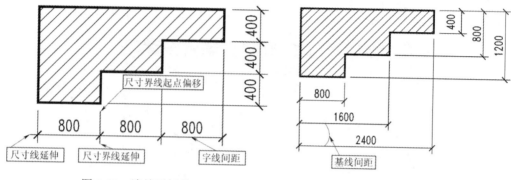

图 3-50　连续型标注　　　　　　图 3-51　基线型标注

部的尺寸 450 所示。不过，该尺寸是同时使用了"尺寸线"和"延伸线"中"隐藏"的"尺寸线 1"和"延伸线 1"的结果。

（2）"延伸线"区：

●"颜色"：用于定义尺寸界线的颜色。

●"延伸线 1 的线型"：尺寸界线的线型，建议使用缺省值，与尺寸图块保持一致。

●"延伸线 2 的线型"：尺寸界线的线型，建议使用缺省值，与尺寸图块保持一致。

●"线宽"：尺寸界线的粗度，建议使用缺省值，与尺寸图块保持一致。

●"起点偏移量"：用于定义尺寸界线的起点偏移量，如图 3-50 所示（该图中的"尺寸界线起点偏移"），一般为 2mm 左右。但是，当标注的起点不是选择在图线上时，可定义该值为 0。该项保证尺寸界线不与图线相接。

●"隐藏"右方的"延伸线 1"和"延伸线 2"：用于省略尺寸界线的前端（第一个）和后端（第二个）。参见"尺寸线"区的说明。

（2）填写"符号和箭头"选项卡。单击图 3-49 所示的"符号和箭头"选项卡，弹出如图 3-52 所示的对话框。

1）设置箭头大小为 3mm。

2）取消圆心标记（自己画圆的定位轴线）。

其他的选项采用缺省设置，如图 3-52 所示。

说明　下面对图 3-52 中各栏的作用做进一步解释。

（1）"箭头"区：

●"第一个"和"第二个"：用于定义尺寸起止符号的形状。其上方的左边是"第一个"的图示，右边是"第二个"的图示。标注尺寸时先给定的点为第一起止符所在边，而另一边即为第二起止符所在边。由于同一尺寸的两个起止符总是相同的，所以我们只需定义第一起止符"第一个"即可。而第二起止符"第二个"的缺省值是保持与第一起止符相一致的。选择时既可以从下拉列表（图中向下的黑三角）中选取，也可直接用鼠标点取上部的图标选取。

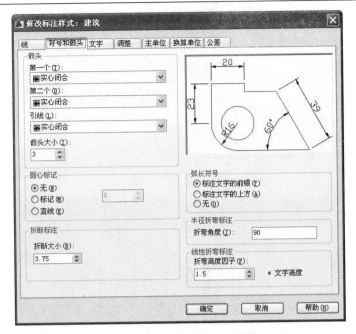

图 3-52　"符号和箭头"设置

● "引线"：旁注线箭头的形式。

● "箭头大小"：起止符的长度（见图 3-52 中的"箭头大小"）。

箭头起止符大小应为 3.5mm 左右；45°短斜线起止符大小应为 2mm 左右。

（2）"圆心标记"区：

● "标记"：使用"+"标记标注圆心，如图 3-53（b）所示。"标记"右方的数值，即"+"的大小，此值约为 2mm。

● "直线"：使用正交轴线标注圆心，如图 3-53（a）所示。"直线"右方的数值，即中心处"+"标记的大小，其值也约为 2mm。由于标记占去了中心 2mm 的位置，因此两边的轴线相应地向圆外各伸长了 2mm，正符合制图标准的要求。

● "无"：如果觉得用圆心标记命令画圆的轴线不随意，可使用该项取消圆心标记的功能。

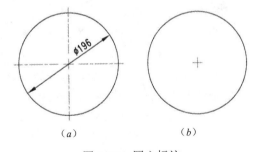

图 3-53　圆心标注

（a）直线格式；（b）标记格式

（3）填写"文字"选项卡，单击图 3-49 所示的"文字"选项卡，弹出如图 3-54 所示的对话框。

1）设置字型和字高，字型采用第 2 章 2.4.2 中定义的"Standard"字型（如果此时还没有定义，可单击图 3-54 中的字型定义按钮进行定义），字高采用 3.5mm。

2）设置尺寸文字和尺寸线之间的距离为 1（mm）。

其他的选项采用缺省设置，如图 3-54 所示。

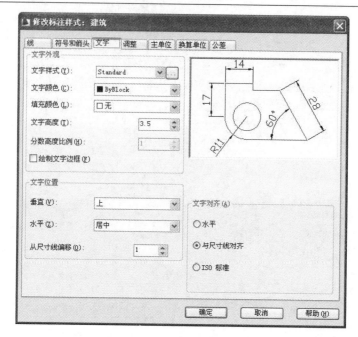

图 3-54　文本格式设置

说明　下面对图 3-54 中各栏的作用做进一步解释。

（1）"文字外观"区：

● "文字样式"：用于设置标注文字的样式。

● "文字颜色"：用于设置标注文字的颜色。

● "填充颜色"：用于设置标注文字的背景颜色。

● "文字高度"：用于设置标注文字的高度。

● "分数高度比例"：当尺寸数字采用分数制时，分数部分文字和整数部分文字的高度比。

● "绘制文字边框"：在尺寸文字的周围画上矩形框。

（2）"文字位置"区：

● "垂直"：尺寸文字在垂直方向的对齐方式选用"上"，即文字在尺寸线的上方。

● "水平"：尺寸文字在水平方向的对齐方式选用"居中"，即文字在尺寸线的正中间。

● "从尺寸线偏移"：尺寸文字和尺寸线之间的距离。

（3）"文字对齐"区：

● "水平"：尺寸文字的书写方向始终保持在水平方向。

● "与尺寸线对齐"：尺寸文字的书写方向始终保持与尺寸线平行。

● "ISO 标准"：尺寸文字的书写方向按照 ISO 标准的规定放置。

（4）填写"调整"选项卡，该选项卡主要用来设定尺寸文本和图线之间的几何关系，如图 3-55 所示。

1）选择"调整选项"栏目中的"文字或箭头"项。

2）选择"文字位置"栏目中的"尺寸线上方，不带引线"项。

3）"标注特征比例"：设置全局标注比例值或图纸空间比例。

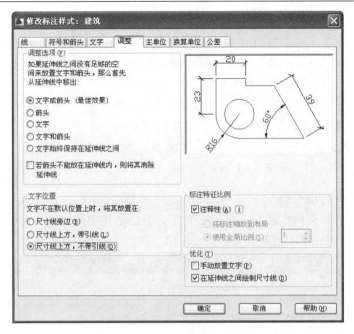

图 3-55　尺寸的几何属性

4）选择"优化"栏目中的"在延伸线之间绘制尺寸线"项。

说明　下面对图 3-55 中各栏的作用做进一步解释。

（1）"调整选项"区：

●"文字或箭头（最佳效果）"：当标注的尺寸间距不足以放置尺寸文本和起止符号时，将使用系统内定的方式处理。

该栏目的其他选项与该项相似，即当尺寸间距不足以放置尺寸文本和起止符号时，是否将其移至他处。

●"若箭头不能放在延伸线内，则将其消除延伸线"：当尺寸间距不足以放置起止符号时省略箭头符号。

（2）"文字位置"区：当文字不在默认位置上时，将其放置在：尺寸线旁边；尺寸线上方，带引线；尺寸线上方，不带引线。

（3）"标注特征比例"区：

●"将标注缩放到布局"：根据当前模型空间视口和图纸空间之间的比例确定比例因子（DIMSCALE 系统变量）。当在图纸空间而不是模型空间视口中绘图时，或当 TILEMODE 设置为 1 时，将使用默认比例因子 1.0 或使用 DIMSCALE 系统变量。

● 使用全局比例：为所有标注样式设置一个比例，这些设置指定了大小、距离或间距，包括文字和箭头大小。该缩放比例并不更改标注的测量值（DIMSCALE 系统变量）。

（4）"优化"区：

●"手动放置文字"：标注尺寸时，手工决定尺寸文本的放置位置。

●"在延伸线之间绘制尺寸线"：标注尺寸时，在尺寸界线间始终画出尺寸线。

（5）填写 "主单位"选项卡，该选项卡用来设定尺寸的主单位，如图 3-56 所示。

1）选择"线性标注"栏目中的"精度"项右方的下拉列表，从中选择尺寸精度为"0"，即不保留小数位。由于规范只要求建筑形体的尺寸精确到毫米，而尺寸的单位即为毫米，因此，长度的"小数保留位数"设置为 0。

2）选择"角度标注"栏目中的"精度"项右方的下拉列表，从中选择尺寸精度为"0"，不保留小数位（角度的精度只保留整数部分）。

其他栏目保留缺省设置："线性标注"的单位格式使用"小数"（十进制浮点数）；"测量单位比例"中的比例因子为"1"；"角度标注"的单位格式使用"十进制度数"。

说明　下面对图 3-56 中的一些栏目做进一步解释。

（1）"测量单位比例"区：此处的比例是关于尺寸数值的。现用具体的例子来说明它的设置问题。

图 3-56　尺寸的单位设置

● 如果按实际尺寸数值来绘制图形，那么计算机根据所画图线而自动测量的长度是该线的实际尺寸，则计算机自动标出的尺寸数字是正确的，此处的比例应设为 1。例如，所画的线长度为 1000，那么计算机标出的尺寸也是 1000。

● 如果将图形按一定的比例输入计算机（像过去手工绘图那样），那么存在计算机中的图形就不是它的真实尺寸，此时标出的尺寸数值是错误的，因为根据前面的学习已经知道：尺寸标注一定要标注物体的真实尺寸。因此，此时应该让计算机将测量的图线的长度乘以一个比例值，该比例值即为此时的尺寸比例。例如，将本来为 1000mm 长的线按 1∶100 的比例输入计算机，则在计算机中该线的长度为 10。此时，如果用测量值 10 乘以比例因子 100，即 10×100=1000，这样标出的尺寸数值就是 1000，而不是测量值 10。由于本书前面建议大家总是按真实尺寸画图，因此，按这种方法此处的尺寸比例总是设为 1。

（2）"舍入"栏：该栏用于圆整尺寸数字。当所画的图形因为绘图误差的原因，而使测量值和真实值之间有所不同时，可使用该项对尺寸进行"四舍五入"。例如，准确尺寸为 100，"舍入"设为 10，那么长度从 95～104 之间的直线标出的尺寸都将被圆整为 100。

图 3-56 中的其他两张选项卡"换算单位"和"公差"在我国建筑制图中不存在，在此不再赘述。

至此，总体尺寸格式设置完毕，单击"确定"按钮，回到图 3-48 所示的界面做下一步设置。

3.4.2.2 设置"线性"格式

以上设定的是尺寸的公共形式，下面需要进一步设定几个具体的尺寸类型。

单击图 3-48 中的"新建"按钮（弹出新的对话框，如图 3-57 所示），为线性尺寸创建了新的形式。由于前面已经设置了尺寸的公共形式，因此，线性尺寸设置沿用"建筑"中的设置，只需将其与公共设置不同的地方进行修改即可。

单击图 3-57 中的"用于"下拉列表，选择"线性标注"项，将弹出如图 3-58 所示的对话框。

对于"线性尺寸"只要改动"符号和箭头"选项卡中的"箭头"一项即可。

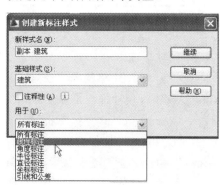

图 3-57 创建线性尺寸样式

（1）"箭头"中的"第一个"：在下拉列表中选择"建筑标记"短斜线作为尺寸的起止符号（或者用鼠标点取左边的预览图标进行选择）。

（2）"箭头"中的"箭头大小"：将短斜线的长度设为 2mm。

设置完成后按"确定"按钮确认，结果如图 3-58 所示。

图 3-58 线性尺寸样式

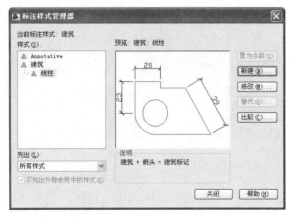

图 3-59 尺寸设置全部样式

至此，尺寸的设置已经完全完成，最后点取"确认"按钮确认，此时尺寸设置的主对话框（见图 3-59）隐去。

说明 尺寸设定是以尺寸变量的形式保存在图形文件中。如果重新建立了一张新图，那么前一张图的设置对后一张图是无效的。为了避免重复设置，大家应该使用本书第 1 章 1.2.2 提到的模板图的方法将数据在文件中传递。关于模板图的使用，本书后面将有更详细的描述。

3.4.3 尺寸标注命令

在设定了尺寸标注形式之后，就可以使用尺寸标注命令来标注尺寸了。在旧版的 AutoCAD 中，尺寸标注是在二级命令状态"DIM"下进行的，而 AutoCAD 2009 则改为直接在"Command"命令状态下进行。而且为了已经用惯旧版本绘图的人员能继续使用，AutoCAD 2009 继续保留了旧版本的尺寸命令。因此，在 AutoCAD 2009 中有两套尺寸标注命令。相比之下，新命令要比旧命令更方便、快捷，所以本书仅以 AutoCAD 2009 的方式讲解标注尺寸的方法。常用的 6 种尺寸标注命令的操作方法简介如下。

3.4.3.1 线性尺寸标注

线性尺寸标注命令的命令原名为"DIMLINEAR"。由于尺寸标注是在图形全部绘制完以后集中进行的，因此建议大家使用工具条来操作。为了使尽量多的屏幕空间用于显示图形，在绘图期间可将尺寸标注工具条关闭，等需要标注尺寸时再将其打开。尺寸标注工具条如图 3-60 所示。

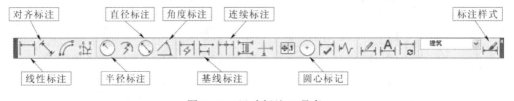

图 3-60 尺寸标注工具条

"线性"用于做水平或垂直的尺寸标注，并可让使用者动态地拖动出尺寸的标注位置。

📖 **操作流程**

命令： 点取线性标注图标
_dimlinear
指定第一条延伸线原点或〈选择对象〉： 点取第一界线起点
指定第二条延伸线原点： 点取第二界线起点
指定尺寸线位置或［多行文字（M）/文字（T）/角度（A）/水平（H）/垂直（V）/旋转（R）］：
点取尺寸线位置

标注文字=127

3.4.3.2　连续型尺寸标注

建筑制图中的尺寸标注主要使用连续型尺寸标注法连续标注尺寸。"连续"命令的命令原名为"DIMCONTINUE"，其工具栏按钮图标如图 3-60 所示。

操作流程

命令：　　点取连续标注图标

_dimcontinue

指定第二条延伸线原点或 [放弃(U)/选择(S)] <选择>：　　点取第二界线起始点

标注文字 =80

指定第二条延伸线原点或 [放弃(U)/选择(S)] <选择>：　　【Enter】

选择连续标注：　　【Enter】

3.4.3.3　角度标注

"角度标注"命令标注圆、圆弧的圆心角或两线的夹角，主要用于圆、圆弧或斜线的标注。该命令的命令原名为"DIMANGULAR"，其工具栏按钮图标如图 3-60 所示。

（1）对于圆。

操作流程

命令：　　点取角度标注图标

_dimangular

选择圆弧、圆、直线或 <指定顶点>：　　点取圆周上一点

指定角的第二个端点：　　点取圆周上另一点

指定标注弧线位置或 [多行文字(M)/文字(T)/角度(A)/象限点(Q)]：　　点取尺寸线的位置

标注文字=57

（2）对于圆弧。

操作流程

命令：　　鼠标点取角度标注图标

_dimangular

选择圆弧、圆、直线或 <指定顶点>：　　点取圆弧

指定标注弧线位置或 [多行文字(M)/文字(T)/角度(A)/象限点(Q)]：　　点取尺寸线的位置

标注文字 =117

（3）对于两直线。

操作流程

命令：　　点取角度标注图标

_dimangular

选择圆弧、圆、直线或 <指定顶点>：　　点取其中一根直线

选择第二条直线： <u>点取另一根直线</u>

指定标注弧线位置或［多行文字(M)／文字(T)／角度(A)／象限点(Q)］： <u>点取尺寸线的位置</u>

标注文字 =90

3.4.3.4 半径标注

"半径标注"命令用于标注圆或圆弧的半径。该命令的命令原名为"DIMRADIUS"，其工具栏按钮图标如图 3-60 所示。

操作流程

命令： <u>点取半径标注图标</u>

_dimradius

选择圆弧或圆： <u>选择圆或圆弧</u>

标注文字 =35

指定尺寸线位置或［多行文字(M)／文字(T)／角度(A)］： <u>点取尺寸线的位置</u>

3.4.3.5 直径标注

"直径标注"命令用于标注圆或圆弧的直径。该命令的命令原名为"DIMDIAMETER"，其工具栏按钮图标如图 3-60 所示。

操作流程

命令： <u>点取直径标注图标</u>

_dimdiameter

选择圆弧或圆： <u>选择圆或圆弧</u>

标注文字=35

指定尺寸线位置或［多行文字(M)／文字(T)／角度(A)］： <u>点取尺寸线的位置</u>

3.4.3.6 对齐标注

"对齐标注"命令用于标注任意方向的尺寸，尺寸线的方向与标注点的连线方向平行。该命令的命令原名为"DIMALIGNED"，其工具栏按钮的图标如图 3-60 所示。

操作流程

命令： <u>点取对齐标注图标</u>

_dimaligned

指定第一条延伸线原点或〈选择对象〉： <u>点取第一界线的起点</u>

指定第二条延伸线原点： <u>点取第二界线的起点</u>

指定尺寸线位置或［多行文字(M)／文字(T)／角度(A)］： <u>点取尺寸线的位置</u>

标注文字=36

3.4.3.7 尺寸标注示例

下面用具体示例说明尺寸标注的方法。

【例 3-2】 用比例 1：100 绘制如图 3-61 所示的图形，并标注水平和垂直线性尺寸。

步骤 1：使用"线性标注"标注水平方向的第一个尺寸，如图 3-62 所示。

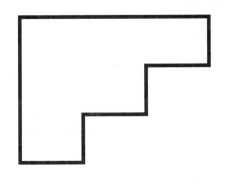

图 3-61　线性标注　　　　　　　　　　图 3-62　步骤 1

⌨ 操作流程

命令：　　os【Enter】

OSNAP

设置实体捕捉的类型为"端点"

命令：　　dli【Enter】

命令：　_dimlinear

指定第一条延伸线原点或〈选择对象〉：　　点取点 1

指定第二条延伸线原点：　　　点取点 2

指定尺寸线位置或[多行文字(M)/文字(T)/角度(A)/水平(H)/垂直(V)/旋转(R)]：

点取点 3

标注文字=80

步骤 2：使用连续标注命令标注水平尺寸的其他部分，如图 3-63 所示。

⌨ 操作流程

命令：　　dco【Enter】

_dimcontinue

指定第二条延伸线原点或 [放弃(U)/选择(S)]〈选择〉：　　点取点 4

标注文字=80

指定第二条延伸线原点或 [放弃(U)/选择(S)]〈选择〉：　　点取点 5

标注文字=80

指定第二条延伸线原点或 [放弃(U)/选择(S)]〈选择〉：　　　【Enter】

选择连续标注：　　【Enter】

步骤 3：使用线性标注命令标注垂直方向的第一个尺寸，如图 3-64 所示。

⌨ 操作流程

命令：　　dli【Enter】

_dimlinear

指定第一条延伸线原点或〈选择对象〉：　　点取点 6

指定第二条延伸线原点：　　点取点 7

指定尺寸线位置或[多行文字(M)/文字(T)/角度(A)/水平(H)/垂直(V)/旋转(R)]：

点取点 8

标注文字=60

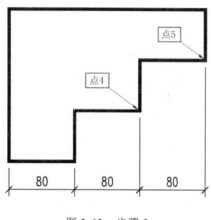

图 3-63　步骤 2　　　　　　　　　图 3-64　步骤 3

步骤 4：使用连续标注命令标注垂直尺寸的其他部分，如图 3-65 所示。

操作流程

命令：　dco【Enter】

DIMCONTINUE

指定第二条延伸线原点或 [放弃(U)/选择(S)]〈选择〉：　　点取点 9

标注文字 =60

指定第二条延伸线原点或 [放弃(U)/选择(S)]〈选择〉：　　点取点 10

标注文字 =60

指定第二条延伸线原点或 [放弃(U)/选择(S)]〈选择〉：　　【Enter】

选择连续标注：　　【Enter】

【例 3-3】　用比例 1∶100 绘制如图 3-66 所示的图形，并标注斜尺寸。

步骤 1：使用线性标注命令标注第一个斜尺寸，如图 3-67 所示。

操作流程

命令：　dli【Enter】

DIMLINEAR

指定第一条延伸线原点或〈选择对象〉：　　点取点 1

指定第二条延伸线原点：　　点取点 2

指定尺寸线位置或[多行文字(M)/文字(T)/角度(A)/水平(H)/垂直(V)/旋转(R)]：

r【Enter】

指定尺寸线的角度〈0〉：　　　30【Enter】

指定尺寸线位置或[多行文字(M)/文字(T)/角度(A)/水平(H)/垂直(V)/旋转(R)]：

点取点 3

标注文字=80

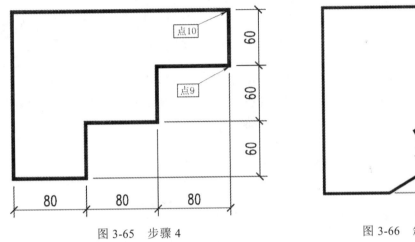

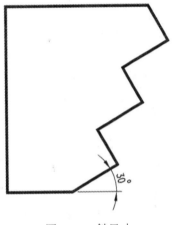

图 3-65　步骤 4　　　　　　　　　　图 3-66　斜尺寸

步骤 2： 使用连续标注命令标注同方向的其他斜尺寸，如图 3-68 所示。

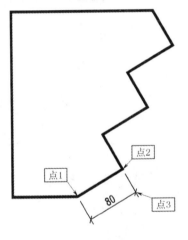

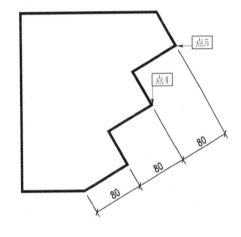

图 3-67　步骤 1　　　　　　　　　　图 3-68　步骤 2

操作流程

命令：　dco【Enter】

DIMCONTINUE

指定第二条延伸线原点或 [放弃(U)/选择(S)] 〈选择〉：　　　点取点 4

标注文字=80

指定第二条延伸线原点或 [放弃(U)/选择(S)] 〈选择〉：　　　点取点 5

标注文字=80

指定第二条延伸线原点或 [放弃(U)/选择(S)] 〈选择〉：　　　　　【Enter】

选择连续标注：　　　【Enter】

3.4.4　基本几何体的尺寸标注

任何几何体都有长、宽、高三个方向的大小，在视图上标注尺寸时，通常要把反映这三个方向大小的尺寸都标注出来。

基本几何体的尺寸标注如图 3-69 所示。柱体和锥体应标注出确定底面形状的尺寸和高度尺寸；球体只要标注出它的直径大小，并在直径数字前加上"Sϕ"，表示球的直径。

当几何体标注尺寸后，有时可以减少视图的数量。如图 3-69 中除了长方体仍需用三个视图来表示外，其他的柱体和锥体均可用两个视图来表示。当使用两个视图来表示柱体和锥体时，其中一个视图应当是表示底面形状的视图。当球体标上表示球直径的符号"Sϕ"后，可以使用单视图表示。

棱柱和棱锥的标注使用线性标注方法。

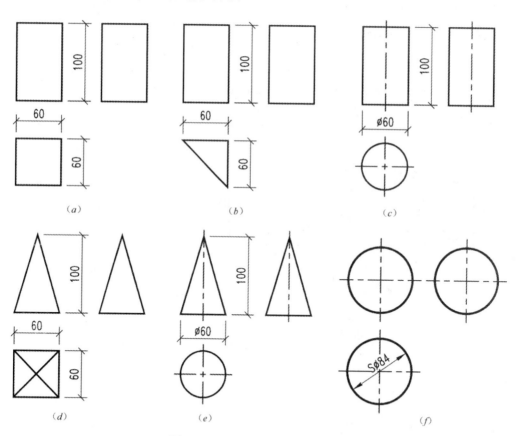

图 3-69　基本几何体的尺寸标注

（a）长方形；（b）棱柱；（c）圆柱；（d）四棱柱；（e）圆柱；（f）圆球

圆柱、圆锥和圆球的标注方法如下：

（1）圆柱（或圆锥）：首先使用线性标注命令标注，如图 3-70 所示。

使用夹点的属性修改功能给直径尺寸加注直径符号"ϕ"：按【Ctrl+1】键，打开属性编辑列表栏（见图 3-71），用鼠标点取尺寸"60"，出现夹点后，在列表栏中寻找"文字替代"项，在其右边的文本框中键入"%%c<>"，如图 3-71 所示；最后键入【Esc】键确定。

说明　AutoCAD 2006 以前的版本在字体选择"仿宋 GB2312"时，键入"%%c<>"会出现方框，不能正常显示直径符号"ϕ"。在 AutoCAD 中，有几个工程上常用的符号在计算机键盘上没有表示它们的键，这几个符号是"ϕ"、"$\pm$"和"°"。AutoCAD 的处理方法是使用转义符"%%"再加字母来输入。其中：

　　　　ϕ——%%c（直径符号）。

　　　　$\pm$——%%p（正负号）。

　　　　°——%%d（度）。

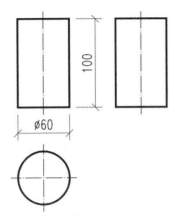

图 3-70　圆球

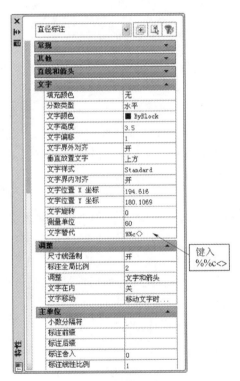

图 3-71　属性编辑栏列表

如图 3-73 中的尺寸③。

3.4.5.2　定形尺寸

（2）球：首先使用直径标注命令标注，如图 3-72 所示。

使用与圆柱相同的夹点编辑方法，在类似图 3-71 所示的对话框中，在尖括号的前面增加"S%%c<>"字母。这样就可在直径符号之前再加上字母"S"。

3.4.5　组合体的尺寸标注

标注组合体的尺寸时，应在对物体进行形体分析的基础上，顺序标出其定形尺寸、定位尺寸和总尺寸。

所谓定形尺寸是指确定形体各组成部分形状和大小的尺寸；定位尺寸是指确定各组成部分之间相对位置的尺寸；总尺寸是指物体总长、总宽和总高尺寸，尺寸分类如图 3-73 所示。

3.4.5.1　总尺寸

（1）总长尺寸。如图 3-73 中的尺寸①。

（2）总宽尺寸。如图 3-73 中的尺寸②。

（3）总高尺寸。由于一般尺寸不应标到圆柱的外形素线处，故总高尺寸只标到圆的轴线处，

图 3-73 所示形体可分为底板、立板、半圆柱和圆孔四部分。

（1）底板的定形尺寸由该图中的①、②和④组成，分别为底板的长、宽和高。

（2）立板的定形尺寸由该图中的⑤、⑥和③组成。其中尺寸⑤用于决定立板的长，尺寸⑥用于决定立板的宽，尺寸③用于决定立板的高。

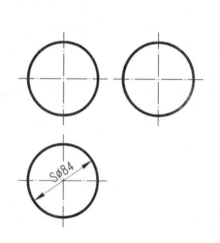

图 3-72　圆柱标注　　　　　图 3-73　尺寸分类

（3）半圆柱的定形尺寸由该图中的⑦决定。

（4）圆孔的定形尺寸由该图中的⑧决定。

3.4.5.3　定位尺寸

（1）底板用作定位的依据，因此无需定形尺寸。

（2）立板的定位尺寸可以省略。因为，沿 X 轴方向立板居中放置，沿 Y 轴方向立板直接与底板的后边平齐，沿 Z 轴方向立板直接放于底板之上。

（3）半圆柱的定位尺寸由尺寸③限定 Z 轴方向，X 轴和 Y 轴方向与立板平齐。

（4）圆孔开于立板和半圆柱之间，并与半圆柱同心，故无需定位尺寸。

3.4.6　剖面图和断面图的尺寸标注

在剖面图和断面图中，除了标注工程形体的外形尺寸外，还必须标注出内部构造的尺寸。在半剖面图中标注整体尺寸时，只画出剖面侧的尺寸界线和尺寸起止符号，尺寸线稍许超过对称中心线，而尺寸数字是指整体的尺寸，如图 3-74 所示。

图 3-74 中所示的瓦筒立面图，以中心线为界，上半部分表示瓦筒的外形，下半部分表示瓦筒的内部形状，相应的尺寸就近标注在剖面轮廓线的一侧。

【例 3-4】　用比例 1∶100 绘制如图 3-74 所示的图形，并标注尺寸。

步骤 1：设置尺寸变量。

（1）设置总体尺寸样式。

1）点取尺寸变量设置工具，弹出如图 3-75 所示的对话框。

2）单击"修改"按钮，弹出如图 3-76 所示的对话框。

● "尺寸线"栏中的"基线间距"设为"10"。

● "延伸线"栏中的"超出尺寸线"设为"2"。

● "延伸线"栏中的"起点偏移量"设为"2"。

其他项采用缺省值，此时的结果如图 3-76 所示。

3）选取"符号和箭头"选项卡。

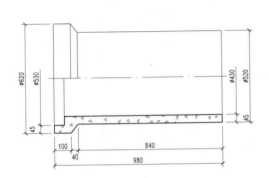

图 3-74　半剖面图尺寸标注

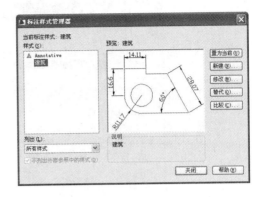

图 3-75　标注样式管理器

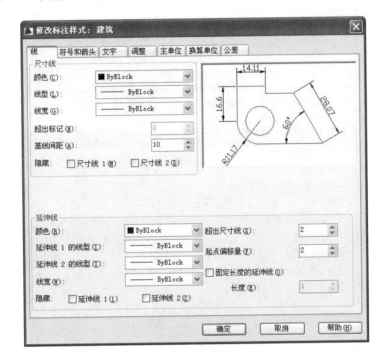

图 3-76　"线"选项卡

● "箭头大小"设为"30"。
● "圆心标记"设为"无"。

其他项采用缺省值，此时的结果如图 3-77 所示。

4）选取"文字"选项卡。

● 设置"文字高度"为"3.5"。
● 设置"从尺寸线偏移"为"1"。

其他项采用缺省值，此时的结果如图 3-78 所示。

5）选取"调整"选项卡。

● 选择"调整选项"栏中的"文字或箭头（最佳效果）"。

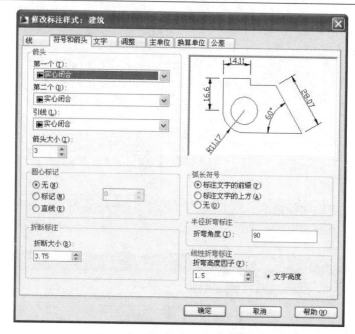

图 3-77 "符号和箭头"选项卡

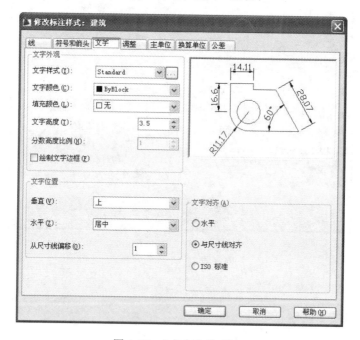

图 3-78 "文字"选项卡

● 选择"文字位置"栏中的"尺寸线上方，不带引线"。

● 设置"使用全局比例"为"10"。

其他项采用缺省值，此时的结果如图 3-79 所示。

6）选取"主单位"选项卡，设置单位制。

● 设置"精度"为"0"。

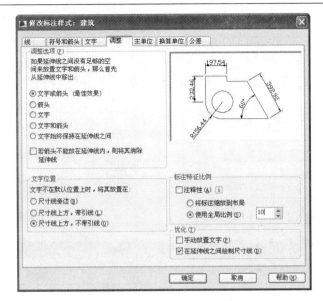

图 3-79　"调整"选项卡

● 设置"小数分隔符"中的"（句点）。"

其他项采用缺省值，此时的结果如图 3-80 所示。

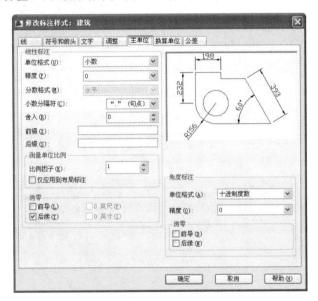

图 3-80　"主单位"选项卡

单击"确定"按钮确认，此时的画面如图 3-81 所示。

（2）线性尺寸变量设置。

1）单击图 3-81 中的"新建"按钮，创建尺寸样式。在随后弹出的窗口中单击使用类型的选择列表，选择"线性标注"选项，如图 3-82 所示。

2）选择"符号和箭头"选项卡，将"箭头"中的"第一个"改为"建筑标记"，结果如图 3-83 所示。

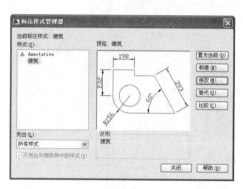

图 3-81　创建新的样式

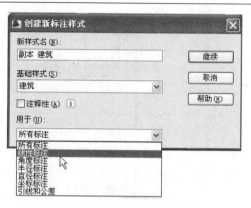

图 3-82　创建线性尺寸样式

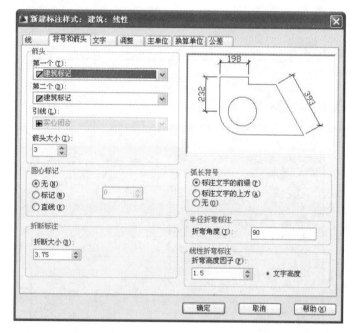

图 3-83　线性尺寸

单击"确定"按钮确认，回到如图 3-81 所示的窗口。在随后弹出的窗口中，单击"关闭"按钮，关闭尺寸设置对话框，结束尺寸设置工作。

步骤 2：尺寸标注。

（1）使用线性标注工具 ⊢ 标注水平尺寸"100"，如图 3-84 所示。标注时打开捕捉模式，使用"端点"方式。

📠 操作流程

命令：　　<u>dli【Enter】</u>

DIMLINEAR

指定第一条延伸线原点或＜选择对象＞：　　<u>点取第一界线起点 a</u>

指定第二条延伸线原点：　　<u>点取第二界线起点 b</u>

指定尺寸线位置或[多行文字(M)/文字(T)/角度(A)/水平(H)/垂直(V)/旋转(R)]：
<u>点取尺寸线位置 c</u>

标注文字 =100

（2）使用连续标注工具 ⊢⊦⊣ 标注尺寸"40"和"840"，如图 3-85 所示。

⌨ 操作流程

命令：　　<u>dco【Enter】</u>

DIMCONTINUE

指定第二条延伸线原点或 ［放弃(U)/选择(S)］ <选择>：　　<u>点取第二界线起点 d</u>

标注文字 =80

指定第二条延伸线原点或 ［放弃(U)/选择(S)］ <选择>：　　<u>点取第二界线起点 e</u>

标注文字 =840

指定第二条延伸线原点或 ［放弃(U)/选择(S)］ <选择>：　　<u>【Enter】【Enter】</u>（退出可以用【Esc】键或两次回车）

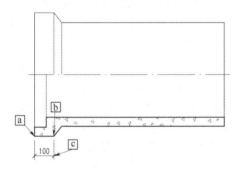

图 3-84　标注水平尺寸"100"

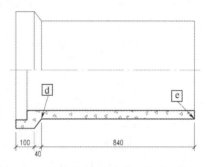

图 3-85　标注连续尺寸"40"和"840"

（3）使用线性尺寸标注工具 ⊢⊣ 标注尺寸"980"，如图 3-86 所示。

⌨ 操作流程

命令：　　<u>dli【Enter】</u>

DIMLINEAR

指定第一条延伸线原点或 <选择对象>：　　<u>点取第一界线起点 a</u>

指定第二条延伸线原点：　　<u>点取第二界线起点 e</u>

指定尺寸线位置或[多行文字(M)/文字(T)/角度(A)/水平(H)/垂直(V)/旋转(R)]：
<u>点取尺寸线位置 f</u>

标注文字 =980

（4）使用同样的方法标注右侧的尺寸，如图 3-87 所示。也就是，使用线性标注工具标注第一个尺寸，使用连续标注工具标注后续的尺寸，结果如图 3-87 所示。

⌨ 操作流程

命令：　　<u>【Enter】</u>（继续执行上一次的命令）

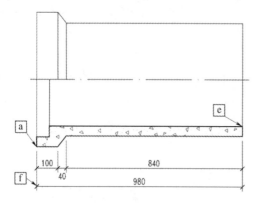

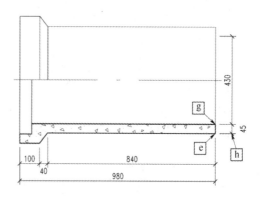

图 3-86　标注尺寸"980"　　　　　图 3-87　标注右侧尺寸

DIMLINEAR

指定第一条延伸线原点或〈选择对象〉：　　点取第一界线起点 e

指定第二条延伸线原点：　　点取第二界线起点 g

指定尺寸线位置或[多行文字(M)/文字(T)/角度(A)/水平(H)/垂直(V)/旋转(R)]：点取尺寸线位置 h

标注文字 =45

命令：　　dco【Enter】

DIMCONTINUE

指定第二条延伸线原点或[放弃(U)/选择(S)]〈选择〉：　　from（用【Shift+右键】在光标菜单中选择"自"模式）

基点：　　点取点 g（选择相对坐标的参照点）

〈偏移〉：　　430【Enter】（光标指向上部键入距离，此处使用的是光标定向）

指定第二条延伸线原点或[放弃(U)/选择(S)]〈选择〉：　　点取第二界线起点 e

标注文字 =430

指定第二条延伸线原点或[放弃(U)/选择(S)]〈选择〉：　　【Enter】【Enter】（退出可以用【Esc】键或两次回车）

由于尺寸"430"没有第二界线的定位点，因此使用键盘输入的方法输入第二界线。

（5）使用属性编辑列表将尺寸"430"改为"半边尺寸"的形式，省略第二界线。键入【Ctrl+1】键打开属性列表，选取尺寸"430"，在列表框中将"尺寸线 2"和"延伸线 2"改为"关"，如图 3-88 所示。

（6）选取图 3-89 中"文字替代"项，在其右边的文本框中键入"%%c<>"后回车结束。其结果如图 3-90 所示。

余下的尺寸标注方法与上述内容相同，不再赘述。标注的结果如图 3-74 所示。

3.4.7　尺寸编辑

通过上面的学习了解到尺寸的类型各不相同，为了使尺寸符合规范的要求，在尺寸标注完后，有时需要对尺寸的格式、位置、角度、数字等进行编辑。下面分别按照不同的需求，讲解尺寸的编辑方法。

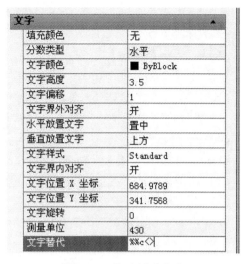

图 3-88　半边尺寸　　　　　　　　　　图 3-89　修改尺寸文本

3.4.7.1　在尺寸文本前增加前缀

　　增加前缀除了可以用前面介绍的属性编辑工具之外，还可以使用尺寸文字编辑工具 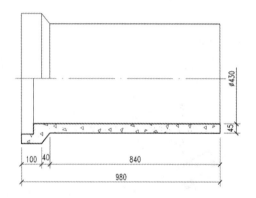 。使用该工具编辑尺寸文字的优点是可以一次对多个尺寸进行编辑。例如，当需要在单个尺寸前增加字母 ϕ，其操作步骤如下：双击需要修改的尺寸，此时弹出如图 3-91 所示的属性列表栏，在"文字"项的"文字替代"文本框中键入"%%c<>"，然后按回车键确认。

　　如果需要修改多个标注尺寸时，可以连续选择或使用窗选的方式选择多个尺寸，按

图 3-90　"文字替代"的结果

【Ctrl+1】键，此时弹出如图 3-91 所示的属性列表栏，在"文字"项的"文字替代"文本框中键入"%%c<>"，然后按回车键确认。

3.4.7.2　调整尺寸的倾斜角度

　　当需要标注如图 3-8 所示的尺寸时，需要在标注完尺寸后调整尺寸的倾斜方向，使其平行于该尺寸所在的坐标方向。

　　【例 3-5】　标注图 3-8 形体的底部尺寸"30"，如图 3-92 所示。

　　步骤 1：使用线性尺寸命令标注，形式如图 3-92 所示。

操作流程

命令：　　　dli【Enter】

DIMLINEAR

指定第一条延伸线原点或〈选择对象〉：　　点取第一界线起点（使用"端点"方式捕捉端点）

指定第二条延伸线原点：　　点取第二界线起点

指定尺寸线位置或[多行文字(M)/文字
(T)/角度(A)/水平(H)/垂直(V)/旋转
(R)]: <u>r【Enter】</u>

指定尺寸线的角度 <0>: <u>30【Enter】</u>
(尺寸线与 X 轴正向的夹角,即尺寸的倾
角。此处也可使用鼠标在图中点取两点来
决定尺寸线的倾角)

指定尺寸线位置或[多行文字(M)/文字
(T)/角度(A)/水平(H)/垂直(V)/旋转
(R)]: <u>点取尺寸线的位置</u>

标注文字 =30

步骤 2: 使用尺寸文字编辑命令将尺寸界
线的角度调整成与其宽度方向平行,如图 3-93
所示。

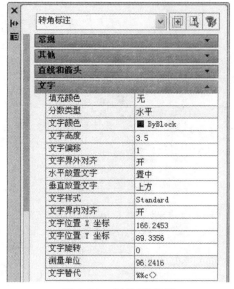

图 3-91 属性列表栏

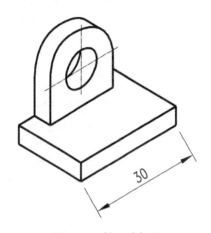

图 3-92 斜尺寸标注

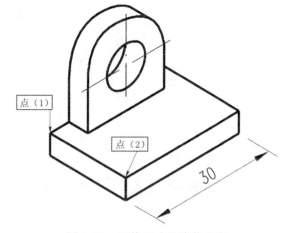

图 3-93 调整尺寸界线的方向

⬚ **操作流程**

命令: <u>dinedit【Enter】</u>

输入标注编辑类型[默认(H)/新建(N)/旋转(R)/倾斜(O)]<默认>: <u>o【Enter】</u>(选
择"倾斜")

选择对象: <u>选择尺寸</u>

找到 1 个

选择对象: <u>【Enter】</u>(可以选择多个尺寸)

输入倾斜角度(按 ENTER 表示无): <u>捕捉点(1)</u>

指定第二点: <u>捕捉点(2)</u>[点(1)和点(2)的连线方向决定了尺寸界线的方向]

综上所述,轴测图尺寸标注的方法是:先使用线性尺寸标注的"旋转"项沿形体的轮

廓线标注尺寸，然后使用尺寸文字编辑工具的"倾斜"项调整尺寸界线的方向。

3.4.7.3　调整文字的位置

当标注的尺寸其界线的间距不足以放置尺寸文字时，就需要调整文字的位置。AutoCAD 系统虽然可以自动调节其位置，但是往往不尽如人意。调节文字的位置既可以使用前面提到的夹点编辑法，也可以使用 AutoCAD 专门的尺寸编辑工具 ⌐ 。

🖳 **操作流程**

命令：　　点取尺寸编辑工具图标

选择标注：　　选择尺寸

为标注文字指定新位置或 ［左对齐 (L) /右对齐 (R) /居中 (C) /默认 (H) /角度 (A)］：
选择新的位置

尺寸编辑工具 ⌐ 还具有以下功能：

"左对齐"——将尺寸文字移向尺寸线的左方。

"右对齐"——将尺寸文字移向尺寸线的右方。

"居中"——将尺寸文字移向尺寸线的中间。

"默认"——将尺寸文字还原到原始位置。

"角度"——将尺寸文字的方向旋转一个角度。

3.4.7.4　更改尺寸文本

当自动标注的尺寸文本不符合需要时，可以使用属性编辑的方法改变其数值，也可以使用专门的尺寸文字编辑工具 ⌐ 来完成。

🖳 **操作流程**

命令：　　dinedit【Enter】

输入标注编辑类型 ［默认 (H) /新建 (N) /旋转 (R) /倾斜 (O)］〈默认〉：　　n【Enter】
此时弹出如图 3-91 所示的对话框，在对话框下面的文本框中用新的数字替换原来的一对尖括号后点取"确定"按钮确认。

选择对象：　　选择尺寸

找到 1 个

选择对象：　　【Enter】（可以连续选择或使用窗选）

这样被选择的尺寸文本就被新的文本所代替。使用这种方法的特点是可以一次改变多个相同尺寸数字的数值。

此外，如果需要改变尺寸文本的字型，只要将尺寸文本所对应的字型重新定义即可，不需改变尺寸本身。

3.4.8　尺寸配置原则

尺寸标注除了齐全、正确和合理外，还应清晰、整齐和便于阅读。以下列出尺寸配置的主要原则，当出现不能兼顾的情况时，在注全尺寸的前提下，则应统筹安排尺寸在各视图中的配置，使其更为清晰、合理。

1. 尺寸标注要齐全

在工程图中不能漏注尺寸，否则就无法按图施工。运用形体分析方法，首先注出各组成部分的定形尺寸，然后注出表示它们之间相对位置的定位尺寸，最后再注出工程形体的总尺寸。按上述步骤来标注尺寸，就能做到尺寸齐全。

2. 尺寸标注要明显

尽可能把尺寸标注在反映形体形状特征的视图上，一般可布置在图形轮廓线之外，并靠近被标注的轮廓线，某些细部尺寸允许标注在图形内。与两个视图有关的尺寸以标注在两视图之间的一个视图上为好。此外，还要尽可能避免将尺寸标注在虚线上。

3. 尺寸标注要集中

同一个几何体的定形和定位尺寸要尽量集中，不宜分散。如图 3-36 所示，尺寸集中在两个视图之中。在工程图中，凡水平面的尺寸一般都集中注写在平面图上，而图 3-36 例外，因为该图的平面图是基本视图，不能反映形体的内部情况，因而改为标注在能反映内部形状的 1—1 剖面图中。

4. 尺寸布置要齐整

可将长、宽、高三个方向的定形、定位尺寸组合起来排成几道尺寸，从被注的图形轮廓线由近向远整齐排列，小尺寸应离轮廓线较近，大尺寸应离轮廓线较远。平行排列的尺寸线的间距应相等，尺寸数字应写在尺寸线的中间位置，每一方向的细部尺寸的总和应等于总尺寸。标注定位尺寸时，通常对圆弧要注出圆心的位置。

5. 视图和尺寸数字要清晰

尺寸一般应尽可能布置在视图轮廓线之外，不宜与图线、文字及符号相交，但某些细部尺寸可就近标注在图形内。若尺寸数字标注在剖面图中间，则应把这部分剖面图例线甚至是轮廓线断开，以保证尺寸数字的清晰。

练 习 题

3-1　什么是投影法？

3-2　试述三视图之间的投影联系规律。

3-3　试述六视图之间的投影联系规律。

3-4　剖面图中剖切符号的组成及各组成部分应如何绘制？

3-5　简述剖面图的类型。

3-6　绘制剖面图时应注意哪些事项？

3-7　什么是断面图？断面图有哪些类型？

3-8　尺寸配置的原则是什么？

绘 图 题

3-1　补画下列简单形体的投影（见图 3-94）。

3-2　根据形体的轴测图和三视图中的一个投影（见图 3-95），补画另外两个投影（所缺尺寸在轴测图中直接量取）。

3-3　补画 2—2 剖面图（见图 3-96）。

图3-94 补图投影

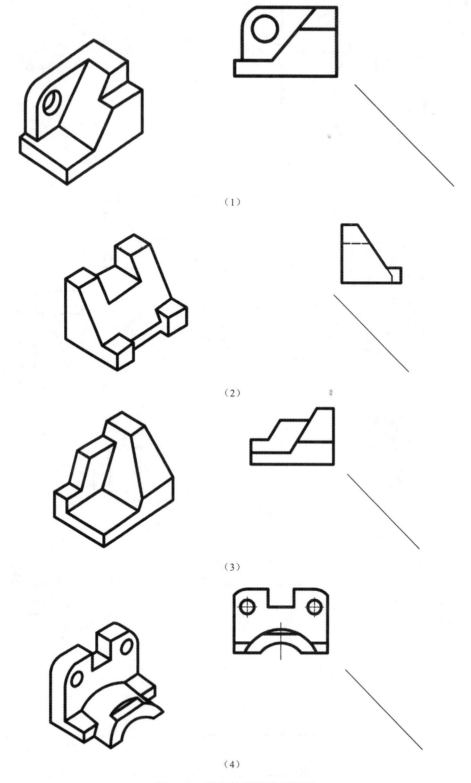

（1）

（2）

（3）

（4）

图 3-95　根据轴测图补画投影

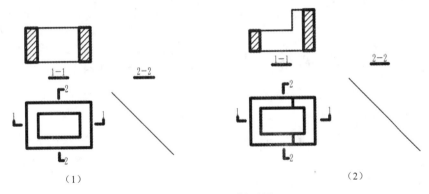

图 3-96　补画剖面图

3-4　绘制台阶的 1—1 剖面图和 2—2 断面图（见图 3-97）。

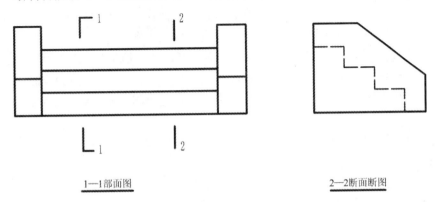

1—1部面图　　　　　　　　　　2—2断面断图

图 3-97　绘制剖面图和断面图

3-5　给图 3-98 所示图形标注尺寸。

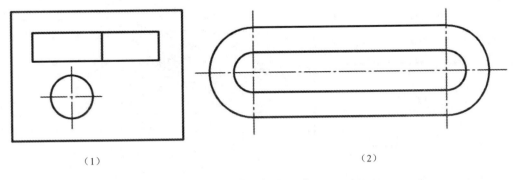

（1）　　　　　　　　　　　　（2）

图 3-98　标注尺寸

第4章 建筑施工图

4.1 建筑施工图总述

4.1.1 房屋施工图

建造房屋要经过两个阶段，一个阶段是设计，另一个阶段是施工。设计时，需要把想象中的房屋用图形表示出来，这种图形称为房屋工程图。设计过程中用来研究、比较和审批等反映房屋功能组合、房屋内外概貌和设计意图的图样，称为房屋初步设计图，简称为设计图。为施工服务的图样称为房屋施工图，简称为施工图。

由于专业分工的不同，房屋施工图又分为建筑施工图（简称为建施）、结构施工图（简称为结施）和设备施工图（如给排水、采暖通风和电气等，简称为设施）。

一套房屋施工图一般由图纸目录、施工总说明、建筑施工图、结构施工图和设备施工图等组成。

4.1.2 建筑施工图的有关规定

1. 图线

在建筑施工图中，为反映不同的内容并使层次分明，图线应采用不同的线型和线宽，具体规定如表 4-1 所示。

表 4-1　　　　　　　　　建筑施工图中图线的选用

名　称		线　　型	线宽	用　　途
实线	粗	———————	b	（1）平、剖面图中被剖切的主要建筑构造（包括构配件）的轮廓线。 （2）建筑立面图或室内立面图的外轮廓线。 （3）建筑构造详图中被剖切的主要部分的轮廓线。 （4）建筑构配件详图中的外轮廓线。 （5）平、立、剖面图的剖切符号
	中	———————	$0.5b$	（1）平、剖面图中被剖切的次要建筑构造（包括构配件）的轮廓线。 （2）建筑平、立、剖面图中建筑构配件的轮廓线。 （3）建筑构造详图及建筑构配件详图中的一般轮廓线
	细	———————	$0.25b$	小于 $0.5b$ 的图形线、尺寸线、尺寸界线、图例线、索引符号、标高符号、详图材料做法引出线等
虚线	中	——————	$0.5b$	（1）建筑构造详图及建筑构配件不可见的轮廓线。 （2）平面图中的起重机（吊车）轮廓线。 （3）拟扩建的建筑物轮廓线
	细	——————	$0.25b$	图例线、小于 $0.5b$ 的不可见轮廓线

续表

名　称		线　型	线宽	用　途
单点长划线	粗		b	起重机（吊车）轨道线
	细		$0.25b$	中心线、对称线、定位轴线
折断线			$0.25b$	不需画全的断开界线
波浪线			$0.25b$	不需画全的断开界线，构造层次的断开界线

注　地平线的线宽可用 $1.4b$。

在同一张图纸中，一般采用三种线宽的组合，其线宽比为 $b:0.5b:0.25b$。较简单的图样可采用两种线宽组合，其线宽比为 $b:0.25b$。

不同类型的图线在 AutoCAD 中采用不同的图层来区分，如图 4-1 所示。一种比较适用的方法是采用颜色来区分不同的线型和线宽。如图 4-1 所示，每一种颜色代表一种线型。每种线型的具体打印样式由最终的打印样式表来决定。在绘图中，只用颜色来区分每一个不同的线型。打印样式表的具体使用方法见本书第 5 章。

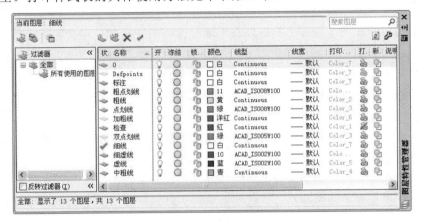

图 4-1　CAD 图层线型设置

2．比例

建筑施工图中常用的比例如表 4-2 所示。

表 **4-2**　　　　　　　　　　　　　建筑施工图常用比例

图　名	比　例
总平面图	$1:500$，$1:1000$，$1:2000$
建筑物或构筑物的平面图、立面图、剖面图	$1:50$，$1:100$，$1:150$，$1:200$，$1:300$
建筑物或构筑物的局部放大图	$1:10$，$1:20$，$1:25$，$1:30$，$1:50$
配件或构造详图	$1:1$，$1:2$，$1:5$，$1:10$，$1:15$，$1:20$，$1:25$，$1:30$，$1:50$

在 AutoCAD 中，与比例有关的内容有非绘图信息的比例因子和打印出图的比例。

3．定位轴线

建筑施工图中的定位轴线是施工定位、放线的重要依据。凡是承重墙、柱子等主要承重构件都应画出轴线确定其位置。对于非承重的分隔墙、次要的局部构件等，则可用分轴线来定位，也可用注明其与附近轴线的相关尺寸的方法来确定。

定位轴线用细点划线表示，并加以编号。轴线的端部为用细实线绘制的圆，直径为 8~10mm。平面图上定位轴线的编号，宜标注在下方与左侧，横向编号采用阿拉伯数字，从左向右顺序编写；竖向编号采用大写拉丁字母，自下而上顺序编写。

在两个轴线之间，如果需附加分轴线，则编号可用分数表示。分母表示前一轴线的编号，分子表示附加轴线的编号，用阿拉伯数字顺序编写。

大写拉丁字母 I、O、Z 三个字母不得作为轴线编号，以免与数字 1、0、2 相混淆。

4. 尺寸和标高

尺寸单位除标高及建筑总平面图以 m（米）为单位外，其他一律以 mm（毫米）为单位。

标高是标注建筑物高度的一种尺寸形式。标高符号有 ▽ 、▼ 、△ 和 ▼ 等几种形式。前面三种符号用细实线画出，短横线为需标注标高的界线，标高数字标注在长的横线之上，例如 $\frac{\pm 0.000}{}$ 或 $\frac{}{4.500}$。

标高符号的三角形为等腰直角三角形，高为 3mm。在同一图纸上的标高符号应大小相等、整齐划一、对齐画出。标注平面图地面的标高不画短横线。

总平面图中和底层平面图中的室外整平地面标高用符号 ▼，标高数字注写在涂黑三角形的右上方，例如 ▼$^{-0.450}$。标高数字以 m（米）为单位。单体建筑的施工图中标高数字注写到小数点后第三位，总平面图中注写到小数点后第二位。在单体建筑中，零点的标高注写成 ±0.000；负数标高数字前必须加注"–"；正数标高前不写"+"；纯小数前导零不能省略。

标高有绝对标高和相对标高两种。

（1）绝对标高：我国青岛附近黄海的平均海平面定为绝对标高的零点，其他各地的标高都以它作为基准。

（2）相对标高：由于绝对标高的数字繁琐，而且不易得出各部分的高差。因此，除总平面图外，一般都使用相对标高，即把底层室内主要地坪的标高定为相对标高的零点，并在施工总说明中说明相对标高与绝对标高的关系。

5. 指北针及风向频率玫瑰图

（1）指北针：在底层建筑平面图中应画上指北针。指北针的细实线圆的直径为 24mm，指针尾端的宽度为 3mm，如图 4-2 所示。

（2）风向频率玫瑰图：风向频率玫瑰图简称为风玫瑰图。在建筑总平面图中，通常应按当地实际情况绘制风向频率玫瑰图。全国各地主要城市的风向频率玫瑰图见《建筑设计资料集》。南京地区的风向频率玫瑰图如图 4-3 所示。

图 4-3 中，实线为全年的风向频率，虚线为夏季 6、7、8 三个月的风向频率。

4.1.3　轴线编号、标高、指北针等的 AutoCAD 标注方法

轴线编号和标高的标注在施工图的使用频率是很高的，而在 AutoCAD 中没有其专门的指令，如果用画线的方法去画是很繁琐的。在此，推荐使用带属性的图块来解决这个问题。该方法的操作流程是：绘制符号（CIRCLE）→定义文本属性（ATTDEF）→定义插入基点（BASE）→保存文件（SAVE）→使用插入命令插入符号（INSERT）。

【例 4-1】 使用自定义图库文件，绘制定位轴线编号。

作图步骤如下：

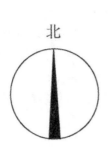

图 4-2　指北针

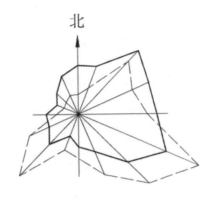

图 4-3　南京地区的风向频率玫瑰图

（1）新开一图，取名为"Zhouhao.dwg"，并保存在图库文件夹中（本例为"c:\图库"）。使用画圆命令"CIRCLE"绘制轴线标注符，即半径为 5mm 的圆。

（2）使用属性定义命令"ATTDEF"定义文本属性。选取属性编辑菜单项 "绘图/块/定义属性"，菜单项的位置如图 4-4 所示；或者键入命令"ATTDEF"。

图 4-4　属性定义菜单

在随后弹出的对话框中填写如下的几项（见图 4-5）：

1）"标记"：属性标志，用于识别。此处取名为"N"。

2）"提示"：提示词，用于提示用户必须提供的内容。此处键入"编号=？"。

3）"对正"：文字对齐方式，用于指定用户输入的文字如何排列。此处选择"中间"，即居中布置。

4）"文字样式"：指定文字所用的字型。此处使用前面定义的"Standard"字型（字体文件为"Italic.shx"）。

5）"文字高度"：字高。按《房屋建筑制图统一标准》（GB/T 50001—2001）的要求，此处定为 5mm。

6）"旋转"：文字排列的方向角。此处使用缺省值 0，即文字按水平方向书写。

7）"插入点"：文字的对齐参照点。选择"在屏幕上指定"，在后续操作中使用"CEN"圆心捕捉的方式选取轴线圆圈的圆心作为文字的对齐参照点。

8）单击"确定"按钮结束。

定义后的结果如图 4-6 所示。

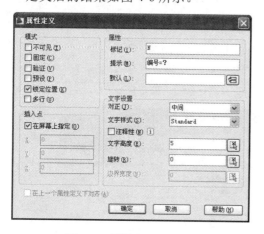

图 4-5　属性定义对话框

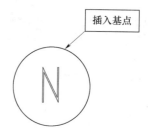

图 4-6　带属性的轴线编号图块

（3）定义轴线编号图块的插入基点。使用基点定义命令"BASE"，或使用基点定义菜单项"绘图/块/基点"，菜单项的位置如图 4-4 所示。

⌨ 操作流程

命令：　　　base【Enter】

输入基点 <0.0000,0.0000,0.0000>:　　qua【Enter】（使用"象限点"方式捕捉）

于　　捕捉插入基点　（位置见图 4-6）

（4）使用"SAVE"命令保存文件（文件名为"Zhouhao"）。

说明　保存文件的位置应该满足下述两个条件：

（1）在系统的文件搜索路径中。如果不在系统的搜索路径中，将来使用时系统会因找不到该文件而出错。

（2）便于集中管理和保存。如果为了满足第一个条件而简单地将图形文件保存在 AutoCAD 系统现有的文件夹中，那么将来一旦系统出现故障而不得不重新安装的话，你所做的这一切将付至东流。因此，最佳的方案是：在 AutoCAD 现有系统文件夹之外单独建立一个图库文件夹，而后将此文件夹加入 AutoCAD 的系统文件路径之中。加入的方法如下：

● 选取菜单"工具/选项"，弹出如图 4-7 所示的选项对话框，并选择"文件"栏目。

● 单击"支持文件搜索路径"前面的"+"号，拉出路径列表，如图 4-7 所示。

● 单击右方的"添加"按钮，增加一项。

● 单击"浏览"按钮，在随后弹出的文件对话框中选择自己建立的文件夹。

● 单击"确定"按钮结束。

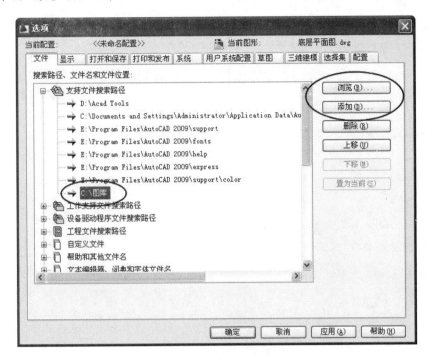

图 4-7 选项对话框

至此，完成了对轴线编号专用图块的定义工作。

（5）使用图块插入命令"INSERT"或其工具按钮将轴线编号文件"Zhouhao"插入所需的位置。其操作步骤如下：单击图块插入按钮 ▣ （该按钮在"绘图"工具条中）弹出如图 4-8 所示的对话框，填写结果如图 4-8 所示。

说明   如果使用"浏览"按钮搜索指定的文件，则不需要上述添加系统支持文件路径这一步骤。因为这种文件指定方式人为给定了图库文件的具体位置。

单击"确定"按钮完成"插入"对话框的操作。随后按照提示操作。

▦ 操作流程

命令: i【Enter】

INSERT

填写对话框如图 4-8 所示，其中缩放比例在对话框中指定，插入基点在屏幕上指定

指定插入点或 [基点(B)/比例(S)/旋转(R)]:   捕捉插入基点（为了位置准确，应该使用端点捕捉的方法）

输入属性值

轴号=？：　　　1【Enter】（需标注的编号）

以此类推，重复使用插入命令"I"，操作完成所有定位轴线编号的标注。其结果如图 4-9 所示。

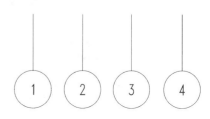

图 4-8　图块"插入"对话框　　　　　　　图 4-9　标注结果

【例 4-2】　自制图标按钮，完成标高的标注。

作图步骤如下：

（1）新开一图，并取名为"Biaogao"。

（2）使用绘图命令"LINE"绘制标高符号▽——。

⌨ 操作流程

命令：　　　1【Enter】

LINE

指定第一点：　　　屏幕上任取一点

指定下一点或 [放弃(U)]：　　　@20<180【Enter】

指定下一点或 [放弃(U)]：　　　@3,-3【Enter】

指定下一点或 [闭合(C)/放弃(U)]：　　　@3,3【Enter】

（3）使用属性定义命令定义标高文字的属性。选取属性编辑菜单项"绘图/块/属性"，或者键入命令"ATTDEF"。

在随后弹出的对话框中填写如下的几项（见图 4-10）：

1）"标记"：属性标志，用于识别。此处取名为"BG"。

2）"提示"：提示词，用于提示用户必须提供的内容。此处键入"标高=？"。

3）"对正"：文字对齐方式，用于指定用户输入的文字如何排列。此处选择"左对齐"，即向左对齐布置。

图 4-10　标高属性定义

4）"文字样式"：指定文字所用的字型。此处使用前面定义的"Standard"文字样式（字体文件为"Italic.shx"）。

5）"文字高度"：字高。按《房屋建筑制图统一标准》（GB/T 50001—2001）的要求，此处定为 3.5mm。

6）"旋转"：文字排列的方向角。此处使用缺省值 0，即文字按水平方向书写。

图 4-11　带属性的标高图块

7）"插入点"：文字的对齐参照点。选择"在屏幕上指定"。

8）单击"确定"按钮结束。

定义后的结果如图 4-11 所示。

（4）定义标高符号图块的插入基点。使用基点定义命令"BASE"，或使用基点定义菜单项"绘图/块/基点"。

操作流程

命令：　　　base【Enter】

输入基点 <0.0000, 0.0000, 0.0000>:　　　int【Enter】（使用"交点"方式捕捉）

于　　　捕捉插入基点（位置见图 4-11）

（5）保存文件于图库文件夹"C:\图库\Biaogao.dwg"。

说明　为了自定义的按钮能正常运行。此时所用的图库文件夹必须添加到系统支持文件路径中。

图 4-12　自定义用户界面

（6）为自定义工具创建一个单独的工具栏（以后将自己定义的工具全部集中放置在一个工具条中，方便自己选用）。选择工具栏定义菜单"视图/工具栏"，弹出如图 4-12 所示的对话框。

在自定义文件列表中选择工具栏，并在其上方单击鼠标右键，单击"新建工具栏"菜单，如图 4-13 所示，建立一个新的工具栏，并将自动生成的名称"工具栏 1"改名为"建筑符号"。

（7）自定义标高命令。如图 4-14 所示，先单击图中右方的"▽"按钮，再在弹出的列表中选择"自定义命令"。

鼠标单击系统自动命名的"命令 1"，将其改名为"标高"；并单击图 4-14 中右下角的按钮"⊗"，展开完整的自定义命令对话框，如图 4-15 所示。

（8）为自定义命令绘制一个图标，如图 4-16 所示。如果没有现成的图标可选，可以任意选择图 4-15 中"按钮图像"栏右边列出的任意一个图标后，单击"编辑"按钮，进入如图 4-16 所示的对话框。用"清除"按钮清除原来的图标后，自己重新设计一个，使用图标编辑器中的绘图工具 ▨，绘制工具按钮的图标。然后，使用"另存为"将所设计的新图标保存在图库文件夹中（本例采用的是"C:\图库"）。

保存时需要为图标文件命名（本例采用的是"bg.bmp"）。成功保存后将在特性表格中显示图标的文件路径，参见图 4-15 的右下角处。

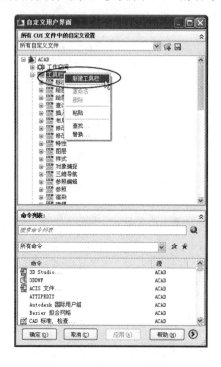

图 4-13　自定义工具栏

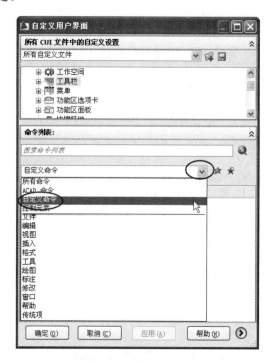

图 4-14　自定义命令列表

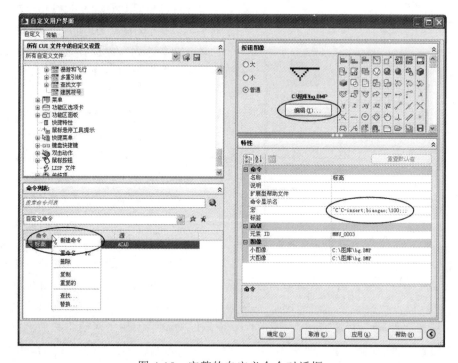

图 4-15　完整的自定义命令对话框

（9）为自定义命令编写程序代码。单击图 4-15 中"特性"栏、表格"宏"的右边栏目，键入下列代码：

^C^C-insert;biaogao;\100;;;

说明 该代码中 insert 前有一个减号"-"，表示使用命令行形式的"插入"命令，即不使用对话框模式。其中"\"表示等待用户的输入；"100"是标高插入时所用的比例因子，本例采用的比例是 1∶100；";"表示回车键。后两个回车（"；"）代表"空回车"，意思是采用系统的默认值。这一串代码，实际上是用户键盘输入的宏记录。注意代码中间或结尾处不能有多余的空格，因为一个空格也代表一次回车。

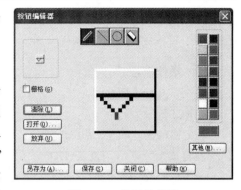

图 4-16 按钮编辑器

图 4-17 完成后的"建筑符号"工具栏

（10）在"自定义用户界面"对话框没有关闭的前提下，在图 4-15 中将"标高"命令用鼠标左键拖放到"建筑符号"工具栏中（或将其拖放至"绘图"工具栏中。所谓"拖放"是指在按住鼠标左键不放的情况下移动鼠标，待移动至目标位置后放开鼠标左键）。

（11）单击图 4-15 中的"确定"按钮使工具的定义生效。至此，自定义工具工作完成。完成后的工具栏如图 4-17 所示。

操作流程

单击标高工具

命令： -insert【Enter】

输入块名或 [?] <biaogao>： biaogao【Enter】

单位：毫米 转换： 1.0000

指定插入点或 [基点(B)/比例(S)/X/Y/Z/旋转(R)]： 用适当的捕捉模式捕捉插入点

输入 X 比例因子，指定对角点，或 [角点(C)/XYZ(XYZ)] <1>： 100【Enter】

输入 Y 比例因子或 <使用 X 比例因子>： 【Enter】

指定旋转角度 <0>：

输入属性值

标高=? <±0.000>： 【Enter】（空回车表示采用默认值）

标注结果如图 4-18 所示。

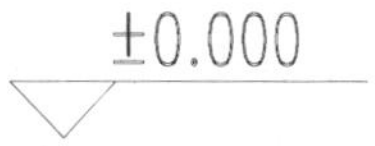

由以上的操作步骤可以看出，标高标注的操作步骤只剩下三步(上述流程中带下划线的部分)：第 1 步，单击工具按钮；第 2 步，选取标注位置点；第 3 步，键入标高数值。其他内容由系统按预先设置的程序自动完成，操作简捷方便。

±0.000

图 4-18 标高标注

大家可以仿造此法自定义自己的常用工具，扩充 AutoCAD 的功能。

【例 4-3】 绘制如图 4-19 所示的指北针符号（不用标注尺寸），并做成动态块。

作图步骤如下：

（1）新开一图，并取名为"指北针"。

（2）使用绘图命令绘制指北针符号。

操作流程

命令：   c【Enter】

CIRCLE

指定圆的圆心或 [三点(3P)/两点(2P)/切点、切点、半径(T)]：   任意选择一点为圆心

指定圆的半径或 [直径(D)]：   12【Enter】（圆的半径为 12）

命令：   pl【Enter】

PLINE

指定起点：   捕捉 A 点（见图 4-20）

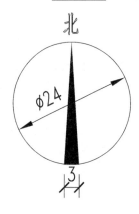

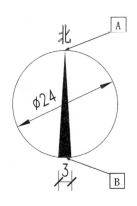

图 4-19   指北针符号   图 4-20   绘制指北针符号

当前线宽为 3.0000

指定下一个点或 [圆弧(A)/半宽(H)/长度(L)/放弃(U)/宽度(W)]：   w【Enter】

指定起点宽度 <3.0000>：   0【Enter】

指定端点宽度 <0.0000>：   3【Enter】

指定下一个点或 [圆弧(A)/半宽(H)/长度(L)/放弃(U)/宽度(W)]：   捕捉 B 点（见图 4-20）

指定下一个点或 [圆弧(A)/闭合(C)/半宽(H)/长度(L)/放弃(U)/宽度(W)]：   【Enter】（结束）

命令：   dt【Enter】

TEXT

当前文字样式："汉字" 文字高度：5.0000 注释性：否

指定文字的起点或 [对正(J)/样式(S)]：

指定高度 <5.0000>：   3.5【Enter】

指定文字的旋转角度 <0>：   【Enter】

键入"北"字和两次【Enter】

（3）将已绘制好的指北针符号做成块。

操作流程

命令：　　　b　【Enter】(弹出如图 4-21 所示对话框)

BLOCK

块定义名称键入"指北针"

指定插入基点：　　单击"拾取点"按钮，返回模型空间，选择圆心为基点（返回块定义对话框）

单击"选择对象"按钮（返回模型空间）

选择对象：

指定对角点：　　用"C"窗口将指北针符号全部选中

找到　3　个

选择对象：　　【Enter】（结束选择对象，返回块定义对话框）

其他设置按图 4-21 所示，最后按"确定"按钮进入块编辑器窗口，如图 4-22 所示

图 4-21　块定义对话框

（4）将"指北针"符号做成动态块。

操作流程

单击"块编写选项板"的"参数"选项板，单击"旋转参数"

命令：_BParameter 旋转

指定基点或 [名称(N)/标签(L)/链(C)/说明(D)/选项板(P)/值集(V)]：　　捕捉圆心 A（用"圆心"方式捕捉）

指定参数半径：　　捕捉 B 点

指定默认旋转角度或 [基准角度(B)] <0>：　　捕捉 C 点（见图 4-22）

单击"块编写选项板"的"动作"选项板，单击"旋转参数"

命令：_BActionTool 旋转

选择参数：　　选择"旋转"参数

指定动作的选择集

选择对象：　　依次选择圆、箭头、文字

　　　　指定对角点：找到 1 个

　　　　选择对象：找到 1 个，总计 2 个

　　　　选择对象：找到 1 个，总计 3 个

　　　　选择对象：找到 1 个（1 个重复），总计 3 个

　　　　选择对象：　　　　【Enter】

　　　　指定动作位置或 [基点类型(B)]：　　　指定动作位置

　　操作结果如图 4-23 所示，按"块编辑器"按钮，退出块编辑器并返回图形。

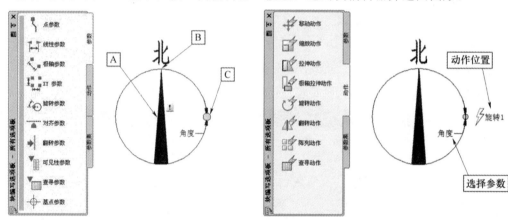

　　图 4-22　块编辑器窗口　　　　　　　　　图 4-23　添加"旋转"动作

4.1.4　建立建筑施工图的样板文件

　　为了提高绘图的速度，减少不必要的重复工作。在此介绍如何建立一个符合我国制图标准的样板文件。在今后的制图中，可以直接从样板图开始，从而避免从零开始工作。这样可以将重复工作降至最低，大大提高绘图的效率。

　　在建立样板文件时，对于绘图信息和非绘图信息两种不同类别的实体，应该分别采用不同的实体类型来实现。

　　在 AutoCAD 2009 中，改进的布局功能使我们在非绘图信息的标注或绘制中，不再单独使用比例因子来调整文字或图形的显示大小，而采用注释性实体比例来代替。

　　注释比例是与模型空间、布局视口和模型视图一起保存的设置。将注释性对象添加到图形中时，它们将支持当前的注释比例，根据该比例设置进行缩放，并自动以正确的大小显示在模型空间中。

　　将注释性对象添加到模型中之前，应先设置注释比例。考虑将在其中显示该注释的视口的最终比例设置。注释比例（或从模型空间打印时的打印比例）应设置为与布局中的视口（在该视口中将显示注释性对象）比例相同。例如，如果注释性对象将在比例为 1∶100 的视口中显示，请将注释比例设置为 1∶100。

　　使用模型选项卡时，或选定某个视口后，当前注释比例将显示在应用程序状态栏或图形状态栏上。用户可以使用状态栏来更改注释比例。

　　使用"CANNOSCALE"系统变量来设置默认的注释比例设置。或者使用 ⚟1:1▾ 按钮，在弹出的列表中选取。列表中没有的比例，可以使用菜单中的"自定义"项定义新的比例。

在建立专用样板文件时，应将所有的非绘图信息类的实体采用"注释"类新对象来描述，以保证其能在不同绘图比例情况下使用。

【例 4-4】　建立一幅 A2 幅面的建筑图样板，并简述其操作步骤。

步骤 1：建筑样板的建立。

（1）建立一张新图。使用快速设置向导开图，单位制选择"小数"，如图 4-24 所示。图幅设为 59400×42000，如图 4-25 所示，即 A2 图幅，比例为 1∶100。

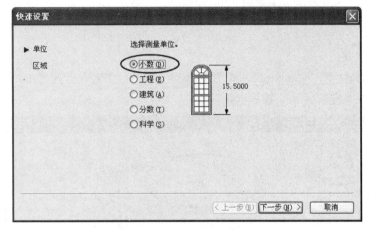

图 4-24　测量单位设定

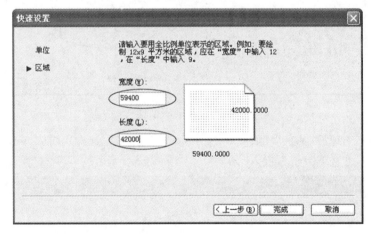

图 4-25　图纸区域设置

（2）建立包括常用线型的图层。其中包括以下线型：

1）粗实线（线型："Continuous"；颜色：2 号）。

2）中粗实线（线型："Continuous"；颜色：4 号）。

3）细实线（线型："Continuous"；颜色：7 号）。

4）虚线（线型："Acad_iso02w100"；颜色：5 号）。

5）点划线（线型："Acad_iso04w100"；颜色：3 号）。

6）尺寸（线型："Continuous"；颜色：7 号）。

7）文字说明（线型："Continuous"；颜色：7 号）。

8）图例符号（线型："Continuous"；颜色：7 号）等常用图层。

图层设置如图 4-1 所示。

（3）设定线型比例为 30。

操作流程

命令：<u>ltscale</u>【Enter】

LTSCALE 输入新线型比例因子 <1.0000>：　　　<u>30</u>【Enter】

正在重生成模型

（4）设定字型。

1）设定标准字型"Standard"，如图 4-26 所示。"字体名"选择"italic.shx"；"大小"选择"注释性"；"宽度因子"键入"0.7"。

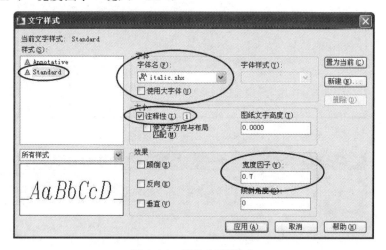

图 4-26　标准字型样式

2）设定中文字型"汉字"，如图 4-27 所示。"字体名"选择"仿宋_GB2312"；"大小"选择"注释性"；"宽度因子"键入"0.7"。

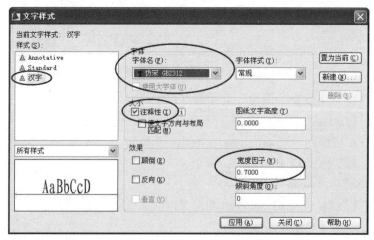

图 4-27　"汉字"样式设置

（5）设置尺寸标注样式。

1）打开标注样式管理器，如图 4-28 所示。将样式名"ISO-25"修改为"建筑"。

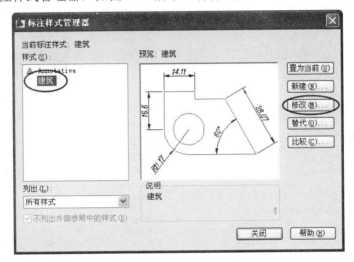

图 4-28 标注样式管理器

单击"修改"按钮进入下层对话框。

2）设置"线"选项卡，如图 4-29 所示。"基线间距"设为 10mm ；尺寸界线"超出尺寸线"设为 2mm ；尺寸界线的"起点偏移量"设为 2mm。

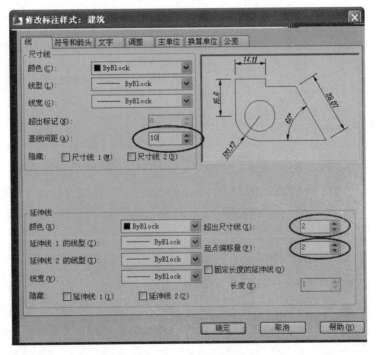

图 4-29 "线"设置

3）设置"符号和箭头"选项卡，如图 4-30 所示。"箭头大小"设为 3mm ；"圆心标记"设为"无"。

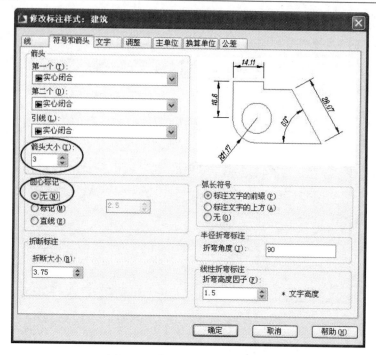

图 4-30 "符号和箭头"设置

4）设置"文字"选项卡，如图 4-31 所示。"文字高度"设为 3.5mm ；文字"从尺寸线偏移"设为 1mm。

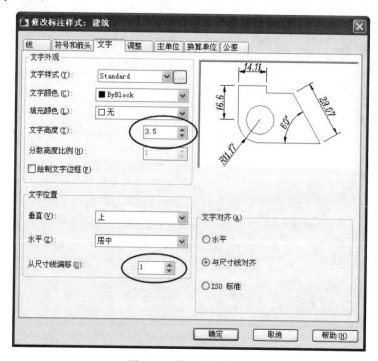

图 4-31 "文字"设置

5）设置"调整"选项卡，如图 4-32 所示。将"标注特征比例"设置为"注释性"。

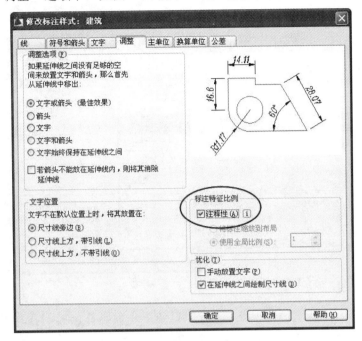

图 4-32 "调整"设置

6）设置"主单位"选项卡，如图 4-33 所示。将线性标注"精度"设为"0"。

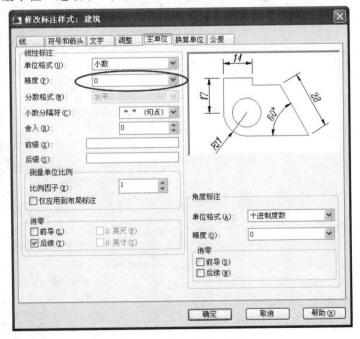

图 4-33 "主单位"设置

7）单击图 4-33 中的"确定"按钮返回上层对话框，创建"线性标注"的子样式，如图 4-34 所示。

　　单击"新建"按钮，选择"用于"栏列表中的"线性标注"，然后单击"继续"按钮进入下层对话框。

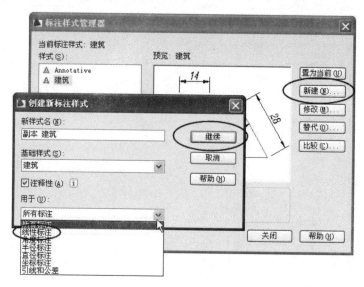

图 4-34　建立"线性标注"分样式

　　8）设置"线性标注"分样式中的"符号和箭头"选项卡，如图 4-35 所示。将"箭头"改为"建筑标记"，"箭头大小"改为 2mm。

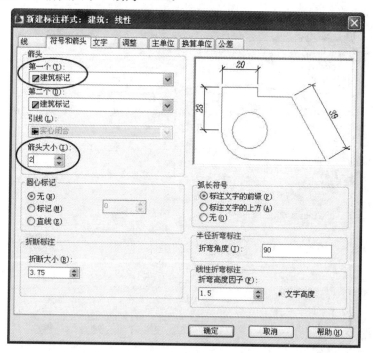

图 4-35　设置"线性标注"分样式中的"符号和箭头"

　　9）设置"半径"和"直径"分样式中的"调整"选项卡，如图 4-36 所示。"调整选项"改为"文字和箭头"。

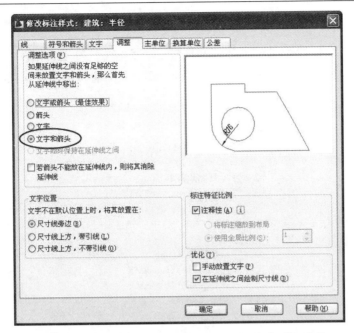

图 4-36　调整"半径"和"直径"分样式中的"调整"

至此，一套完整的尺寸样式设置完成。完成的样式如图 4-37 所示。

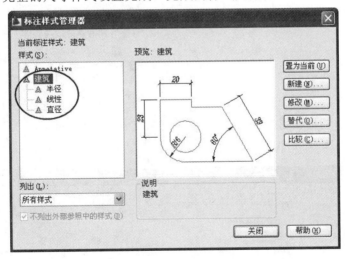

图 4-37　完成后的"建筑"尺寸标注样式

使用前，与文字标注一样，应先使用 ▣1:1▾ 按钮选取统一的"注释比例"，然后用该样式标注尺寸，就不再受不同比例尺寸文字大小显示不一的烦扰。

（6）根据自己从事的专业需要，将各种专用符号和最常用的图形（几乎每次绘图都会用到的图形）制作成图块隐藏在样板中（只定义不插入），以便绘图时调用。读者可以根据不同专业图的需要，自己决定制作内容。

说明　保存在样板中的图块会随着样板传递到每张新开的图纸中。它在使用中不需要相应的图形文件作为支持文件。从而也不存在系统寻找不到该图的错误。我们可以将样板文件作

为 "公文包"来使用。它可以从一台电脑拷贝至另一台电脑使用。充分利用这一点，我们可以将众多的个人的信息资料从一个地方传递到另一个地方，方便我们在不同的平台上工作。

（7）单击"文件"下拉菜单中的"另存为"菜单项，将样板文件保存在系统样板文件夹中，系统默认路径如图 4-38 所示。

图 4-38 系统默认样板文件夹路径

保存文件的对话框如图 4-39 所示。系统样板文件夹为"Template"。取该样板文件的名称为"建筑 A2-2009 版.dwt"。

图 4-39 样板文件保存

注意 文件类型必须选择为"*.dwt"。

单击"保存"按钮后将弹出如图 4-40 所示的对话框。

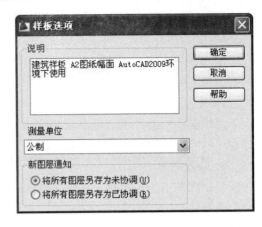

在图 4-40 中的"说明"栏目中填入样板的使用说明："建筑样板 A2 图纸幅面 AutoCAD 2009 环境下使用"。

至此，完成了样板制作的全过程。

步骤 2： 样板的使用。

（1）在 AutoCAD 的启动对话框中选择"使用样板"选项。

（2）在"选择样板"窗口中选择"建筑 A2-2009 版.dwt"，此时在"样板说明"窗口中将出现给定的该样板的使用说明。

图 4-40 为样板文件加注说明

最后，单击"确定"按钮就可直接进入绘图窗口开始绘图了。

4.2 建筑总平面图

建筑总平面图表明新建房屋所在基地有关范围内的总体布置。它反映新建房屋、构筑物等的位置和朝向，室外场地、道路、绿化等的布置，地形、地貌、标高，以及与原有环境的关系和临界情况等。

建筑总平面图也是房屋及其他设施施工的定位、土方施工以及绘制水、暖、电等管线总平面图和施工总平面图的依据。

绘制建筑总平面图应遵守《总图制图标准》（GB/T 50103—2001）中的基本规定。

4.2.1 绘图要求

1. 比例

由于建筑总平面图所表示的范围大，所以一般都采用较小的比例，常用的比例有 1：500、1：1000、1：2000 等。

2. 图例

由于比例很小，总平面图上的内容一般是按图例绘制的，总平面图例参见本书附录 3。当所需图例在标准中没有时，可自行编制，但应加注说明。

3. 图线

新建房屋的可见轮廓线用粗实线画出，新建的道路、桥涵和围墙等用中粗实线画出，计划扩建的建筑物中粗虚线画出，原有的建筑物、道路及坐标网、尺寸线和引出线等用细实线画出。

4. 地形

当地形复杂时要画出等高线，表明地形的起伏变化。

5. 定位

当总平面图表示的范围较大时，应画出测量或施工的坐标网。建筑物的定位需要标注角点的坐标。一般情况下，可以利用原有建筑物或道路定位。

6. 指北针或风向频率玫瑰图

总平面图上应画出指北针或风向频率玫瑰图（亦称为风玫瑰图），以表明建筑物的朝向和该地区的常年风向频率。

7. 尺寸标注

总平面图中的距离、标高及坐标尺寸以 m（米）为单位（保留至小数点后两位）。新建房屋的室内外地面应加注绝对标高。

8. 注写名称

总平面图上的建筑物、构筑物应注写名称，当图样比例小或图面无足够位置时，可编号列表标注。

4.2.2 总平面图实例

某住宅楼的总平面图如图 4-41 所示。

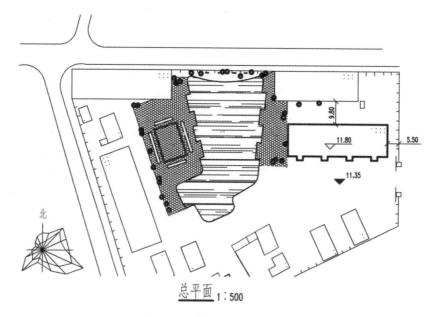

图 4-41 某住宅楼总平面图

图 4-41 中的粗实线表示的轮廓是新设计的某住宅楼。其右上角的 7 个点表示该建筑为七层。尺寸 9.80m 和 5.50m 为该楼的定位尺寸。图 4-41 的左下角为南京地区的风向频率玫瑰图。室外地坪的标高为绝对标高 10.60m。室内地坪标高为绝对标高 11.80m。室内外高差为 1.20m。住宅区周边围有永久性围墙，右边是住宅区的大门。住宅区中部有个水塘，水塘的左右两边建有休闲广场。

4.2.3 绘制总平面图

绘制总平面图需要该地区的局部地形图。如果该地形图不是计算机绘图的文件，那么首先需要将该图纸用工程图扫描仪输入计算机。将其保存为".bmp"、".gif"、".pcx"、".tga"或".tif"等光栅图格式。

绘制总平面图的步骤如下：

（1）使用 1：500 的建筑样板开辟一张新图（样板的制作参见本章 4.1.4）。

（2）使用"IMAGE"命令将".bmp"或".pcx"格式的地形图调入。"IMAGE"命令的菜单在"插入"栏目中，其具体位置如图 4-42 所示。

图 4-42 光栅图像参照

⌨ 操作流程

（1）单击"光栅图像参照"选项。在弹出的文件对话框中选择所需的图片文件。

（2）随后出现如图 4-43 所示的图片插入对话框。填写缩放比例为"297000"。

（3）单击"确定"按钮后在图中选择一合适位置放置图像。

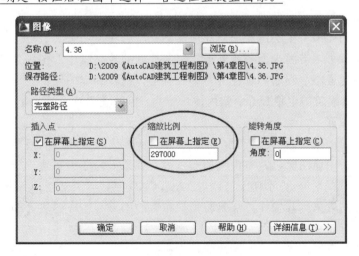

图 4-43 插入图像选项

其中"缩放比例"的计算方法是：图幅的长度乘以比例因子。此处假设图幅为 A2，比例因子为 500（594×500=297000）。

如果扫描图的尺寸不是正好等于总平面图的图幅（例如图 4-41 的图幅选为 A1），或者地形图的比例与总平面图的比例不相符，此时，为了插入的光栅图的尺寸准确，可以采用"参考"方式的比例缩放来解决。

【例 4-5】 按"参考"缩放方式将图形缩放成指定的大小。

扫描前在地形图的图纸上画一段固定长度的缩放参照线，例如在 A1 图纸上可画一800mm 长的水平线。根据该图的比例可以计算出该直线实际代表的长度。例如，假设地形图的比例为 1：1000，则该直线的实际长度为 800×1000=800000。然后按照上述步骤插入光栅图。插入以后再使用"SCALE"命令对光栅图进行缩放调整。

⌨ **操作流程**

命令：   scale【Enter】

选择对象：   选择光栅图

找到 1 个

选择对象：   【Enter】

指定基点：   选取图的左下角

指定比例因子或 [复制(C)/参照(R)] <1.0000>：   r【Enter】

指定参照长度 <1.0000>：   点取光栅图中缩放参照线的左端点

指定第二点：   点取光栅图中缩放参照线的右端点

指定新的长度或 [点(P)] <1.0000>：   800000【Enter】

这样就可将插入总平面图中的地形图缩放成实际大小了。

（3）使用绘图工具以光栅图为底图描出总平面图所需的该建筑的周围地形（应注意使用与光栅图不同颜色的图线来描，以便区别）。周围地形描完后将光栅图从当前图中删除。如果要求不高，而光栅图又很清晰，也可不描绘周围地形而直接在光栅图的基础上绘制总平面图。但光栅图的打印质量要比 AutoCAD 矢量图的打印质量差。

（4）在描好的图中用粗实线绘出新建房屋的外轮廓线，并用实心小圆点标出各个房屋的层数。外形轮廓可以借用平面图的外形，将其最外的轮廓线作为图块直接插入即可。

（5）绘出新建道路、围墙和绿化等室外工程形体的轮廓或图例。

（6）标出新建建筑的定位尺寸、室内地坪标高、室外整平标高。此处应使用绝对标高。

4.2.4 等距布置图形

在绘制总平面图或其他的图纸时，经常会碰到等距离布置图形的问题。例如，道路两旁的树木、路灯、围墙图例以及室内桌椅布置等。如果人为地去布置，一方面费时费工；另一方面不容易布置均匀，更不便于修改。在 AutoCAD 中可以灵活使用等分命令"DIVIDE"来达到又快又准的效果。其操作方法是将需要布置的图形制作成图块"Block"。

制作图块时有以下规律：

（1）图块的基点要选择正确。图块的基点在等分布置时处于被等分的直线或折线上，如图 4-44 所示。

图 4-44 等分布置图块

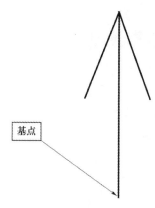

图 4-45　图块的原始样式

图 4-44 中箭头图案的基点被选在箭头的尾部，因而箭头的尾部处于被等分的直线上。

（2）图块的方向以 X 轴正方向为图块的正方向。图 4-44 中箭头图案的原始图样如图 4-45 所示。图 4-45 中的箭头方向与 X 轴成 90°夹角，故插入时箭头方向和直线路径的前进方向也成 90°夹角。

（3）被等分的对象一般使用"LINE"、"PLINE"或"SPLINE"实体。当需要沿直线布置时使用"LINE"实体，当需要沿折线布置时使用"PLINE"实体，当需要沿曲线布置时使用"SPLINE"实体。图 4-44 为沿直线布置的实例，图 4-46 为沿折线和曲线布置的实例。

（4）被等分的实体的方向以绘制时的次序为依据，从起点至末点的方向为该实体的前进方向。

等分布置时，图块的正向沿着路径的前进方向（图 4-45 箭头方向和图块正方向成 90°）。也就是说，如果被等分的实体的绘图起点和末点的次序对调，那么等分布置图块的方向将被反置，如图 4-47 所示。

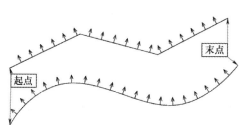

图 4-46　沿折线和曲线布置图块 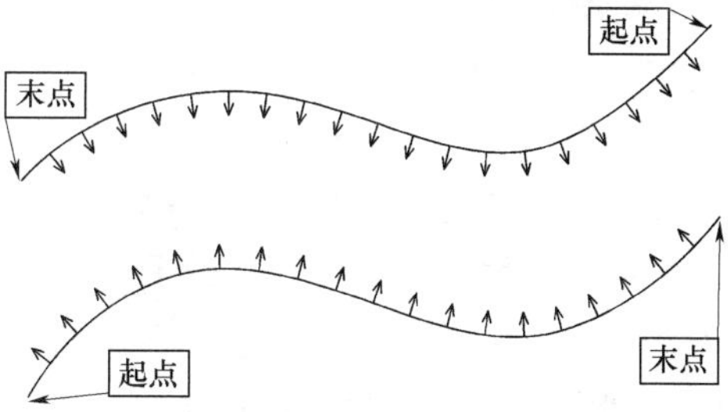　　　图 4-47　路径线段起点和末点次序对等分布置的影响

综上所述，进行等分布置时，要将图块的基点、方向和被等分实体的前进方向综合考虑，才能获得理想的结果。下面以楼梯栏杆的绘制来进一步阐述使用图块时的技巧。

【例 4-6】　利用等分命令绘制楼梯栏杆。

步骤 1：绘制楼梯扶手，绘制时记住画线时的次序，如图 4-48 所示。

步骤 2：绘制一根栏杆，如图 4-48 所示。同时，为制作栏杆图块绘制母线。

步骤 3：将栏杆母线制成图块。

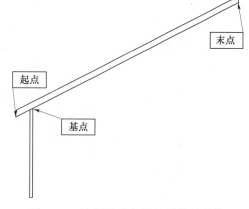

图 4-48　绘制扶手和栏杆图块的母线

📇 **操作流程**

命令：　　b【Enter】

填写如图 4-49 所示的对话框：依次给图块命名"langan"，选择图块的基点，选择栏

杆图形，勾选"删除"选项。单击"确定"按钮完成图块"langan"的定义。

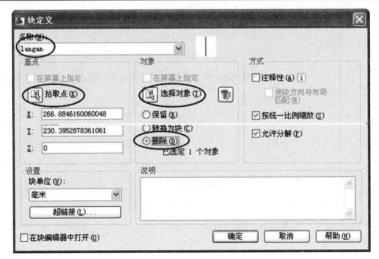

图 4-49　定义栏杆图块

步骤 4：使用"DIVIDE"命令等分布置。

🔲 **操作流程**

命令：　　div【Enter】

选择要定数等分的对象：　　选择扶手下面的边线

输入线段数目或 [块(B)]：　　b【Enter】

输入要插入的块名：　　langan【Enter】（栏杆图块名）

是否对齐块和对象？[是(Y)/否(N)] <Y>：　　n【Enter】（布置时图块不随路径旋转）

输入线段数目：　　15【Enter】

等分后的结果如图 4-50 所示。

该例详细说明了保持图块方向的方法：不让图块随布置路径旋转。

掌握该例描述的方法，可以很快、很方便地等分布置任意的图形，并且可以通过重新定义图块达到替换图形的目的。

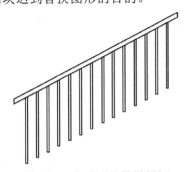

图 4-50　完成后的楼梯栏杆　　　　　　　　　图 4-51　替换图块

在设计工作中，常常因为设计方案的改变而需要调整原绘图形。在此，仍以上面的栏杆为例，将栏杆的图块"langan"用图 4-51 所示的图形来替换。

【例 4-7】　用替换图块的方法，改变栏杆的形状。

步骤 1： 在原图中设计新的图案，如图 4-51 所示。

注意　如果是利用原图中的栏杆图案进行修改，一定要将原图块复制后炸开（但原楼梯栏杆中的图块不能炸开）。AutoCAD 禁止图块名嵌套。如果不这样操作，后面的重新定义将无法实现。这样就画好了用于替换的新图形。

步骤 2： 使用"BLOCK"命令重新定义图块"langan"。

🖰 操作流程

命令：　　　　b【Enter】

填写如图 4-49 所示的对话框：选择图块名"langan"，选择图块的基点（要与原来的基点相吻合），选择新的栏杆图形，勾选"删除"选项。

单击"确定"按钮，系统会出现如图 4-52 所示的警告信息，此时只需选择更新定义原图块"是"即可。

替换后的结果如图 4-53 所示。

图 4-52　重定义栏杆图块

综上所述，等分布图是一项很重要的计算机绘图的作图方法。它的使用对设计人员作图的速度、精度以及方案修改有着重要的意义。而这一点往往容易被设计人员所忽略。希望通过此例能引起大家对该作图方法的重视。

上面介绍的是"定量等分"命令，还有一个与之相似的命令是"定距等分"——"MEASURE"。其操作方法与"定量等分"命令"DIVIDE"完全相似。所不同的是，它按照一指定的长度来等分放置图块。在此不再赘述。

此外，这两个命令在 AutoCAD 的菜单中没

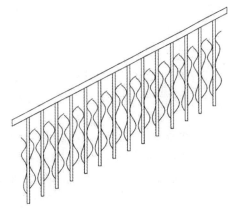

图 4-53　更新后的栏杆

有罗列。需要用户从键盘键入命令。"DIVIDE"的简化命令为"DIV","MEASURE"的简化命令为"ME"。

4.3 建筑平面图

建筑平面图是用一假想平面，在窗台以上某个位置作水平截切以后，其下半部的正投影图。它属于全剖面图的类型，但习惯上仍称为平面图。建筑平面图主要用于表达建筑物的平面形状、大小、房间布置、门窗位置、楼梯、走廊的安排、墙体厚度以及承重构件的尺寸等。建筑平面图是建筑施工图中最重要的图样。

建筑平面图一般由（半）地下室平面图、底层平面图、中间层平面图、顶层平面图等组成。所谓中间层是指底层到顶层之间的楼层，如果这些楼层布置相同或基本相同，可共用一个标准层平面图，否则，每一楼层均需画平面图。

4.3.1 绘图要求

1. 比例

建筑平面图常用比例为 1：100、1：200 等。

2. 定位轴线

定位轴线的画法和编号见本章 4.1.3。建筑平面图中定位轴线的编号确定后，其他的各种图样中的轴线编号应与之相符。

3. 图线

被剖切到的墙柱轮廓线用粗实线画出。没有剖切到的可见轮廓线（如窗台、台阶、楼梯等）用中粗实线画出。尺寸线、标高符号、轴线用细线画出。如果需要表示高窗、通气孔、槽、地沟及起重机等不可见部分，则应以虚线绘制。

4. 尺寸标注

建筑平面图中标注的尺寸分为外部和内部两类。外部尺寸主要有三道，由内向外分别是：最内一道为细部尺寸，表明门、窗洞、洞间墙的尺寸，这道尺寸应与轴线相关联；中间第二道为轴线间尺寸，它是承重构件的定位尺寸，一般也是房间的"开间"和"进深"尺寸；最外一道是最外面的尺寸，这一道为总体尺寸即建筑物外包尺寸，表示建筑物的总长、总宽。建筑平面图中还应注出室内外的楼地面标高和室外地坪标高。

5. 代号及图例

建筑平面图中门、窗用图例表示，并在图例旁注写它们的代号和编号。代号"M"表示门，"C"表示窗；编号可按阿拉伯数字顺序编写，也可直接采用标准图上的编号。钢筋混凝土断面可涂黑表示，砖墙一般不画图例。

6. 投影要求

一般来说，各层平面图按投影方向能看到的部分均应画出，但通常是将重复之处省略。例如，散水、明沟、台阶等只在底层平面图中表示，而在其他层次平面图中则不画出；雨篷也只在二层平面图中表示。必要时在平面图中还应画出卫生器具、水池、橱、柜和隔断等。

7. 其他标注

在平面图中宜注写房间的名称或编号。在底层平面图中应画出指北针。当平面图上某一部分或某一构件另有详图表示时，需用详图索引符号在图上表明。此外，建筑剖面图的剖切符号也应在房屋的底层平面图上标注。

8. 门、窗表

为了方便订货和加工，建筑平面图中一般附有门、窗表。

9. 局部平面图和详图

在平面图中，当某些局部平面图因设备多或因内部组合复杂、比例小而表达不清楚时，可画出较大比例的局部平面图或详图。

10. 屋顶平面图

屋顶平面图是直接从房屋上方向下投影所得到的，由于其内容比较简单，可以用较小比例绘制。它主要表示屋面排水的情况，以及天沟、雨水管和水箱等的位置。

4.3.2　建筑平面图实例

某住宅楼的底层平面图如图 4-54 所示。

该图是用 1∶100 的比例绘制的。该建筑平面形状基本为矩形，以客厅联系南北的房间。南面为主卧室，主卧室连着阳台。北面为次卧室和厨房，靠近楼梯间设有卫生间。厨房的地面比室内主要地面低 0.020m，卫生间又比厨房低 0.020m。该住宅带有半地下室自行车库，因此楼梯间有向下的坡道通向车库。

该房屋的主轴线横向为 17 根、纵向为 4 根，分别决定了主要房间的开间和进深尺寸。

该房屋为砖混结构，被剖切到的主要墙体轮廓线用粗实线表示，墙厚为 240mm。次要墙体、隔墙的墙厚为 120mm。

厨房设有排烟用的竖向烟道，卫生间设有起通风作用的竖向通风井。

主、次卧室的 PVC 管，是为后期安装分体式空调器预留的排管通道。

墙转角处的涂黑图例表示钢筋混凝土柱的断面。

4.3.3　绘制平面图的操作流程

绘制平面图时，不能按照手工绘图的方法来绘制，那样做不但不能充分发挥计算机的长处，甚至其绘图速度还不如手工绘图的速度快。绘图时，应充分考虑计算机的优点，使用按"线群"绘制的方法，而不是手工绘图的按"单线"绘制的方法。

平面图的绘制大体由如下几个步骤组成。

4.3.3.1　整体布局

整体布局阶段主要采用先定位、后定形的"多线法"。

🏭 操作流程

（1）使用直线命令"LINE"绘制实体（如墙体）的定位轴线。对各种形体先定位、后定形。

（2）根据实体的形状使用多线命令"MLINE"绘制群线。例如，平面图中的墙体采用双线绘制。

（3）相交的"多线"采用"多线编辑"命令"MLEDIT"编辑相交处的接头。

（4）使用分解命令"EXPLODE"分解"多线"实体为简单的"直线"实体，便于后续步骤采用普通的编辑命令编辑细部图形。

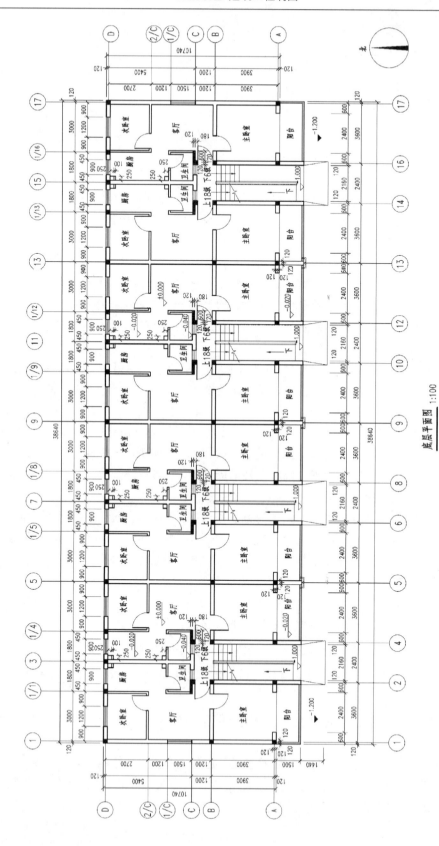

底层平面图 1:100

图 4-54 某住宅底层平面图

4.3.3.2　局部凹凸处理

在整体框架建立之后，对局部的"凹"和"凸"的部分进行所谓的"凹凸处理"。

📇 操作流程

（1）增加或变异图形的手段："切断"——"BREAK"；"移动"——"MOVE"；"拷贝"——"COPY"；"镜像"——"MIRROR"。

（2）圆整图形的手段："相交"——"FILLET"；"延伸"——"EXTEND"；"修剪"——"TRIM"；"擦除"——"ERASE"。

（3）开门、窗等孔口。这一步应利用定位轴线，使用"OFFSET"命令进行定位，使用"TRIM"命令进行圆整。

（4）使用图块"Block"功能，完成门、窗、楼梯、电梯、卫生设施、柱和管井等建筑构配件的绘制。

4.3.3.3　对称和重复

对对称部分采用"镜像"命令"MIRROR"进行处理。

对重复的图形使用"阵列"命令"ARRAY"或"复制"命令"COPY"进行处理。

4.3.3.4　标注

标注尺寸、标注各种文字说明、插入或填充各种图例（包括指北针）。

4.3.3.5　出图

进入布局卡，插入图框，填写标题栏，设置打印属性，最终打印成图。

> **说明**　图层的操作是实现规范线型的关键。

在全部绘图过程中，要配合相应的图层操作。尤其是在大规模复制实体之前，应将母体转移到其应有的图层上，否则在复制之后再做就要麻烦得多。此外，在制作图块时，制作图块的原始图线一定要转移到正确的图层上，否则，在制成图块之后再转是不方便的。

4.3.4　建筑平面图的计算机绘图实例

【例 4-8】　分别使用"多线法"和"基本单元变形法"绘制图 4-54 所示的建筑平面图。

步骤 1：使用本章 4.1.4 的样板开图。

步骤 2：构筑整体框架。

（1）使用"直线"命令"LINE"绘制首根轴线，使用"偏移"命令"OFFSET"复制其他轴线，间距数值如图 4-55 所示。

（2）使用"多线"命令绘制 240 厚墙体。

📇 操作流程

检查实体捕捉模式是否为图 4-56 所示的形式。

使用"多线"命令绘制外墙：

命令：　　ml【Enter】

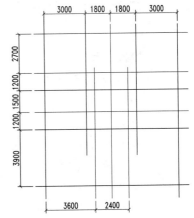

图 4-55　绘制定位轴线

MLINE

当前设置: 对正 = 上, 比例 = 20.00, 样式 = STANDARD

指定起点或 [对正(J)/比例(S)/样式(ST)]: <u>j【Enter】</u>

输入对正类型 [上(T)/无(Z)/下(B)] <上>: <u>z【Enter】</u>（轴线在墙线的中间）

当前设置: 对正 = 无, 比例 = 20.00, 样式 = STANDARD

指定起点或 [对正(J)/比例(S)/样式(ST)]: <u>s【Enter】</u>

输入多线比例 <20.00>: <u>240【Enter】</u>（设置墙厚）

当前设置: 对正 = 无, 比例 = 240.00, 样式 = STANDARD

指定起点或 [对正(J)/比例(S)/样式(ST)]: <u>选择外墙轴线的左下角交点</u>

指定下一点: <u>选择外墙轴线的右下角交点</u>

指定下一点或 [放弃(U)]: <u>选择外墙轴线的右上角交点</u>

指定下一点或 [闭合(C)/放弃(U)]: <u>c【Enter】</u>（闭合到起点）

绘图结果如图 4-57 所示。

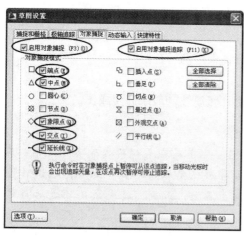

图 4-56　对象捕捉设定

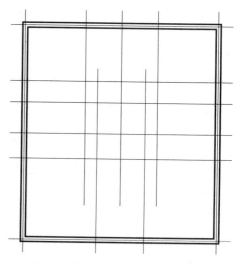

图 4-57　绘制外墙

重复"多线"命令绘制 240 厚内墙,结果如图 4-58 所示。

（3）使用"多线"命令绘制轴线偏心的 120 厚墙体。

操作流程

命令: <u>ml【Enter】</u>

MLINE

当前设置: 对正 = 下, 比例 = 240.00, 样式 = STANDARD

指定起点或 [对正(J)/比例(S)/样式(ST)]: <u>j【Enter】</u>

输入对正类型 [上(T)/无(Z)/下(B)] <下>: <u>t【Enter】</u>（轴线与前进方向的左墙线重合）

当前设置: 对正 = 上, 比例 = 240.00, 样式 = STANDARD

指定起点或 [对正(J)/比例(S)/样式(ST)]: <u>s【Enter】</u>

输入多线比例 <240.00>: <u>120【Enter】</u>（设置墙厚）

当前设置: 对正 = 上, 比例 = 120.00, 样式 = STANDARD

指定起点或 [对正(J)/比例(S)/样式(ST)]:　　<u>按轴线在前进方向的左边来选择墙线的</u>
<u>起点</u>

指定下一点:　　<u>选择末点</u>

指定下一点或 [放弃(U)]:　　　<u>【Enter】（结束）</u>

【Enter】（重新开始画线）

MLINE

当前设置: 对正 = 上, 比例 = 120.00, 样式 = STANDARD

指定起点或 [对正(J)/比例(S)/样式(ST)]:　　<u>按轴线在前进方向的左边来选择墙线的</u>
<u>起点</u>

指定下一点:　　<u>选择末点</u>

……

反复画线直至完成如图 4-59 所示的结果。

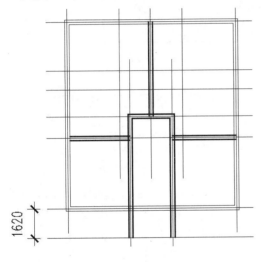

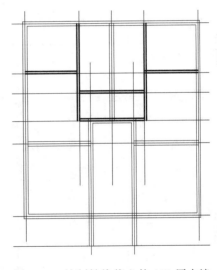

图 4-58　绘制 240 厚内墙　　　　　　　图 4-59　绘制轴线偏心的 120 厚内墙

（4）使用"多线编辑"命令"MLEDIT"编辑墙线的接头。

双击需要编辑的墙线，弹出如图 4-60 所示的对话框。在该对话框中选择所需的接头形式，然后再单击选择两条相交的墙线，完成如图 4-61 所示的图形。

说明　"角点结合"和"十字合并"选择两条相交实体时，没有先后次序的问题。但"T形合并"选择两条相交实体时，不同的选择次序将得到不同的连接结果。编辑时请留意选择次序问题。有些特殊的连接方式在"多线"不能完成的情况下，可以到将"多线"分解成"直线"时再行编辑。如图 4-61 中 120 墙和 240 墙重叠部分的处理问题，在此编辑不方便，可留待以后处理。

（5）使用"分解"命令"EXPLODE"将所有的"多线"分解成"直线"。

步骤 3：为了方便后面采用"阵列"复制图形，将图形整理成如图 4-62 所示的形状。

说明 图 4-62 中粗线表达的部分是被重新编辑过的直线。

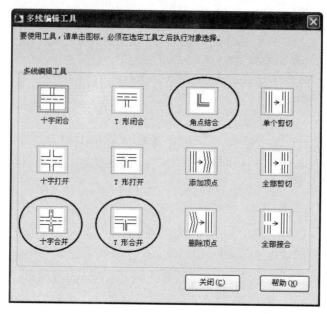

图 4-60 多线编辑工具

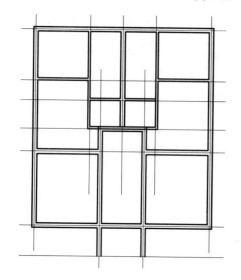

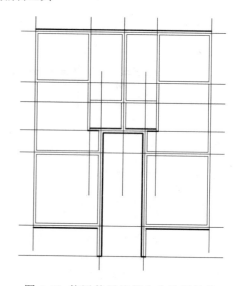

图 4-61 编辑墙线相交处的接头   图 4-62 使用普通编辑命令编辑墙线

具体方法是：使用"TRIM"命令修剪长出来的图线，使用"ERASE"命令擦除多余的图线，使用"LINE"命令补画缺少的图线，使用"FILLET"命令使两条直线相交。

步骤 4：在墙体中切开门窗洞口。根据门窗的定位尺寸，使用"偏移"命令"OFFSET"复制剪切边界，而后使用"修剪"命令"TRIM"剪出洞口。具体数据如图 4-63 所示。

说明 复制时如果某些复制线不能完整穿过墙体线，可以使用"夹点"将线拉长。所谓"夹点"就是不发命令直接单击图线时直线的两端和中间出现的蓝色正方形色块，当再次单击时将被"激活",激活的夹点呈红色状。激活后的夹点将随鼠标移动。移动时注意要打开"极轴"追踪,以免将直线拉斜。

剪切线和墙线互剪后将多余的线用"ERASE"命令擦除。选择所有的墙线,用图层列表将其转移到粗线图层上。结果如图 4-64 所示。

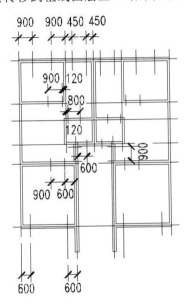

图 4-63 切开门窗洞口

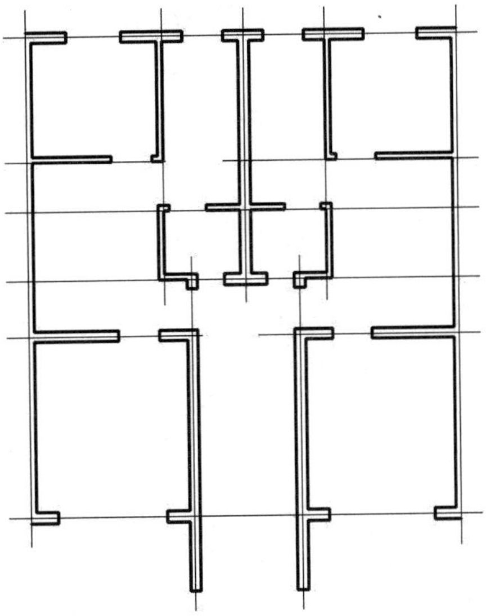

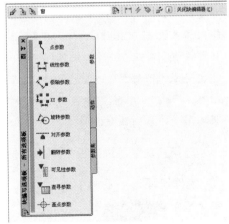

图 4-64 切开门窗洞后的结果

步骤 5:制作"窗"图块,将其插入已切开的洞口中。在绘制门、窗时应注意图块基点的选择,避免在插入时引起错位。

为了使得"窗"图块能在不同大小的尺寸下通用,需要将其制作成"动态块"。

(1)使用"BEDIT"命令进入"块编辑器"("工具/块编辑器"菜单)。在"编辑块定义"对话框中输入要创建的块名"窗",如图 4-65 所示,按"确定"按钮进入"块编辑器"的编辑状态,如图 4-66 所示。

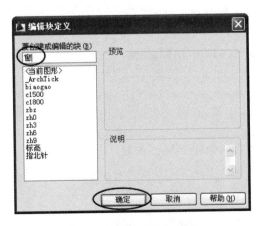

图 4-65 创建"窗"图块

图 4-66 "块编辑器"窗口

（2）利用绘图命令绘制如图 4-67 所示窗体（不用标注尺寸）。

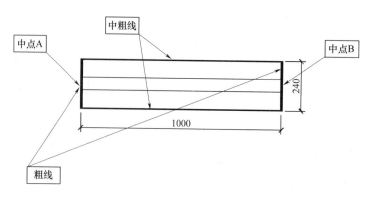

图 4-67　窗样式尺寸

操作流程

命令：　　l【Enter】

LINE

指定第一点：　　在屏幕上任意指定一点

指定下一点或 [放弃(U)]：　　@1000,0【Enter】

指定下一点或 [放弃(U)]：　　@0,240【Enter】

指定下一点或 [闭合(C)/放弃(U)]：　　@-1000,0【Enter】

指定下一点或 [闭合(C)/放弃(U)]：　　c【Enter】

命令：　　ml【Enter】

MLINE

当前设置：对正 = 上，比例 = 20.00，样式 = STANDARD

指定起点或 [对正(J)/比例(S)/样式(ST)]：　　j【Enter】

输入对正类型 [上(T)/无(Z)/下(B)] <上>：　　z【Enter】

当前设置：对正 = 无，比例 = 20.00，样式 = STANDARD

指定起点或 [对正(J)/比例(S)/样式(ST)]：　　s【Enter】

输入多线比例 <20.00>：　　60【Enter】

当前设置：对正 = 无，比例 = 60.00，样式 = STANDARD

指定起点或 [对正(J)/比例(S)/样式(ST)]：　　捕捉中点 A

指定下一点：　　捕捉中点 B

指定下一点或 [放弃(U)]：　　【Enter】（结束）

（3）选择"块编写选项板"中的"参数"栏目，单击"线性参数"。

操作流程

命令：_BParameter 线性

指定起点或 [名称(N)/标签(L)/链(C)/说明(D)/基点(B)/选项板(P)/值集(V)]：　　捕捉 A 点

指定端点：　　捕捉 B 点

指定标签位置：　　选择 C 点

此时，为窗宽添加一个宽度参数"距离"，如图 4-68 所示。

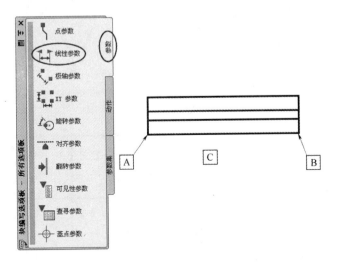

图 4-68　"块编辑器"窗口

单击选择该参数，然后按【Ctrl+1】键打开特性列表，修改"距离标签"的"距离"为"窗宽"，修改"夹点数"为"1"，如图 4-69 所示。

说明　夹点数改为 1，是为了让窗的右端夹点为活动点，固定左端点。由图 4-70 中可以看出左端点没有三角形箭头表示的"活动标记"，而右端有该标记。

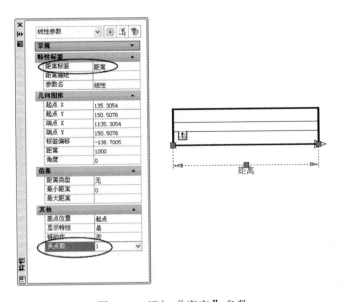

图 4-69　添加"窗宽"参数

（4）单击"线性参数"，按图 4-70 分别添加"墙厚参数"，按【Ctrl+1】键打开特性列表，修改"夹点数"为"1"。

操作流程

命令: _BParameter 线性

指定起点或 [名称(N)/标签(L)/链(C)/说明(D)/基点(B)/选项板(P)/值集(V)]: ___捕捉 D 点___

指定端点: ___捕捉 E 点___

指定标签位置: ___选择 F 点___

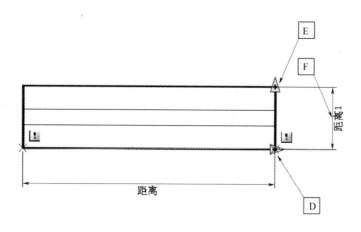

图 4-70　添加"墙厚"参数

（5）选择"块编写选项板"中的"参数"栏目，单击"基点参数"，选择点 A，如图 4-71 所示。

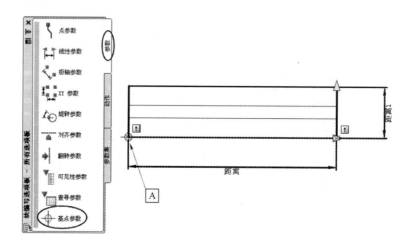

图 4-71　添加"基点"参数

操作流程

命令: _BParameter 基点

指定参数位置: ___捕捉 A 点___

（6）选择"块编写选项板"中的"动作"栏目，单击"拉伸动作"，如图 4-72 所示。

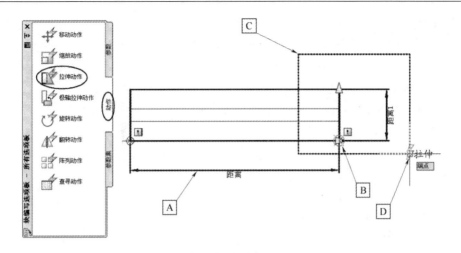

图 4-72 添加"拉伸动作"

操作流程

命令: _BActionTool 拉伸

选择参数: 单击选择"窗宽"参数 A

指定要与动作关联的参数点或输入 [起点(T)/第二点(S)] <第二点>: 选择 B 点

指定拉伸框架的第一个角点或 [圈交(CP)]: 选择 C 点

指定对角点: 选择 D 点

指定要拉伸的对象

选择对象: 选择屏幕中的所有窗线（除左侧墙线与基点）

找到 11 个, 总计 11 个

选择对象: 【Enter】（拉伸对象选择结束）

指定动作位置或 [乘数(M)/偏移(O)]: 选择 D 点作为动作标记放置的位置

（7）再次单击"拉伸动作"，如图 4-73 所示。

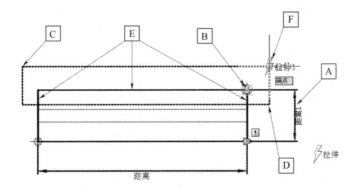

图 4-73 添加"拉伸动作"

操作流程

命令: _BActionTool 拉伸

选择参数: 　单击选择"墙厚"参数 A

指定要与动作关联的参数点或输入 [起点(T)/第二点(S)] <第二点>: 　选择 B 点

指定拉伸框架的第一个角点或 [圈交(CP)]: 　选择 C 点

指定对角点: 　选择 D 点

指定要拉伸的对象

选择对象: 　选择左侧墙线

找到 1 个

选择对象: 　选择上侧窗线

找到 1 个, 总计 2 个

选择对象: 　选择右侧墙线

找到 1 个, 总计 3 个

选择对象: 　【Enter】(拉伸对象选择结束)

指定动作位置或 [乘数(M)/偏移(O)]: 　选择 F 点作为动作标记放置的位置

(8) 选择"块编写选项板"中的"动作"栏目, 添加"移动动作", 如图 4-74 所示。

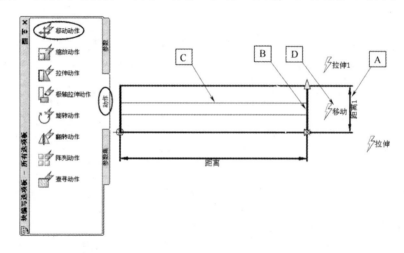

图 4-74　添加"移动动作"

操作流程

单击"移动动作"

命令: _BActionTool 移动

选择参数: 　选择"墙厚参数"参数 A

指定要与动作关联的参数点或输入 [起点(T)/第二点(S)] <起点>: 　捕捉中点 B

指定动作的选择集

选择对象: 　选择窗扇

找到 1 个

选择对象: 　【Enter】(移动对象选择结束)

指定动作位置或 [乘数(M)/偏移(O)]: 　m【Enter】

输入距离乘数 <1.0000>:　　　0.5【Enter】

指定动作位置或 [乘数(M)/偏移(O)]:　　选择 D 点作为动作标记放置的位置

至此，动态块"窗"已制作完毕，按"关闭块编辑器"按钮，系统提示是否保存，回答"是"结束定义过程。

（9）使用块插入命令"I"将"窗"图块插入到窗洞口处（此处我们选择"窗"），如图 4-75 所示。

单击"窗"图块，出现"拉伸标记"，单击三角形标记调整窗的宽度使其充满窗洞。

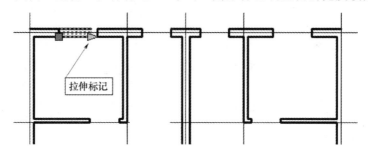

图 4-75　插入并调整"窗"图块

（10）使用复制命令"CO"复制"窗"图块到所有的窗洞处，并调整使其刚好充满窗洞。其结果如图 4-76 所示。

步骤 6：制作"门"的"动态块"。

（1）绘制"单门"图例，尺寸如图 4-77 所示。用"B"命令制作成"单门"图块。

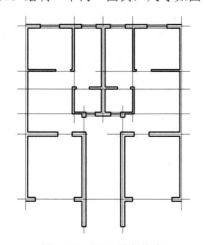

图 4-76　插入所有的窗

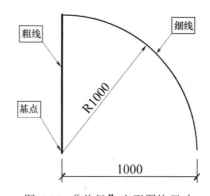

图 4-77　"单门"定形图块尺寸

（2）绘制"双门"图例，尺寸如图 4-78 所示。用"B"命令制作成"双门"图块。

（3）绘制"转门"图例，尺寸如图 4-79 所示。用"B"命令制作成"转门"图块。

注意　以上图形制作成块时，不标注尺寸。

（4）使用"BEDIT"命令进入"块编辑器"（"工具/块编辑器"菜单）。在"编辑块定义"对话框中输入要创建的块名"门"，按"确定"按钮进入"块编辑器"的编辑状态。

（5）使用"I"命令分别插入"单门"、"双门"、"转门"图块，选择相同基点插入，如图 4-80 所示。

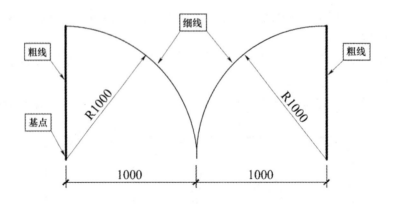

图 4-78 "双门"定形图块尺寸

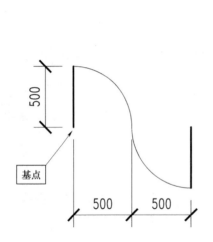

图 4-79 "转门"定形图块尺寸

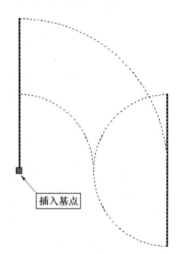

图 4-80 插入"单门"、"双门"、"转门"图块

（6）选择"块编写选项板"中的"参数"栏目。分别给"门"增加一个"线性参数"、一个左右"翻转参数"和一个上下"翻转参数"，如图 4-81 所示。

操作流程

单击"线性参数"

命令：_BParameter 线性

指定起点或 [名称(N)/标签(L)/链(C)/说明(D)/基点(B)/选项板(P)/值集(V)]：　　捕捉 A 点

指定端点：　　捕捉 B 点

指定标签位置：　　选择 C 点

使用【Ctrl+1】键打开特性列表，修改"距离标签"的"距离"为"门宽"，修改"夹点数"为"1"。

（以上设置的是门宽参数）

单击"翻转参数"

命令：_BParameter 翻转

指定投影线的基点或 [名称(N)/标签(L)/说明(D)/选项板(P)]：　捕捉 A 点

指定投影线的端点：　捕捉 D 点

指定标签位置：　选择 E 点

单击"⬅"移动到 F 点

使用【Ctrl+1】键打开特性列表，修改"翻转标签"的"翻转状态"为"左右翻转"。

（以上设置的是左右翻转参数）

用同样的方法设置上下翻转的参数。

（7）选择"块编写选项板"中的"动作"栏目，分别添加"缩放动作"、左右"翻转动作"和上下"翻转动作"，如图 4-82 所示。

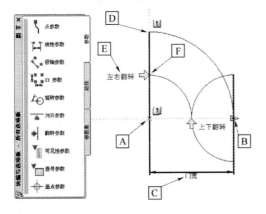

图 4-81　增加三个参数

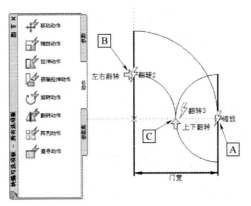

图 4-82　添加三个"动作"

操作流程

单击"缩放动作"

命令：_BActionTool 缩放

选择参数：　选择"门宽"参数

指定动作的选择集

选择对象：　选择单门

找到 1 个

选择对象：　选择双门

找到 1 个，总计 2 个

选择对象：　选择转门

找到 1 个，总计 3 个

选择对象：　【Enter】（选择结束）

指定动作位置或 [基点类型(B)]：　选择 A 点

以上操作完成了不同大小"门"的缩放功能。

操作流程

单击"翻转动作"

命令: _BActionTool 翻转

选择参数: 选择"翻转状态"

指定动作的选择集

选择对象: 使用足够大的窗口选择所有的实体（包括各个参数）

指定对角点: 窗口的对角点

找到 11 个

选择对象: 【Enter】（选择结束）

指定动作位置: 选择 B 点（图 4-82 中的"翻转 2"动作）

以上操作完成了不同方向"门"的左右翻转功能。

重复上述操作，设置"门"的上下翻转功能，该动作"翻转 3"被放置于 C 点。

（8）选择"块编写选项板"中的"参数"栏目，添加"基点参数"，如图 4-83 所示。

操作流程

单击"基点参数"

命令: _BParameter 基点

指定参数位置: 捕捉 A 点

（9）选择"块编写选项板"中的"参数"栏目，添加"可见性参数"，如图 4-84 所示。

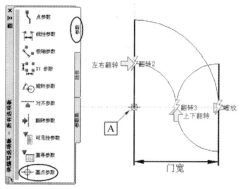
                    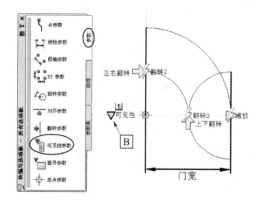

图 4-83   添加"基点参数"   图 4-84   添加"可见性参数"

操作流程

单击"可见性参数"

命令: _BParameter 可见性

指定参数位置或 [名称(N)/标签(L)/说明(D)/选项板(P)]:   选择 D 点作为参数放置的位置

单击"可见性模式"按钮 ▣，弹出"可见性状态"对话框，如图 4-85 所示。

按"重命名"按钮，将"可见性状态 0"修改为"单门"，再单击"新建"按钮，新建其他可见性状态，如图 4-86 所示。

设置结果如图 4-87 所示，将"单门"设为当前状态，按"确定"按钮返回块编辑器窗口

图 4-85 "可见性状态"对话框

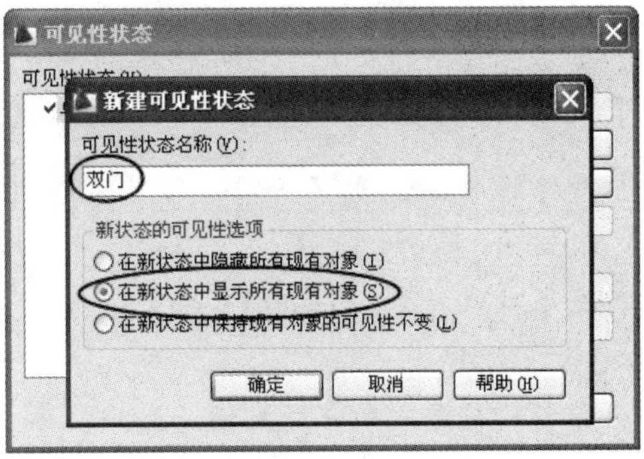

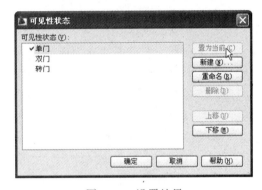

图 4-86 新建可见性状态

单击"隐藏对象"按钮 ▯

命令：

选择要隐藏的对象：

选择对象：   选择"双门"

找到 1 个

选择对象：   选择"转门"

找到 1 个，总计 2 个

选择对象：   【Enter】（结束选择）

_BVHIDE

在当前状态或所有可见性状态中隐藏 [当

前(C)/全部(A)] <当前>:   _C（如图 4-88 所示）

图 4-87 设置结果

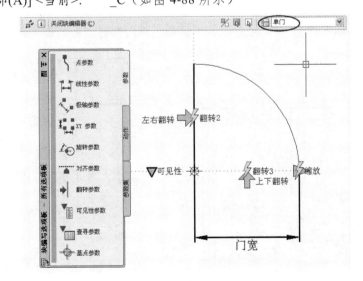

图 4-88 隐藏对象

将当前可见性状态设为"双门"

单击"隐藏对象"按钮 ▯

命令:

选择要隐藏的对象:

选择对象:　　选择"单门"

找到 1 个

选择对象:　　选择"转门"

找到 1 个, 总计 2 个

选择对象:　　【Enter】(结束选择)

_BVHIDE

在当前状态或所有可见性状态中隐藏 [当前(C)/全部(A)] <当前>: _C

将当前可见性状态设为"转门"

单击"隐藏对象"按钮

命令:

选择要隐藏的对象:

选择对象:　　选择"单门"

找到 1 个

选择对象:　　选择"双门"

找到 1 个, 总计 2 个

选择对象:　　【Enter】(结束选择)

_BVHIDE

在当前状态或所有可见性状态中隐藏 [当前(C)/全部(A)] <当前>: _C

　　关闭"块编辑器"窗口, 系统提示是否保存, 回答"是", 结束"门"动态图块的定义过程。

　　(10) 使用块插入命令"I"将"门"图块插入到门洞口处, 如图 4-89 所示。

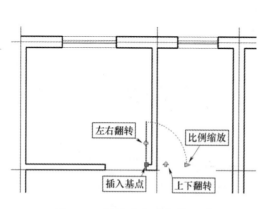

图 4-89　调整动态"门"图块

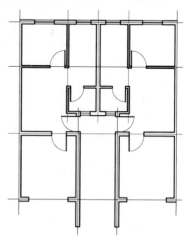

图 4-90　全部门窗完成后的结果

　　单击"门"图块, 将出现"插入基点"、"左右翻转"、"上下翻转"和"比例缩放"等四个可调节标记。单击各个标记, 调整门的宽度和方向成正确的姿态。

全部门插入后，其结果如图 4-90 所示。

说明　与目前的图块方向垂直的门可以单击"插入基点"，激活该夹点后单击鼠标右键，利用夹点菜单中的旋转功能将其旋转 90°即可。

步骤 7：绘制楼梯间。使用 "LINE"直线、"OFFSET"偏移、"ARRAY"阵列、"EXTEND"延伸、"TRIM"修剪、"FILLET"倒角（使用半径为 0 的设置，让两线相交）等绘图和编辑命令，绘制楼梯间。所需尺寸如图 4-91 所示图形。

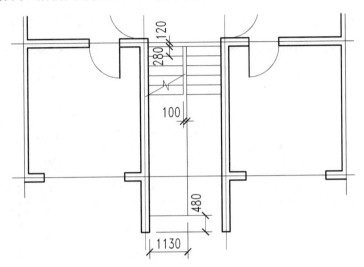

图 4-91　楼梯间定形尺寸

加画楼梯扶手，其尺寸如图 4-92 所示。

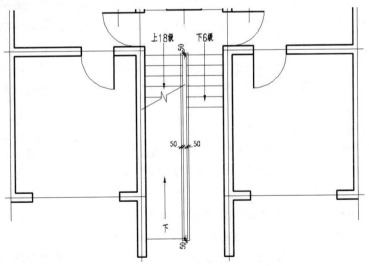

图 4-92　扶手和楼梯上下行方向

使用 "LEADER"引线命令标注楼梯的上行和下行方向。

📠 操作流程

命令:　　　　le【Enter】

QLEADER

指定第一个引线点或 [设置(S)] <设置>:　　　s【Enter】

填写如图 4-93 所示的对话框。

指定第一个引线点或 [设置(S)] <设置>:　　　单击箭头所在处

指定下一点:　　单击尾部所在处

接着使用"DT"命令在箭头尾部标注楼梯的踏步数。标注样式如图 4-93 所示。

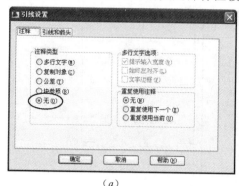
（a）

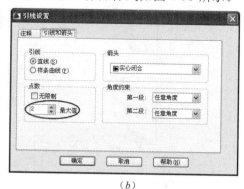
（b）

图 4-93　绘制方向箭头

（a）注释；（b）引线和箭头

折断线直接使用"LINE"命令绘制（为了方便以后画图，应该将其制作成"动态块"备用）。楼梯间所有的图线放置在"图例符号"层。

步骤 8：绘制固定设施。将卫生间的通风管井（尺寸为 250mm×250mm）、厨房的烟道井（尺寸为 350mm×250mm）和柱子（尺寸为 240mm×240mm）制作成图块再插入图中正确的位置。各构配件的定形定位尺寸如图 4-94 所示。

考虑到阵列的问题，右边的柱子不予画出，待阵列之后再补画东山墙上的柱子。

除轴线ⓒ上的柱子为异形柱外，其他的柱子均为 240mm×240mm 的方形柱。柱子的中心位于轴线的交叉点上。

异形柱画法的操作步骤如下：

（1）使用"PLINE"命令沿图中墙体的轮廓描绘柱子的外形。

（2）使用图案填充命令"HATCH"中的实填充——"SOLID"（图案填充对话框的填写参数见图 4-95），将柱子的外形轮廓填实。

（3）使用"BLOCK"命令将其制作成图块，然后使用"INSERT"命令将其插入图中，再使用"MIRROR"命令复制另一边的柱子。完成后的图形如图 4-94 所示。

步骤 9：绘制细节。使用"LINE"命令绘制地面的高差线。使用图块功能绘制空调的预留孔洞。此时结果如图 4-96 所示。

至此，平面单元的绘制就完成了。

步骤 10：全局编辑。使用"ARRAY"命令对整个单元进行阵列，构成平面图的完整框架，进入全局编辑阶段。阵列采用矩形阵列，1 行 4 列，列距为 9600。全局编辑包括以下几个部分：

（1）使用"OFFSET"命令补绘东西外墙线、使用"FILLET"命令修墙角。

（2）使用图块功能绘制阳台，并将阳台上的雨水管、空调预留孔洞和阳台做在一个图块中。

（3）使用图块功能绘制出入口坡道。

（4）补画东西山墙的窗"C-1"。使用"OFFSET"复制剪切线，使用"TRIM"剪切窗洞，复制"窗"的动态图块，经调整后成洞口大小。

此时的结果如图 4-97 所示。

至此，完成了全部平面图的构图工作。

步骤 11：标注第一道和第二道尺寸（由内向外）。平面图的外围有三道尺寸线，由内向外分别是：最内一道为外墙门窗洞及洞间墙的尺寸；中间第二道为轴线尺寸；最外一道为总尺寸。

由于使用了本章 4.1.4 所作的建筑，所以，此时标注尺寸时，不再需要对尺寸变量进行设置，可以直接进行标注。标注方法参见本书第 3 章"3.4.3 尺寸标注命令"。

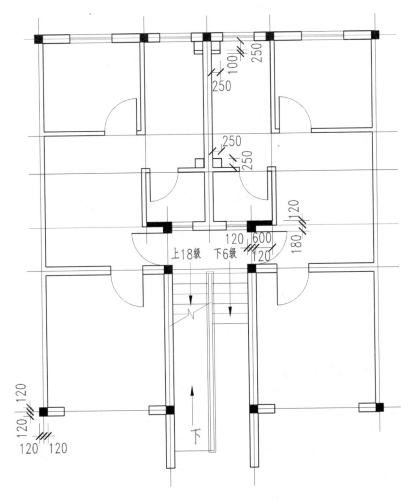

图 4-94　固定设施的定形和定位

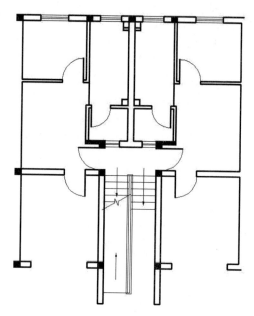

图 4-95　图案"实填充"　　　　　　　图 4-96　地面高差线和空调预留孔洞

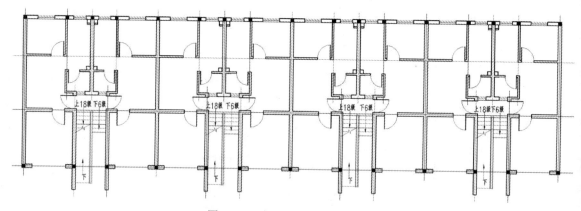

图 4-97　阵列后的平面图

为了使尺寸界线的起始点整齐划一，同时又可离开图形的外轮廓线一段距离，给外墙上窗户的标注留下空隙，可以先捕捉外墙沿线的各个端点就近标注，然后再使用移动命令"MOVE"将其向外移动约 800mm 的距离（8mm×100）。

此外，考虑到本图的重复特征，标注时可只标注 1/4，然后使用阵列命令"ARRAY"复制另外三个单元。以上步骤只用于标注第一道和第二道尺寸。

东、西山墙的尺寸因对称可以只标注其中一个，但是，为了读图者读图方便，本图仍然两边都标注。但是为了标注时省事，可采用"MIRROR"命令镜像复制。由于东、西两边相距较远，镜像时选择图线和镜像轴线很不方便，此时，可以采用分两步编辑的方法完成，具体做法如下：

（1）使用"ZOOM"命令对屏幕进行缩放，将其调整到能够清晰显示需要镜像的局部为止。

（2）使用"SELECT"命令选择需镜像的尺寸。

⌨ 操作流程

命令：　　select 【Enter】

SELECT

选择对象：　　窗选图线

指定对角点：　　窗口对角点

找到 15 个

选择对象：　　【Enter】

（3）再次使用"ZOOM"命令对屏幕进行缩放，将当前屏幕调整到能够清楚地显示中部的图线为止。

（4）使用编辑命令"MIRROR"，镜像复制。

⌨ 操作流程

命令：　　mi【Enter】

MIRROR

选择对象：　　p【Enter】（使用前选择集"P"）

找到 15 个

选择对象：　　【Enter】

指定镜像线的第一点：　　捕捉镜像轴线的第一点

指定镜像线的第二点：　　捕捉镜像轴线的第二点

要删除源对象吗？[是(Y)/否(N)] <N>：　　【Enter】

上述方法不仅适用于镜像复制命令，也同样适用于其他的编辑命令。

由于计算机屏幕比工程图纸小得多，因而编辑图样不便。但上述两步编辑法却很好地解决了这个问题。

尺寸标注中的一些小尺寸，由于两个尺寸界线的距离很近，容纳不下尺寸数字，此时，需要人工调整一下。调整的方法可使用夹点工具或"STRETCH"命令。

通常使用夹点工具拖动尺寸数字到合适的位置。

此时的结果如图 4-98 所示。

为了轴线编号标注方便，最外面的第三道尺寸线应在轴线编号标注之后单独标注。

注意　　第三道尺寸是房屋的最外轮廓尺寸，因此，该尺寸应标注到外墙的边缘，不能只标注到轴线。

步骤 12：标注轴线编号。标注轴线编号可分为两步：第一步是延长尺寸界线，第二步是插入轴号图块。

（1）延长尺寸界线。延长尺寸界线的方法是：重新设置尺寸界线的延长量；使用"尺寸更新"命令将需延长的尺寸用新尺寸变量代替旧尺寸变量。其具体做法如下：

单击尺寸设置工具按钮，弹出标注样式管理器对话框。

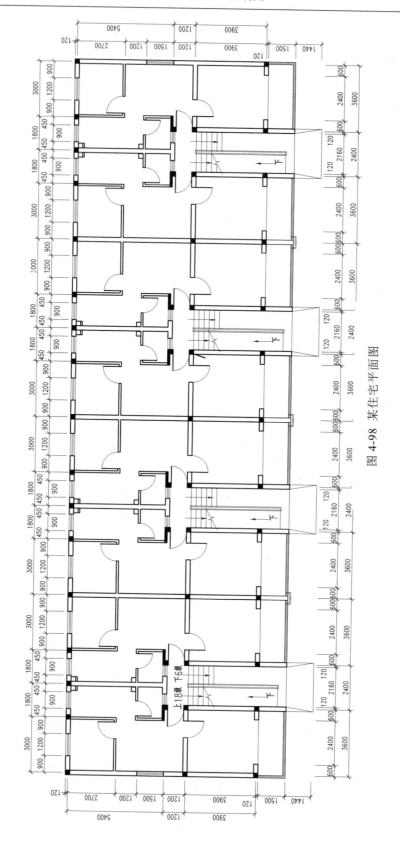

图 4-98　某住宅平面图

单击尺寸类型管理对话框中的"新建按钮",创建"轴线"尺寸类型,该尺寸类型由原"建筑"的"线性"派生,如图 4-99 所示。

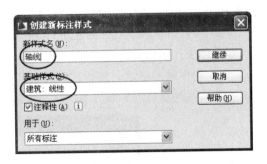

图 4-99 创建轴线尺寸类型

如图 4-100 所示,将"线"选项卡中"延伸线"栏中的"超出尺寸线"数值设置为 15。退出尺寸设置。

选择四周的第二道轴线尺寸,单击尺寸工具条中的尺寸样式列表,从中选择轴线尺寸样式"轴线",如图 4-101 所示。

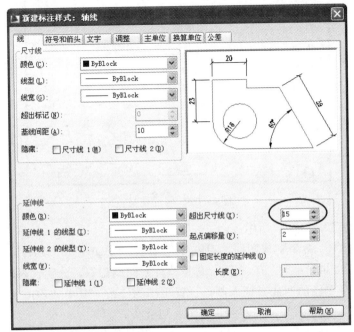

图 4-100 修改界线延伸量

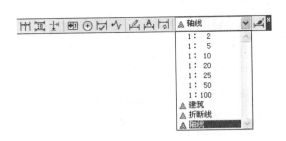

图 4-101 尺寸样式管理下拉列表栏

轴线 1/C 和 2/C 仿照上述步骤编辑,只是界线的延长量要加长。

(2)插入轴号图块。本章 4.1.3 中详细讲述了使用带属性的图块绘制轴号的方法,此处可以直接使用前面做好的轴号图块文件进行插入操作。轴号图形既可以做成图块文件,也可以将图块做在本章 4.1.4 中所描述的样板中。如果是后一种情况,那么本图必须采用样板方式开始绘图。下面介绍一种更加方便的自制专用标注轴号命令的方法。采用该方法,不但可以自制轴号标注专用命令,而且可以举一反三地制作更多的专用命令,以此达到提高绘图效率的目的。

这种标注轴号方法的特点是不但简单易学,而且功能强大。其大致工作流程是:利用本章

4.1.3 中所介绍的方法制作轴号的图块文件→使用 WINDOWS XP 中的"记事本"编辑器编辑一个简单的 AutoLISP 程序→使用 AutoLISP 装载命令（LOAD）装载该程序→执行自制命令。

具体操作步骤如下：

1）制作轴号图块。使用"CIRCLE"命令绘制直径为 10mm 的圆，使用"ATTDEF"命令，填写块属性对话框，如图 4-102 所示。

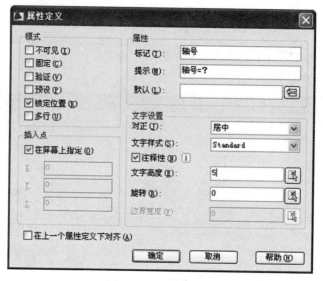

图 4-102　属性定义

图块制作结果如图 4-103 所示。

使用"BMAKE"命令制作图块"ZH0"、"ZH3"、"ZH6"和"ZH9"。其中"ZH"是"轴号"二字的汉语拼音缩写；0、3、6、9 是一种方向助记符，分别代表时针所指的方向。这是由于轴线编号在图的四周其插入基点位置不同的缘故。其中"ZH0"的插入基点在圆的正上方，"ZH3"的插入基点在圆的正右方，以此类推。

2）使用"WBLOCK"命令将图块写入图形文件。操作步骤如下：

键入 WBLOCK【Enter】，填写如图 4-104 所示的文件对话框。

图 4-103　轴号图块

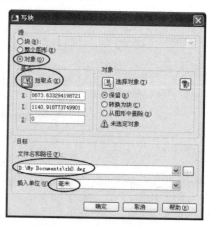

图 4-104　写入文件

注意　文件的位置应如图 4-104 所示放置在 AutoCAD 的系统文件夹中，否则将来使用时会因搜寻不到该文件而产生错误。

说明　为了将自己的图形文件和程序文件独立于 AutoCAD 系统，可以单独建立一个文件夹。例如，在"C:\"下建立一个"ACADTOOL"文件夹。这样做的好处是：自己的文件不会因为 AutoCAD 系统重装或升级而导致丢失。

但是，为了 AutoCAD 能够直接使用自己的文件夹中的文件，应在 AutoCAD 的系统设置中加入该文件夹的搜寻路径。方法是单击菜单项"工具/选项"，在随后弹出的对话框中单击"文件"中的"支持文件搜索路径"选项（见图 4-105），然后单击"添加"按钮。接着从键盘键入 C:\ACADTOOL。此时的画面如图 4-106 所示。最后单击"确定"按钮退出对话框。

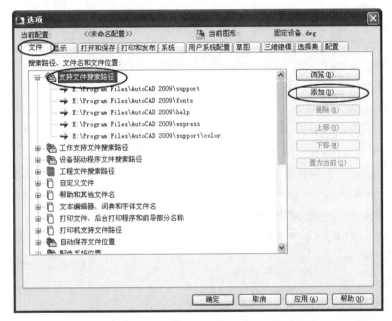

图 4-105　添加文件搜索路径

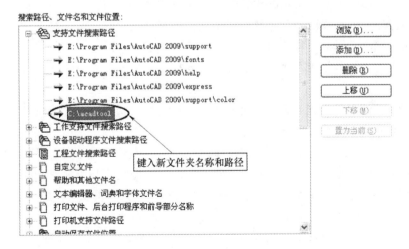

图 4-106　增加新路径

3）编辑"Tools.lsp"文件。打开文本编辑器编辑"Tools.lsp"文件。文件内容如下：

```
(defun  c:zh0 ( ) (command  "-insert"  "zh0"  "end"  pause  "100"  ""  ""))
(defun  c:zh3 ( ) (command  "-insert"  "zh3"  "end"  pause  "100"  ""  ""))
(defun  c:zh6 ( ) (command  "-insert"  "zh6"  "end"  pause  "100"  ""  ""))
(defun  c:zh9 ( ) (command  "-insert"  "zh9"  "end"  pause  "100"  ""  ""))
```

其中：

"defun"：AutoLISP 函数名，作用是定义一个新的函数。

"c:"：说明定义的函数为可执行的 AutoCAD 命令。

注意 "c"不代表 C 盘盘符。

"command"：AutoLISP 函数名，作用是调用 AutoCAD 的命令解释器，执行 AutoCAD 的标准命令。

"-insert"：AutoCAD 插入图块的命令。

"end"：使用端点捕捉，指定图块的插入基点。

"pause"：AutoLISP 函数，作用是暂停程序的执行，等待用户的输入。此时应该使用鼠标从屏幕上选择图块的插入基点。

"100"：X 方向的缩放比例，该值使用该图的比例因子。

此外，其中前一个"zh0"为自定义命令名，后一个"zh0"为轴号图块文件名。最后两对空引号代表两个空回车，分别代表 Y 方向的缩放比例和图块插入的旋转角使用缺省值。Y 方向比例的缺省值等同于 X 方向的比例值，旋转角的缺省值为 0。

编辑完成后，使用记事本菜单项"文件"中的"保存"选项将该文件存盘，文件名自定。此例定为"Tools .lsp"，其中"Tools"是文件名，可以任意定；而".lsp"是文件类型名，不能改变。

此时的存盘依然有前面提到的文件路径问题，做法同前。

4）加载。加载方法有两种：一种方法是使用 AutoCAD 菜单"工具"下的"加载应用程序"选项，在如图 4-107 所示的对话框中单击"文件"按钮，在文件对话框中搜寻该程序，然后选择列表中的该程序名，单击"加载"按钮完成加载；另一种方法是使用键盘输入 AutoLISP 函数（Load），格式是（Load "Tools"）【Enter】。

该自制命令的使用非常方便，只需点取需要标注轴号的尺寸界线的末端，然后键入编号数字或字母即可。

步骤 13：标注总尺寸以及内部尺寸。总尺寸是房屋四边的最外轮廓的尺寸，沿外轮廓四周标注。它是全图外部的最外第三道尺寸。

内部尺寸主要有门的尺寸、壁柜或壁龛的尺寸、内部隔断尺寸和墙厚尺寸等。内部尺寸应就近标注，且不能与图线重合，若无法避免，应将图线断开避让。

步骤 14：文字说明和各种符号标注。文字说明和符号标注主要有房间名称、门窗编号、详图索引、室内外标高、楼梯上下方向、阳台、雨篷和指北针等。

文字说明标注使用"DTEXT"命令，符号标注使用图块插入或上述的自制命令的方法。其方法本书已做过说明，在此从略。

至此，平面图的绘制工作已全部完成，结果如图 4-54 所示。

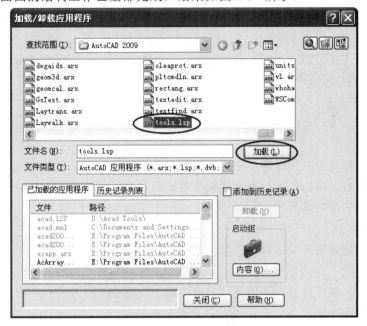

图 4-107　加载应用程序

4.4　建 筑 立 面 图

建筑立面图是平行于建筑物各方向外墙面的正投影图，是用来表示建筑物的体型和外貌，并表明外墙面装饰要求等的图样。立面图多以房屋的朝向来命名，例如南立面图、北立面图、东立面图和西立面图。此外，也可以按立面图两端的轴线编号来确定立面图的名称。如果房屋的平面形状比较复杂，还需加画其他方向或其他部位的立面图。如果房屋的东、西立面布置完全对称，则可合用同一张图而取名东（西）立面图。

建筑立面图主要表明建筑物的体型和外貌，以及外墙面的面层材料、色彩，女儿墙的形式，线脚、腰线和勒脚等饰面做法，阳台的形式及门窗布置，以及雨水管位置等。

建筑立面图应画出可见的建筑外轮廓线，建筑构造和构配件的投影，并注写墙面做法及必要的尺寸和标高。

4.4.1　绘图要求

1. 比例

立面图的比例要与该房屋的平面图的比例相一致。

2. 轴线

立面图应与平面图具有相吻合的定位轴线，以便与平面图对照。

3. 图线

为了加强立面图的表达效果，使建筑物的轮廓突出、层次分明，通常选用的线型如下：最外轮廓线画粗实线（b），室外地坪线画加粗线（$1.4b$），所有凸出部位（如阳台、雨篷、引条线以及门、窗洞等）画中实线（$0.5b$），其他部分画细实线（$0.25b$）。

4. 投影要求

建筑立面图中，只画出按投影方向可见的部分，不可见的部分一律不表示。

5. 图例

由于比例小，按投影很难将所有细部都表达清楚，如门、窗等都是用图例来绘制的，且只画出主要轮廓线及分格线。

注意   门、窗框用双线画。

6. 尺寸标注

高度尺寸用标高的形式标注，主要包括建筑物室内外地坪，出入口地面，以及窗台、门窗洞顶部、檐口、阳台顶部、女儿墙压顶及水箱顶部等处的标高。各标高注写在立面图的左侧或右侧且应排列整齐。

7. 其他标注

房屋外墙面的各部分装饰材料、做法和色彩等用文字说明。

用符号标明门、窗的开启方向。

在立面图中，凡需绘制详图的部位，也应画上详图索引符号。

4.4.2　建筑立面图实例

图 4-108 为平面图所举实例的南立面图。

南立面是建筑物的主要立面，它反映该建筑的外貌特征及装饰风格。该建筑物主体为 7 层，并带有半地下室自行车库。单元入口处设有雨篷，雨篷的外装修采用驼红色釉面波形瓦。入口处右侧有楼梯通向一层，左侧有坡道通向地下车库。阳台采用铝合金推拉窗封闭成日光室。楼梯间顶层设有半月形固定窗调节外立面效果。窗中的箭头表示窗的开启方向。

图 4-108 左侧标有封闭阳台窗洞的顶部和窗台表面的相对标高；右侧标有楼梯间窗洞的顶部和窗台表面的标高。

4.4.3　建筑立面图绘制的操作步骤

立面图的绘制要比平面图的绘制方便。其绘制的大致操作步骤如下：

（1）绘制室外地坪线、最外轮廓线和室内地坪线。虽然在某些立面图中，室内地坪线并不可见，但由于它是相对标高的起点，因而必须画出，以作为辅助线之用。

（2）绘出底层窗的窗顶和窗台的定位线。并以此为依据绘制底层窗户，做成图块后进行阵列或复制所有的底层窗户。

（3）绘制标准层首层窗顶和窗台的定位线。并以此为依据绘制标准层首层窗户，做成图块。

（4）把做出的标准层图块作为母图，使用"ARRAY"命令对其阵列。以此构筑立面图的主体框架。

（5）绘制顶层窗的窗顶和窗台的定位线。并以此为依据绘制顶层窗户，做成图块后进行阵列或复制所有的顶层窗户。

（6）绘制阳台、楼梯间等有凹凸的形体轮廓。

（7）绘制主次出入口处的门、雨篷、花池、屋顶水箱和雨水管等。

（8）标注外墙装修等施工说明、少数局部尺寸和标高等。

（9）标注图名、比例以及插入图框标题栏等。

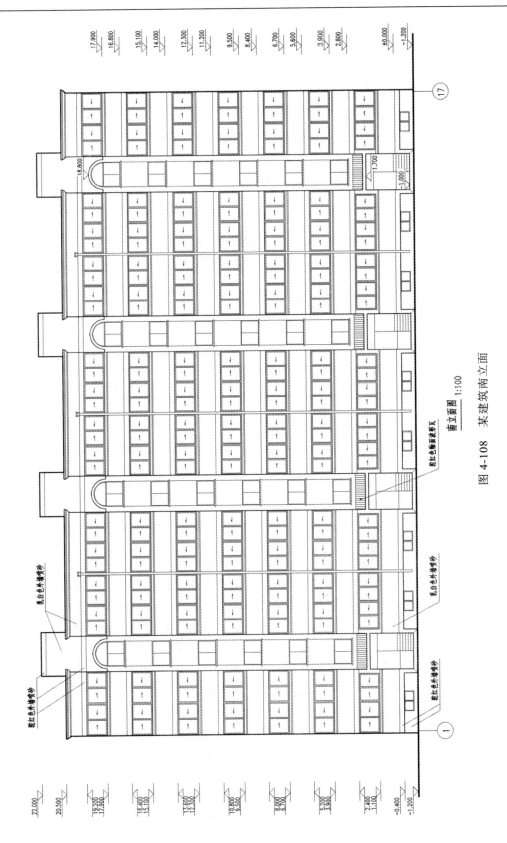

南立面图 1:100

图 4-108 某建筑南立面

4.4.4 建筑立面图的计算机绘图法

下面将以图 4-108 为例，使用前面绘制的平面图为母图，将其改绘成立面图，并更名为"立面图"。

1. 构筑总体框架

打开前面绘制的"平面图"，保留平面图的轴线为辅助线，使用"ERASE"命令擦除所有其他图线。擦除时，可以使用图层列表将轴线层设为当前层，同时自动关闭其他所有图层。

使用"SAVE"命令或菜单"文件"中的"另存为"选项，将此图以图名"立面图"换名存盘。

使用"LINE"绘制室外地坪线。

使用"OFFSET"命令绘制室内地坪线，间距 1200mm。

使用"OFFSET"命令绘制最外轮廓线，并用"FILLET"连接，如图 4-109 所示。

2. 绘制最下层的门和窗

绘制半地下室窗的图块——"DC1"，作图尺寸如图 4-110 所示。

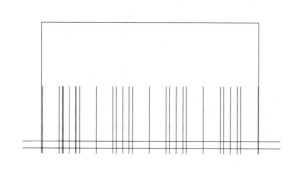

图 4-109   构筑整体框架   图 4-110   半地下室

绘制单元门洞的图块——"MD"，作图尺寸如图 4-111 所示。

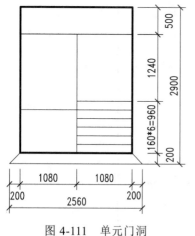

图 4-111   单元门洞

使用插入命令将两个图块插入图中。窗的定位尺寸为水平方向居中，插在轴线①和②中间，垂直方向位于室外地坪线以上 200mm；门洞的定位尺寸为水平方向居中，插在轴线②和④中间，垂直方向位于室外地坪线上。

使用镜像命令绘制轴线④与轴线⑤之间的窗。此时的结果如图 4-112 所示。

绘制地下室外墙的轮廓线，并去除不需要的辅助线。此时结果如图 4-113 所示。

对最下层的门窗进行两次镜像复制。此时，完成了最下层的绘制。结果如图 4-114 所示。

注意   两边的线条需延伸 100，即半墙厚。

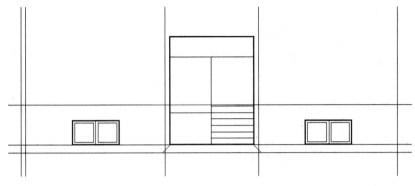

图 4-112 使用镜像命令绘制窗

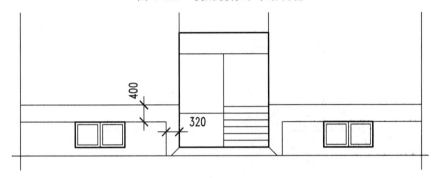

图 4-113 绘制地下室外墙轮廓线

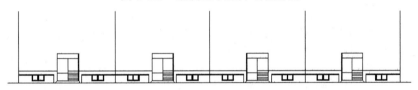

图 4-114 对门窗进行镜像

3. 绘制一层封闭阳台窗和门洞上的雨篷

（1）绘制一层窗图块，绘制方法和步骤同上，定形和定位尺寸如图 4-115 所示。

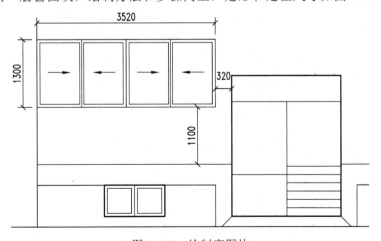

图 4-115 绘制窗图块

（2）镜像一层窗。

（3）绘制雨篷，定形和定位尺寸如图 4-116 所示。

（4）对一层窗进行两次镜像复制。此时的结果如图 4-117 所示。

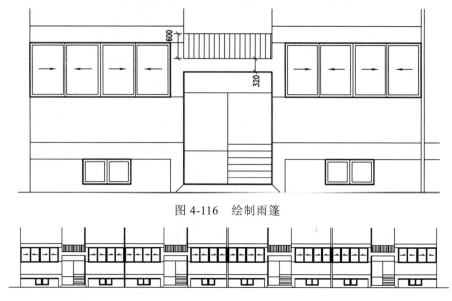

图 4-116　绘制雨篷

图 4-117　镜像复制

4. 绘制标准层窗

（1）绘制标准层的最下层——二层封闭阳台的窗，定形和定位尺寸如图 4-118 所示。

图 4-118　绘制封闭阳台窗

（2）采用镜像复制完成二层窗的绘制，采用阵列复制，完成其他标准层的绘制，结果如图 4-119 所示。

5. 绘制楼梯间

（1）绘制楼梯间的窗，定形和定位尺寸如图 4-120 所示。

（2）使用阵列命令绘制楼梯间其他的窗，参数为 6 行、4 列、行距 2800、列距 9600。其结果如图 4-121 所示。

图 4-119 镜像复制其他标准层

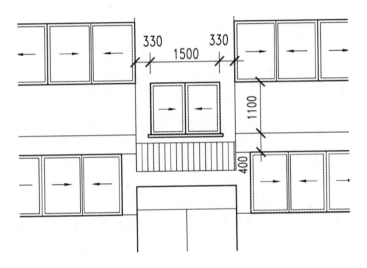

图 4-120 绘制楼梯间的窗

图 4-121 阵列命令绘制窗

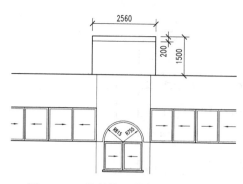

图 4-122 　绘制拱形线条和水箱轮廓

（3）绘制楼梯间顶部的拱形线条和水箱的轮廓，定形和定位尺寸如图 4-122 所示。

（4）使用阵列命令绘制其他楼梯间的相应部分，参数为 1 行、4 列、列距 9600。其结果如图 4-123 所示。

6. 绘制外墙面上的装饰线条

装饰线条如果是一些单线条，则采用"LINE"命令绘制；如果是一些多重平行线，则最方便的方法是采用"MLINE"命令直接绘制。

"MLINE"是多重平行线的绘制命令。它的使用分为两个步骤：第一步是设置平行线的数量和各平行线之间的距离；第二步是像使用"LINE"命令一样绘制多线。下面以本图屋顶的装饰线为例，介绍多重平行线的绘制方法。

图 4-123 　阵列命令绘制其他部分

（1）设置多重平行线：设置多重平行线使用菜单"格式"中的"多线样式"菜单项，或键入"MLSTYLE"命令。该命令弹出的对话框如图 4-124 所示。

单击"新建"按钮添加自己的多线线型，在"新样式名"一栏中键入"装饰线"，如图 4-125 所示。

单击"继续"按钮设置多线样式，弹出如图 4-126 所示的对话框，单击"添加"按钮，增加一根平行线。

在"偏移"右边的文本框中键入"−60"，重复上述步骤，设置多根平行线。北里五根平行线的相对偏移位移为：0、−60、−120、−220、−280。单击"确定"按钮回到前一对话框，单击"保存"按钮。在弹出的文件对话框中选择"acad.mln"文件，如图 4-127 所示。再单击

图 4-124 　多线样式设置

"确定"按钮完成多重平行线的设置。

图 4-125　创建新的多线样式

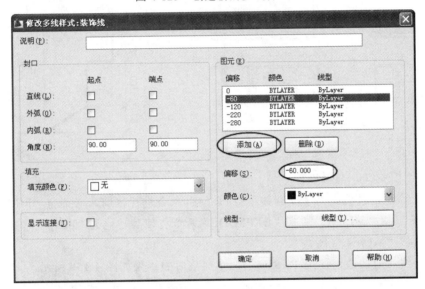

图 4-126　修改多线样式

4.127　保存".mln"文件

　　保存的目的是为了重复利用。多线的设置数据将被保存在"acad.mln"文件中（也可自定文件名，但是文件的扩展名必须为".mln"）。下次使用时用"加载"按钮加载。利用该项功能，可以将常用的装饰线型用不同的线型名预先设置好，并保存起来，绘图时可直接使用，既省事又快捷。

　　（2）绘制多重平行线：绘制多重平行线的命令为"MLINE"或使用图标按钮 ╲╲。绘制的屋顶装饰线如图 4-128 所示。

　　（3）绘制收口线：本例装饰线条的收口线如图 4-129 所示。为了复制方便，应使用"PLINE"命令绘制。使用复制命令"MIRROR"和"ARRAY"将收口线复制到各个收头处。

图 4-128　屋顶装饰线

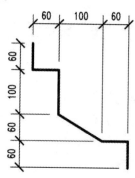

图 4-129　绘制收口线

　　（4）修剪各处收头：为了能够使用"TRIM"命令进行修剪，必须将"MLINE"线炸开成"LINE"（对"MLINE"使用"EXPLODE"命令将使其转化为"LINE"格式。"TRIM"命令不能剪裁"MLINE"图线）。

　　以收口线为剪切边，使用"TRIM"命令剪裁后的结果如图 4-130 所示。

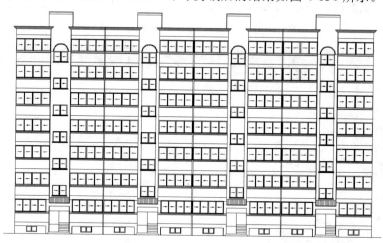

图 4-130　剪切后的立面图

7. 绘制雨水管和水斗

雨水管所经过的地方各装饰线条应剪断。水斗应使用图块来绘制。

8. 标注

使用本章 4.1.3 所介绍的方法标注标高。

注意 当标高的文字与图形有冲突时，应将图线断开。

使用本章 4.3.4 节所介绍的方法标注轴线编号。

注意 只标注一头一尾两个轴线的编号。

使用"DTEXT"命令标注文字：外墙装修的施工说明使用 5 号"仿宋体"；图名使用 7 号"仿宋体"；比例用 5 号"Romanc.shx"。

注意 字体的宽高比应为 0.7。

至此，立面图的绘制工作就全部完成了，结果如图 4-108 所示。

4.5 建 筑 剖 面 图

建筑剖面图一般为垂直剖面图，即用铅垂面剖切建筑物所得到的剖面图。它表示建筑物内部垂直方向的主要结构形式、分层情况、构造做法以及组合尺寸。剖面图的剖切部位，应根据图纸的用途或设计深度，在平面图上选择能反映全貌和构造特征以及有代表性的剖切部位。根据房屋的复杂程度，剖面图可绘制一个或数个，如果房屋的局部构造有变化，还可以画局部剖面图。

4.5.1 绘图要求

1. 比例

建筑剖面图的比例宜与建筑平面图一致。

2. 定位轴线

画出两端的轴线及编号以便于与平面图对照。有时也注出中间轴线。

3. 图线

剖切到的墙身轮廓线画粗实线（b），楼层、屋顶层在 1：100 的剖面图中只画出两条粗实线（b），在 1：50 的剖面图中宜在结构层上方和下方各画一条中粗实线（$0.5b$）分别表示面层和板底粉刷层。室内外地坪线用加粗线（$1.4b$）表示。可见部分的轮廓线（如门窗洞、踢脚线、楼梯栏杆、扶手等）画中粗线（$0.5b$），图例线、旁注线、标高符号和雨水管等画细实线（$0.25b$）。

4. 投影要求

剖面图中除了要画出被剖切到的部分，还应画出投影方向能看到的部分。室内地坪以下的基础部分，一般不在剖面图中表示，而在结构施工图中表达。

5. 图例

门、窗按规定图例绘制，砖墙、钢筋混凝土构件的材料图例与建筑平面图相同。

6. 尺寸标注

一般沿外墙注三道尺寸线，由内向外分别是：最内一道为勒脚高度、门窗洞高度、洞间墙高度、檐口厚度等细部尺寸；中间第二道为层高尺寸；最外一道从室外地坪到女儿墙压顶，是室外地面以上的总高尺寸；这些尺寸应与立面图吻合。此外，还需要用标高符号标出各层楼面、楼梯休息平台等的标高。

7. 其他标注

某些局部构造表达不清楚时可用索引符号引出，另绘详图。细部做法如地面、楼面的做法，可用多层构造引出标注。

4.5.2 建筑剖面图实例

图 4-131 为某住宅楼的剖面图实例。

图 4-131 中的 1—1 剖面图是按图 4-54 底层平面图中 1—1 剖切位置绘制的。它反映了单元入口、地下车库、楼梯间、卫生间、厨房和烟道等的竖直方向剖面形状，并进一步反映了该房屋在此部位的结构、构造、高度、分层以及竖直方向的空间组合情况。

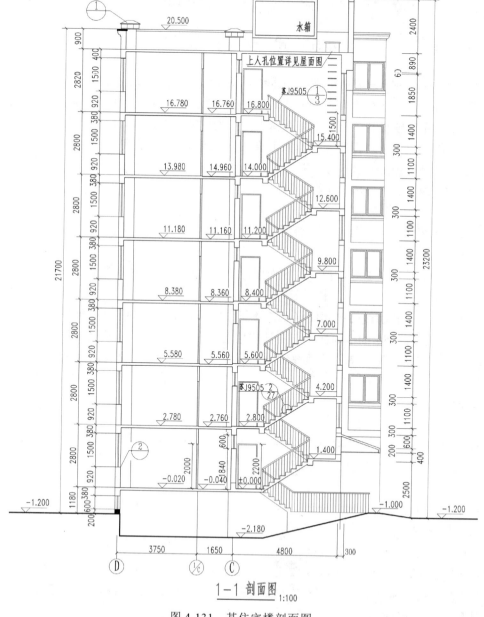

图 4-131　某住宅楼剖面图

在建筑剖面图中，除了具有地下室外，一般不画出室内外地坪以下的部分，而本例带有半地下室自行车库，因此以地下室和室外地坪线为下边界。

剖切面位置一般按以下几种情况进行选择：

（1）房屋的主要出入口。

（2）垂直交通部位。

（3）空间变化较大的部位。

（4）房屋细部构造较复杂的部位。

本例所选部位基本包含了上述的几种情况。

4.5.3 剖面图绘制的操作步骤

下面是包含楼梯间的剖面图的主要绘图操作步骤：

（1）绘制室内外地坪线和定位轴线，以此作为垂直和水平方向尺寸的测量基准。

（2）绘制墙线、底层地面和底层与二层之间的楼梯休息平台。

（3）使用等分命令绘制首层楼梯的第一梯段。

（4）绘制二层楼面和二层与三层之间的楼梯休息平台。

（5）使用等分命令绘制首层楼梯的第二梯段以及二层与三层之间楼梯的第一梯段。

（6）利用阵列命令绘制二层至顶层下一层的楼面、休息平台以及楼梯梯段。

（7）绘制顶层楼面和屋面、顶层的下行梯段。

（8）绘制门窗。

（9）绘制阳台或雨篷等悬挑结构。

（10）绘制屋面、女儿墙、水箱及其他屋面构造。

（11）绘制投影可见的其他轮廓线。

（12）标注尺寸及主要层面的相对标高。

（13）断面材料图例填充。

（14）标注图名、比例并插入图框、标题栏等。

4.5.4 建筑剖面图的计算机绘图法

下面以图 4-131 的 1—1 剖面图为例，详细叙述计算机绘制剖面图的方法和步骤。

1. 绘制室内外地坪线和定位轴线

使用直线命令（LINE）和等距复制命令（OFFSET）绘制地坪线和定位轴线，尺寸数据如图 4-132 所示。

2. 绘制墙线和底层楼地面以及底层楼梯休息平台

使用直线命令（LINE）和等距复制命令（OFFSET）绘制墙线、一层楼面。绘图所需的尺寸如图 4-133 所示。

在绘制过程中，配合修剪命令（TRIM）和延伸命令（EXTEND），使绘制的主要形体的轮廓区别于其他辅助线。其具体做法如图 4-133 所示。

绘制地面和楼梯休息平台时应同时考虑楼梯绘制时的定位界线。本例预留 2000mm 空间作绘制楼梯时使用。

3. 绘制底层第一梯段

首先，绘制第一级踏步的高度线（踏步高 160mm），再用直线将其顶端和休息平台的边缘相连；然后，将点的形式设定为"×"，如图 4-134 所示；接着使用"DIVIDE"命令将代表梯段的斜线 8 等分，如图 4-135 所示。

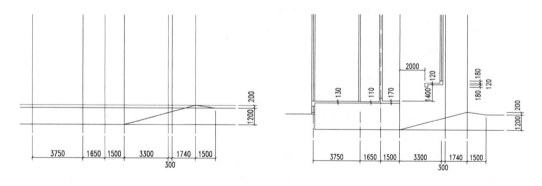

图 4-132　地面　　　　　　　　　　图 4-133　一层楼面

图 4-134　点型设定

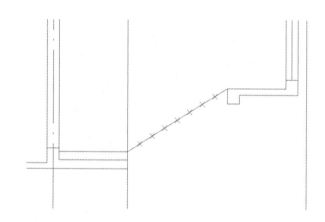

图 4-135　梯段斜线 8 等分

将捕捉设定设置成如图 4-136 所示的形式。使用"LINE"命令和"FILLET"命令绘制踏步图块的母线，如图 4-137 所示。接着将其定义为图块"LTTB"。但是，定义图块之前先需将其旋转成必要的角度，具体的操作方法请参见本章 4.2.4 等距布置图形的实例。

将刚刚绘制的等分点标记擦去，再次使用"DIVIDE"命令进行等分操作。不过，这次使用图块"LTTB"代替点标记进行等分。

操作流程

命令：　　　divide【Enter】

选择要定数等分的对象：　　选择斜线

输入线段数目或 [块(B)]：　　b【Enter】

输入要插入的块名：　　lttb【Enter】

是否对齐块和对象？[是(Y)/否(N)] <Y>:　　【Enter】

输入线段数目：　　8【Enter】

　　然后，使用"OFFSET"命令绘制梯段的下表面，并使用"TRIM"和"EXTEND"命令进行修饰。最后，为了便于后面的编辑，将踏步图块炸开，结果如图 4-138 所示。

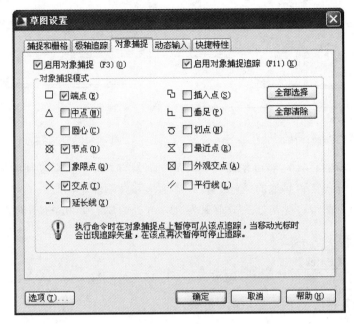

图 4-136　捕捉设定

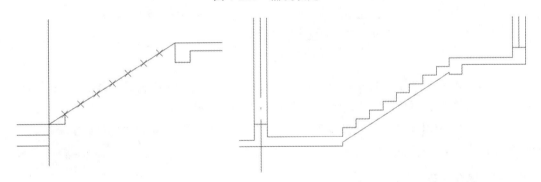

图 4-137　绘制踏步图块的母线　　　　　　　图 4-138　炸开踏步图块

　　4. 绘制二层楼面、二层与三层之间的楼梯休息平台以及二层的第一梯段

　　使用复制命令"COPY"复制前面绘制的图形，再使用"OFFSET"、"EXTEND"、"TRIM"等命令将其修饰成如图 4-139 所示的形式。

　　底层和二层主要的不同有楼道的板厚（板厚 120mm）、楼梯梁（梁高 300mm）的位置、圈梁（梁高 400mm）的位置。

　　5. 绘制底层的第二梯段

　　使用与本章 4.5.4 中"3"相同的方法绘制底层的第二梯段，如图 4-140 所示。

　　6. 绘制楼梯栏杆

　　绘制栏杆的方法可以使用本章 4.2.4 的方法，但该方法需要在绘制以后调整其位置。如果觉得该方法不是很方便，也可以使用如下的方法进行绘制。

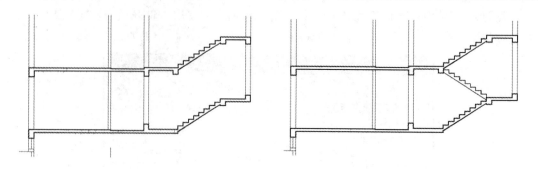

图 4-139　修饰楼梯平台　　　　　　　图 4-140　绘制底层第二梯段

先画一级踏步的栏杆，然后使用"COPY"命令的"M"多重复制的方式，再配合适当的捕捉设定，一一复制其他的栏杆。其具体画法和技巧如下：

在离开第一级踏步边缘左方水平距离为 75mm 处绘制一 800mm 高的直线。

⌨ 操作流程

命令：　　l【Enter】

LINE

按住【shift】键右击，单击"自"选项

指定第一点：　　_from

基点：<偏移>：　　75【Enter】（打开【F8】正交开关，光标指向左方）

指定下一点或 [放弃(U)]：　　800【Enter】（光标指向上方）

指定下一点或 [放弃(U)]：　　【Enter】

用同样的方法在梯段的最后一级的右方水平距离 75mm 处绘制另一高 800mm 的直线。然后用直线连接这两个直线的端点，结果如图 4-141 所示。

使用"LENGTHEN"命令加长斜线，同时使用"COPY"命令将其向上垂直复制，绘出楼梯扶手。

⌨ 操作流程

命令：lengthen

选择对象或 [增量(DE)/百分数(P)/全部(T)/动态(DY)]：　　de【Enter】

输入长度增量或 [角度(A)] <0.0000>：　　50【Enter】

选择要修改的对象或 [放弃(U)]：　　选择斜线的左端

选择要修改的对象或 [放弃(U)]：　　选择斜线的右端

选择要修改的对象或 [放弃(U)]：　　【Enter】

命令：　　co【Enter】

COPY

选择对象：　　选择斜线

找到 1 个

选择对象：　　【Enter】

当前设置：复制模式 = 多个

指定基点或 [位移(D)/模式(O)] <位移>： <u>任意点取一点</u>

指定第二个点或 <使用第一个点作为位移>： <u>60【Enter】</u>（在正交状态下，光标指

向上方）

指定第二个点或 [退出(E)/放弃(U)] <退出>：   <u>【Enter】</u>

接着用直线连接两个斜线的左右端点绘出扶手的轮廓线，其结果如图 4-142 所示。

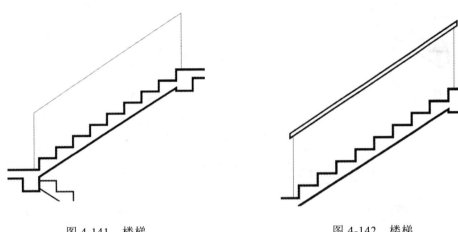

图 4-141 楼梯   图 4-142 楼梯

仍然使用"自"模式捕捉方式绘制在第一级踏步边缘右方 75mm 的栏杆，再使用
"OFFSET"命令绘制其右方 100mm 处的第二根栏杆，如图 4-143 所示。

高于扶手的部分用"TRIM"命令剪去。然后使用"COPY"命令复制其他的栏杆。

🎦 操作流程

命令：   <u>co【Enter】</u>

COPY

选择对象：   <u>选择第一级踏步上的两根栏杆</u>

指定对角点：

找到 2 个

选择对象：   <u>【Enter】</u>

当前设置：复制模式 = 多个

指定基点或 [位移(D)/模式(O)] <位移>：   <u>选择第一级踏步的边缘</u>（使用"交点"或
"端点"捕捉方式）

指定第二个点或 <使用第一个点作为位移>：   <u>连续选择其他踏步的边缘</u>

指定第二个点或 [退出(E)/放弃(U)] <退出>：   <u>【Enter】</u>

说明 在画倾斜排列的图线时，阵列命令没有用武之地。应使用"COPY"命令的"M"
方式。

此时的结果如图 4-144 所示。

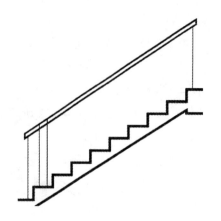

图 4-143   绘制第二根栏杆

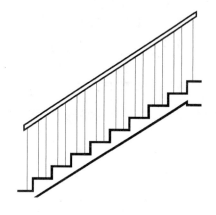

图 4-144   楼梯绘制结果

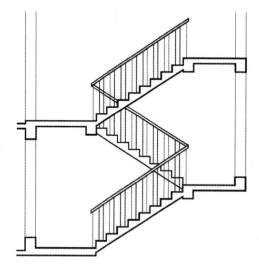

图 4-145   第二梯段的栏杆

接着使用"COPY"命令复制图 4-144 中的栏杆，再用该方法画第二梯段的栏杆，如图 4-145 所示。

图 4-145 中栏杆被遮挡的部分已经使用"TRIM"命令进行过修剪（选择被剪线时应使用"F"方式加快绘图速度）。

7. 使用阵列命令复制除顶层以外的其他楼层

使用阵列命令对楼层进行阵列复制时，首先必须将线型调整好。应使用图层工具将各图线按不同的粗细分放至各自的图层上。此外，为了使选择图线既正确又快速，选择时应充分利用窗选"W"式和"C"式的特性，准确快速地选线。选择对象应包括图 4-146 中所示的内容。阵列参数为 5 行、1 列；行距为 2800mm。

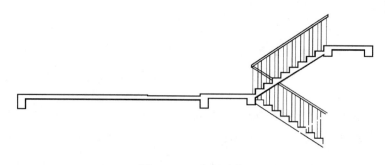

图 4-146   阵列对象

阵列的结果如图 4-147 所示。

8. 绘制顶层楼面和屋面、顶层的下行梯段、地下室楼梯与扶手等

使用"COPY"、"OFFSET"、"TRIM"、"EXTEND"等命令绘制顶层楼面和屋面、顶层的下行梯段、地下室楼梯与扶手等。其结果如图 4-148 所示。

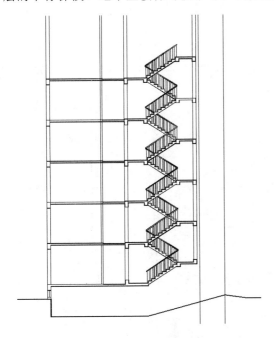

图 4-147　阵列结果

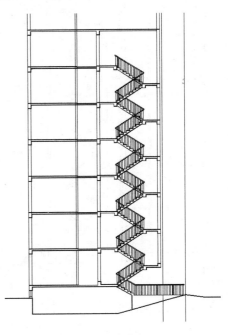

图 4-148　绘制结果

9. 绘制门窗

为了加快绘制门窗时的速度，只需画出底层的门窗，同时将二层以上的墙线擦去。然后以底层的门窗为母线，使用阵列命令绘出上部的门窗和墙体。

楼层的阵列母线如图 4-149 所示。阵列后的结果如图 4-150 所示。

说明　在绘图时，有时为了加快速度，使用"ERASE"命令擦除已画的图线会得到更快的绘图速度。

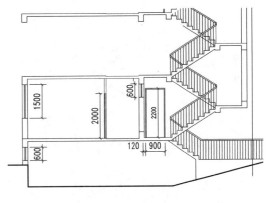

图 4-149　阵列母线

楼梯间窗高除顶层之外，其他都为 1100mm。顶层楼梯间窗的定形和定位尺寸如图 4-151 所示。

此时的图形应如图 4-152 所示。

10. 绘制雨篷

首先，绘制如图 4-153 所示大小的矩形。然后使用"STRETCH"命令使其变形为如图 4-154 所示的图形。

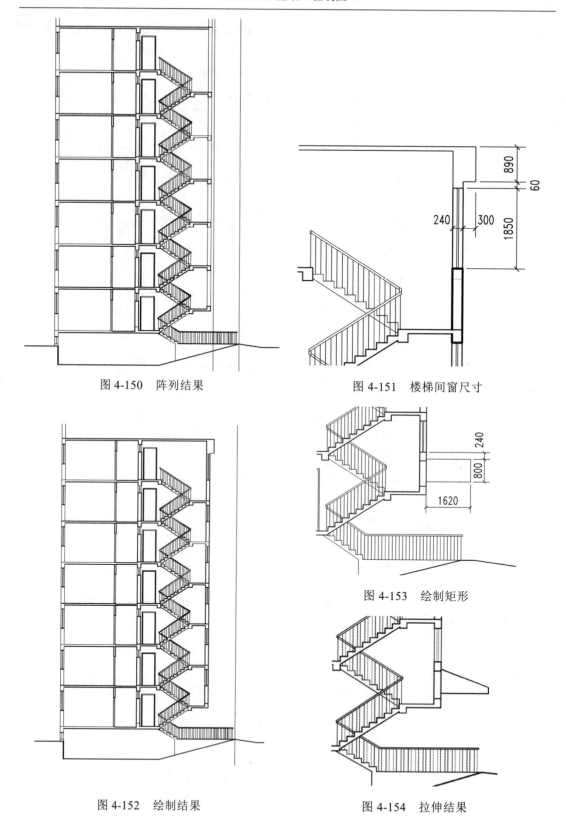

图 4-150　阵列结果

图 4-151　楼梯间窗尺寸

图 4-152　绘制结果

图 4-153　绘制矩形

图 4-154　拉伸结果

📟 操作流程

命令:　　　　s【Enter】

STRETCH

以交叉窗口或交叉多边形选择要拉伸的对象...

选择对象:　　使用"C"式窗选矩形的右上角

指定对角点:　　窗口另一角

找到 1 个

选择对象:　　　【Enter】

指定基点或 [位移(D)] <位移>:　　　任意点取一点

指定第二个点或 <使用第一个点作为位移>:　　　600【Enter】（用正交方式，光标指向下方）

说明　　带斜边的图形可以使用矩形通过变形拉伸来获得，这样操作既方便又快捷。

接着使用"OFFSET"、"TRIM"命令对其进行修饰，定形尺寸如图 4-155 所示。

11. 绘制女儿墙、水箱及其他屋面构造

房屋主体女儿墙的高度为 900mm，楼梯间女儿墙高度为 2400mm。女儿墙压顶（压顶的厚度为 60mm，材料为钢筋混凝土）及收口线细部尺寸如图 4-129 所示。

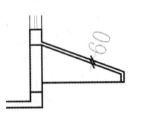
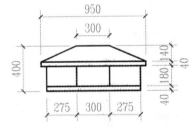

图 4-155　修饰结果　　　　　图 4-156　定形尺寸

厨房和卫生间烟道及通风井出气口的定形尺寸如图 4-156 所示。绘制时将其作成图块。

出气口、上人孔、铁爬梯、烟道、通风井和水箱的细部尺寸以及定位尺寸如图 4-157 所示。

12. 绘制投影可见的其他轮廓线

本例的其他轮廓线还剩下封闭阳台的侧面投影没有绘出，其定形定位尺寸如图 4-158 所示。其顶部收口如图 4-129 所示。

窗框的宽度取 50mm，窗扇等分绘制。

13. 标注尺寸、主要层面标高以及施工说明等的标注

尺寸主要分内、外两部分。

外部尺寸主要有三道，由内向外分别是：最内一道为左右被剖切到的外墙上的窗、窗间墙以及门的尺寸；中间第二道为层高尺寸；最外一道为高度方向的总尺寸。

内部尺寸就近标注在被标注的物体附近。如果标注空间受限，在不影响物体形状表达的前提下，应将与尺寸重叠的图线断开。请参见图 4-158 中室内门、窗的标注方式。总之，

尺寸禁止和图线重叠。

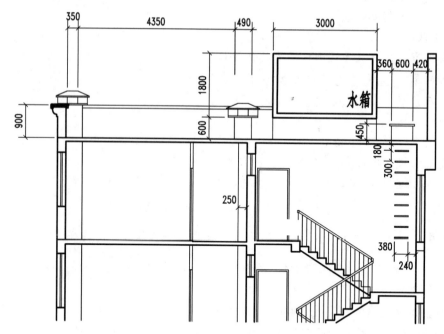

图 4-157   细部尺寸和定位尺寸

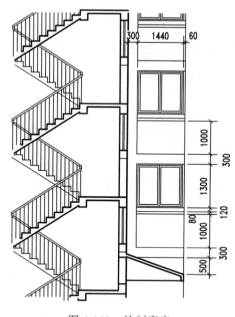

图 4-158   绘制窗扇

标高主要标注室内外地面、各层楼面、楼梯平台、屋面、女儿墙和水箱等形体表面的相对建筑标高。

比较复杂的局部另有详图表达，在此应表明详图索引标志（半径为 8～10mm 的圆）。具体的说明参见本章 4.6 节"建筑详图"。

本例有些局部详图引用了江苏省建筑配件通用图集，在详图索引标志中应加注相应的说明。

标注完毕的图形应如图 4-159 所示。

14. 断面图案填充

为了避免图案填充影响尺寸标注，填充应该放在绘图的最后阶段再进行。同时，由于填充后的图形显示速度明显降低，为了快速绘图，也应该在最后填充图案。

本例应填充的范围包括：被剖切到的现浇钢筋混凝土楼地面；位于楼层高度的抗震圈梁（圈梁高度为 240mm，宽度与墙同宽，梁的上表面与楼层表面平齐）；门窗过梁（过梁的高度为 120mm，本例有些门窗的过梁和圈梁连成了一体，位置在各门窗的上部）；楼梯梁的断面；被剖切到的楼梯梯段的断面；被剖切到的雨篷断面；女儿墙的压顶；钢筋混凝土水箱的断面；等等。

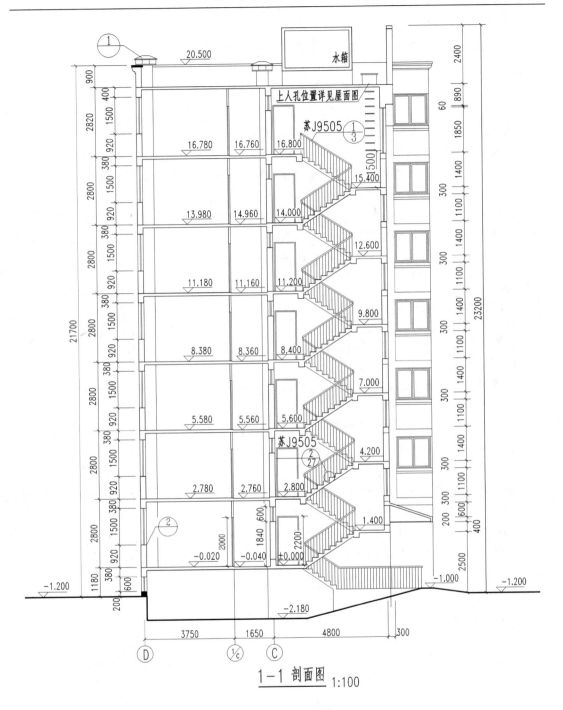

图 4-159 剖面图

15. 标注图名、比例并插入图框、标题栏等

最后给图形加注以下内容：图名——1—1 剖面图（10 号仿宋字），比例——1∶100（7 号字）。

将预先准备好的图框，用 "INSERT" 命令插入，并填写标题栏。至此，剖面图绘制完毕。

完成后的图形如图 4-131（由于篇幅所限，在此省却了图框和标题栏）所示。

4.6　建　筑　详　图

建筑详图是建筑细部的施工图。因为建筑平面图、立面图和剖面图一般采用较小的比例，因而某些建筑构配件（如门、窗、楼梯、阳台以及各种装饰等）和某些建筑剖面节点（如檐口、窗台、明沟以及楼地面层和屋顶层等）的详细构造（包括式样、层次、做法、用料和详细尺寸等）都无法表达清楚。根据施工需要，必须另外绘制比例较大的图样，才能表达清楚，这种图样就称为建筑详图（包括建筑构配件详图和剖面节点详图）。因此，建筑详图是建筑平面图、立面图和剖面图的补充。对于套用标准图或通用详图的建筑构配件和剖面节点，只要注明所套用图集的名称、编号或页次，则可不必再画建筑详图。

4.6.1　绘图要求

1. 比例

建筑详图的比例较大，常用的有 1∶20、1∶10、1∶5、1∶2 等。

2. 定位轴线

建筑详图需画出与建筑细部有关的轴线，所标轴线应与平面图中的轴线相对应。

3. 图线

由于建筑详图反映的内容比较单一，因而图线粗度一般只分两级，即粗线和细线。粗线用于形体的主要轮廓线，细线用于其他的所有图线。

4. 投影要求

建筑详图的表达方式主要有两种：一种是局部图形的放大图样，另一种是局部剖面图。

为了表达建筑构配件的形状以及详细构造、层次、有关的详细尺寸和材料图例等，常用一主视图配合若干个剖面图或断面图来表示。其具体形式参见后面的门、窗、楼梯等详图。

5. 图例

建筑详图中使用的图例主要是建筑材料图例，具体内容参见附录 2。

6. 尺寸标注

建筑详图的尺寸标注与三视图的标注基本相同，主要按定形尺寸、定位尺寸和总尺寸来标注。

7. 其他标注

建筑详图标注中除了详图名称、比例轴线编号等内容之外，最独特的是它必须具有与平面图、立面图和剖面图等索引编号相联系的详图编号。

详图索引编号标注在平面图、立面图和剖面图等整体布局的施工图中，详图编号标注在详图图名的前面。通过编号的对应将详图和整体布局施工图联系起来。

详图索引编号和详图编号的注写方法和含义如图 4-160 所示。

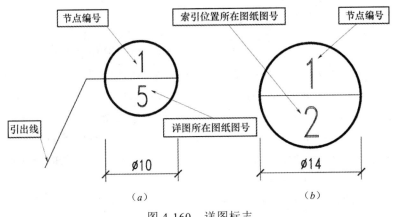

图 4-160　详图标志

（a）详图索引标志；（b）详图标志

图 4-160 是详图不在本张图纸上的注写方式，图 4-161 是详图就在本张图纸上的注写方式。

详图索引标志用细线圆，直径为 10mm，3.5 号字；详图标志用粗线圆，直径为 14mm，5 号字。

图 4-162 是剖面详图索引标志的标注形式。其中的粗实线代表剖切面的位置，引出线所在的一边为投影的方向。

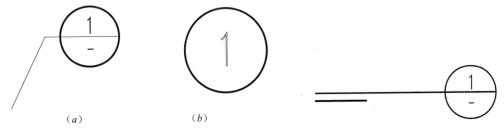

图 4-161　详图位于同一图纸

（a）详图索引标志；（b）详图标志

图 4-162　剖面详图索引标志

建筑详图有时也用剖面图或断面图的标注方式标注。

为了标注方便，应将详图索引标志和详图标志分别做成带属性的图块，制作方法请参考本章 4.1.3 中轴线编号的制作方法。

建筑详图的绘制方法主要有两种：一种方法是使用绘图命令直接绘制，另一种方法是调用图库。

第一种方法主要使用的命令有："LINE"——绘制基线，"OFFSET"——主要画线的工具，"EXTEND"和"TRIM"——修饰工具，"FILLET"——连接工具，"STRETCH"——变形工具，"COPY"——复制工具，等等。

第二种方法所使用的图库有两种途径获得：一种途径是购买建筑类专业软件，另一种途径则是自己积累。由于建筑详图在众多的施工图中有很强的通用性，因此，每次绘制的详图有很大的保存价值。通过自己积累的方法建立图库，具有很强的实用性，因此，下面详细介绍如何通过积累获得自己满意、适用的图库。

建立自己图库的方法如下：

（1）建立独立的图库文件夹，将详图做成图块文件放入该文件夹中。为了安全的需要，文件的保存很重要。为了保存文件方便，所有加入图库的文件应放置在单独的文件夹中。同样是为了安全的需要，该独立的文件夹不能放置在 AutoCAD 的系统文件夹中。如果放在 AutoCAD 的文件夹中，那么当系统毁坏后，重新安装 AutoCAD 会遗失该文件夹，而一旦遗失，将不可复得。但是，对于单独放置的文件夹，为了 AutoCAD 调用时，能直接找到该文件，必须将该文件夹加入 AutoCAD 的系统搜索路径中，加入的方法参见本章 4.3.4 的介绍。制作图块文件参见动态块"窗"和动态块"门"的制作过程。

（2）编制专用的调用图库的命令。为了使用时方便，可以自己动手编制 AutoLISP 程序，编制方法参见本章 4.3.4 的"标注轴号"内容。程序内容建议如下：

（defun c:tk()(command "-insert" pause pause "10" "" ""))

其中的"10"是详图常用的比例，在使用中可根据所画图的比例随时修改。

（3）打印入库的图形，制作图库索引。现在的专业软件制作图库索引的方法主要是使用 AutoCAD 的幻灯片功能。但是，这种方法在使用中有如下的问题：AutoCAD 的幻灯片管理对话框，每屏只能预览 20 个图形，如果要在数百甚至数千个文件中找到所需的图形，显然这种方法是很不方便的。此外，要求每一个使用者自己动手编制这样的对话框程序是不现实的。

将每一个入库的图形打印出来，并在打印件上标出图名，插入基点，最后将每个打印件粘贴至专门的笔记本中备查。这样做对每个使用者来说是很容易办到的。此外，在粘贴时分门别类地粘贴可以使今后的查找更加方便。

为了避免文件同名，在给图块命名时，要有一定的规律。例如，窗的编号可以用 C-001、C-002、C-003 等；门的编号可以用 M-001、M-002、M-003 等。

上述方法，经一些工程设计人员使用后，反映很好。在此推荐给大家共享。

4.6.2　外墙剖面节点详图

外墙剖面节点详图一般按照剖面图中有关部位局部放大来绘制。它一般需要表达房屋的屋顶层、檐口、楼（地）面层的构造、尺寸、用料及其与墙身等其他构件的关系。此外，还需表达女儿墙、窗顶、窗台、勒脚和明沟等的构造、细部尺寸和用料等。

本例由于屋檐、窗顶和窗台部分是由设计人员自定的形式，因此需另画详图表达。散水和明沟采用的是江苏省建筑配件通用图集（苏 J9508）中的做法，因此无需另画详图，只需标出索引即可。

图 4-163 所示的外墙剖面节点详图是按照图 4-131 中轴线Ⓓ的有关部位局部放大来绘制的。它表达了房屋的屋顶层、女儿墙、檐口、窗顶的构造、尺寸、用料及其与墙身的连接关系。图 4-164 所示的剖面详图表达了窗台、楼层的构造、尺寸、用料等内容。

4.6.3　门窗详图

在门窗详图中，应有门、窗的立面图，并用细斜线画出门、窗扇的开启方向符号（两斜线的交点表示装门、窗扇铰链的一侧；斜线为实线时表示向外开，为虚线时表示向内开）。门、窗立面图规定画它们的外立面图。

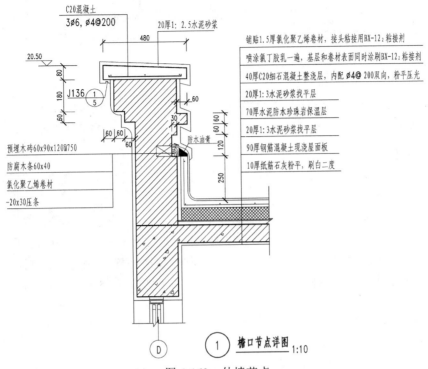

图 4-163　外墙节点

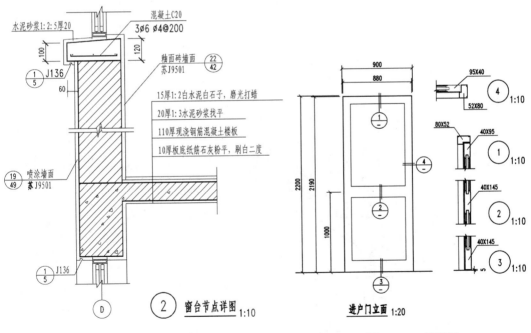

图 4-164　窗台节点　　　　　　　　　　图 4-165　门详图

立面图上标注的尺寸，最内第一道是窗框的外沿尺寸（有时还注上窗扇尺寸）；最外一道是洞口尺寸，也就是平面图和剖面图上所注的尺寸。

门窗详图都画有不同部位的局部剖面详图，以表示门、窗框和门、窗扇的断面形状、尺寸、材料及其相互间的构造关系，还应表示出门、窗框和四周（如过梁、窗台、墙身等）的构造关系。

图 4-165 是三冒头木板门的详图。窗的表达方式和门相同，在此从略。

说明　图 4-165 中"2200"、"900"是门的洞口尺寸，即所谓门的"标志尺寸"；"2190"、"880"是门扇尺寸，即所谓门的"设计尺寸"。几乎所有的建筑构配件都同时拥有这两类尺寸。

4.6.4　楼梯详图

在楼层建筑物中，通常采用现浇或预制的钢筋混凝土楼梯，或者部分现浇、部分为预制构件相结合的楼梯。

楼梯详图主要表示楼梯的类型、结构形式以及楼梯、栏杆扶手、防滑条、底层起步梯级等的详细构造方式、尺寸和用料。楼梯详图一般由楼梯平面图（或局部）、剖面图（或局部）和节点详图组成。一般楼梯的建筑详图和结构详图是分别绘制的，但是比较简单的楼梯，有时可将建筑详图与结构详图合并绘制，列入建筑施工图或者结构施工图中。

本例的楼梯段的整体部分列入结构施工图中，而该楼梯的一些建筑配件及其梯段之间的构造和组合，则必须画出建筑详图。

图 4-166 是楼梯扶手和栏杆的局部详图（摘自苏 J9505）。

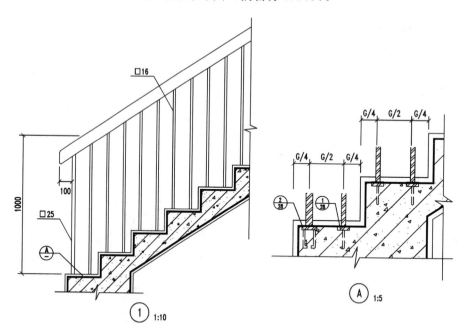

图 4-166　楼梯扶手与栏杆详图

楼梯详图的绘制可以复制楼梯间剖面图的有关部分，然后使用"SCALE"比例缩放命令将其放大，再使用编辑命令将其细化即可。在实际设计中，一旦引用标准图集，则引用部分的详图则不必再画出。

练 习 题

4-1 简述房屋施工图由于专业分工的不同可分为哪些。

4-2 试述一套房屋施工图一般由哪几种图组成。

4-3 建立一幅 A4 幅面的建筑图样板，并简述其使用方法。

4-4 简述绘制总平面图的步骤。

4-5 在处理等距布置图形时，需把布置图形制作成图块。试问制作图块时需注意哪些问题。

4-6 建筑平面图中标注的外部尺寸主要有几道？试问各道尺寸标注的对象主要有哪些？

4-7 简述平面图绘制的步骤。

4-8 简述绘制立面图的主要流程。

4-9 简述绘制剖面图的主要流程。

4-10 试述详图索引编号和详图标志各自的注写方法和含义。

4-11 试述建立自己的图库的方法。

第5章 图形输出和打印

本章将介绍如何将前面学习的施工图输出到一张纸、文稿或其他介质上。本章包括以下几个方面的内容：

（1）模型空间、图纸空间和注释比例。

（2）布局卡和视口。

（3）页面设置。

（4）输出和打印。

（5）虚拟打印实例。

5.1 模型空间、图纸空间和注释比例

模型空间是供用户建立和编辑修改二维、三维模型的工作环境。

图纸空间是二维图形环境，它以布局卡形式表达，布局完全模拟图纸式样，用户可以在绘图之前或之后安排图形的输出布局。AutoCAD 命令都能用于图纸空间。但在图纸空间建立的二维实体在模型空间不能显示。

从 AutoCAD 2008 版本开始，引入了一个全新的概念——注释比例。作为注释对象的新增属性，注释比例允许设计人员为视口或模型空间视图设置当前缩放比例，并将这一比例应用到每个具体注释对象来重新确定对象的尺寸、位置和外观。换言之，现在的注释比例功能实现了自动化。

通常用于注释图形的对象有一个特性称为注释性。使用该特性，用户可以自动完成缩放注释的过程，从而使注释能够以正确的大小在图纸上打印或显示。

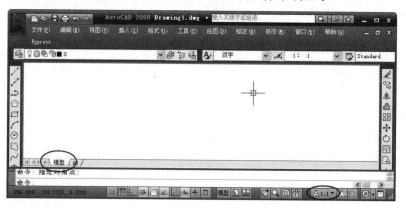

(*a*)

图 5-1 几种常用的注释性比例（一）

(*a*) 模型卡中的当前注释比例

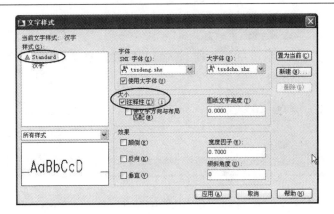

（b）

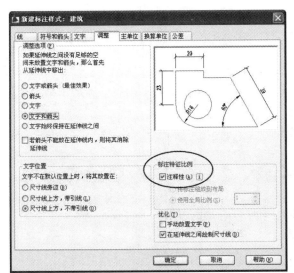

（c）

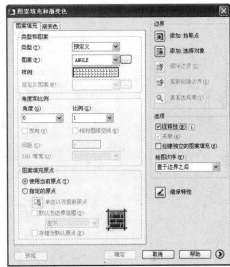

（d）

（e）

图 5-1　几种常用的注释性比例（二）

（b）带注释性比例的文字样式；（c）带注释性比例的尺寸样式；

（d）带注释性比例的图案填充；（e）带注释性比例的图块

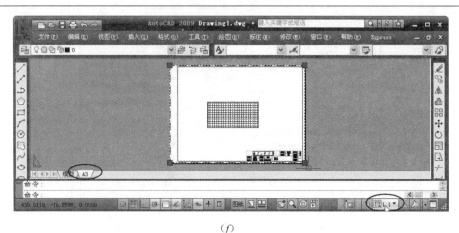

(f)

图 5-1　几种常用的注释性比例（三）

(f) 布局卡中视口的注释比例

用户不必在各个图层、以不同尺寸创建多个注释，而可以按对象或样式打开注释性特性，并设置布局或模型视口的注释比例。注释比例控制注释性对象相对于图形中的模型几何图形的大小。

用于创建注释的对象类型包括：图案填充；文字（单行和多行）；表格；标注；公差；引线和多重引线；图块；属性。

常用的几种注释性比例的实例如图 5-1 所示。

5.2　布 局 卡 和 视 口

首先我们要了解布局卡、模型卡、模型空间和图纸空间的关系。模型空间是用户建立对象所在的环境。模型即用户所画的图形，可以是 2D 的，也可以是 3D 的，模型空间以建立图形时所设定的单位来绘制图形对象。

图纸空间是专门为规划打印布局而设置的一个绘图环境。作为一种工具，图纸空间用于安排在绘图输出之前设计模型图的布局。图纸空间的一个特殊的对象就是视口对象，用户可以用许多不同的视口来表现自己的图形。

视口是显示用户模型的不同视图的区域。视口对象存在于模型卡或布局卡中。

在布局卡中的每个视口对象可以拥有自己独立的注释性比例。因此，可以利用该性质在同一张图纸中布局不同显示比例的图形。

在模型空间绘制的图形对象属于"模型"空间（虽然这些对象可以在图纸空间的视口内显示出来）；在图纸空间绘制的图形对象仅属于其所在的布局卡，而不属于其他布局卡或模型卡。

1. 新建布局卡

用鼠标右键单击布局卡标签中的"新建布局"项（见图 5-2），建立一个新的布局卡标签。在新建标签上单击右键，选择"页面设置管理器"，弹出如图 5-3 所示的页面管理器对话框。在该对话框中，可以设置页面的各种属性。

2. 新建布局卡中的视口

　　选择"视图/视口/一个视口"菜单（见图 5-4），在新布局卡中选择合适的矩形区域建立一个新的视口，如图 5-5 所示。在"图纸"状态下（见图 5-5 下方中部），单击选择新建视口，在窗口的下部状态栏选择满足自己需要的视口比例，参见图 5-5 的右下方"1∶1"处。该比例即为本图的打印输出比例。因此，本书采用的是用布局卡中的视口比例来决定图形的输出比例。由于视口可以建立多个，而每个视口又拥有自己独立的视口显示比例。因此，这种方法可以满足用户在一张图纸中布置不同比例的图。而打印时只要按布局卡的样式原样打印即可。

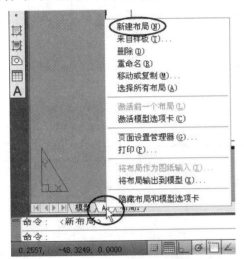

图 5-2　布局卡弹出菜单　　　　　　　　　图 5-3　页面管理器对话框

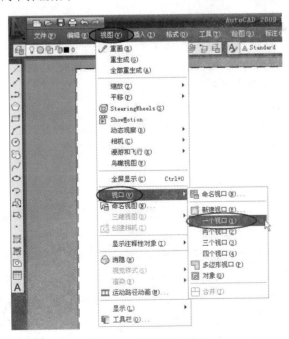

图 5-4　新建视口菜单

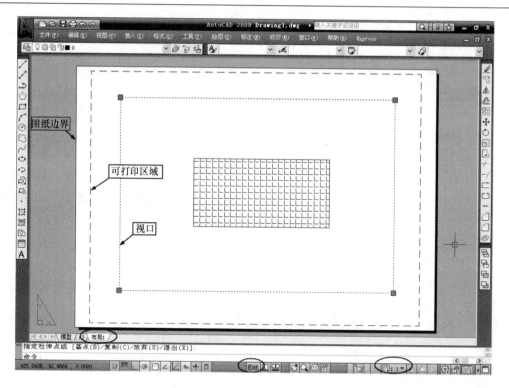

图 5-5　新建布局卡中的视口

5.3 页 面 设 置

用鼠标右键单击布局卡，弹出如图 5-2 所示的对话框。单击"页面设置管理器"选项，可以打开"页面设置"对话框。用"页面设置"对话框可以设置布局的有关选项，包括打印设备、纸张大小、打印比例、笔的样式等。这样，不用打印就可以看到打印的结果。这种精确的、所见即所得的功能省去了反复调整的工作量。

在页面设置中，需要填写如图 5-6 所示的对话框。

（1）在"打印机/绘图仪"中选用打印设备。本例选用的是".dwf"格式虚拟打印。

（2）在"图纸尺寸"中选用图纸尺寸大小。本例选用的是 A3 幅面（297mm×420mm）。

注意　297×420 幅面和 420×297 幅面是不一样的，前者为竖向进纸，后者为横向进纸。

本例采用的进纸方式为竖向进纸（A3 图纸的短边进纸），图形按横式放置（图形的正方向朝着图纸的长边）。

（3）在"打印区域"中选择打印内容的选择方式。本例采用的是"布局"（Layout）。如果没有建立布局卡，打印范围可以选择使用"窗口"或"范围"等选项。

（4）在"打印比例"中设定打印比例。本例使用的是 1∶1。填写的格式如图 5-6 所示。

（5）在"打印样式表"中选择笔的样式。本例使用的是"monochrome.ctb"样式，并进行符合我国制图标准的修改。修改方法是单击"☑"图标，按图 5-7 所示进行设置。

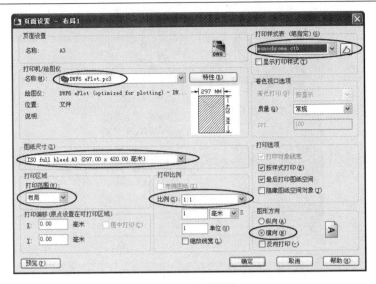

图 5-6　页面设置

笔样式的设置主要分为三步，即选择颜色、选择线型、选择线宽。

按图 4-1 图层的分类，分别定义 1～7 号颜色的线型和线宽。其中，"点划线"线型选"长划 短划"、"虚线"线型选"划"，加粗线线宽选 0.9、粗线线宽选 0.7、中粗线线宽选 0.35、细线线宽选 0.18 。

其他的颜色可保持原来的默认值。

（6）在"图形方向"中选择图形的放置朝向。本例选用"横向"。

"横向"（Landscape）或"纵向"（Portrait）是指图形相对图纸的放置方向。

至此，已经完成了图纸的页面设置，接着只需单击"预览"按钮就可预览打印效果了。如果对预览效果满意，则可单击"确定"按钮，关闭页

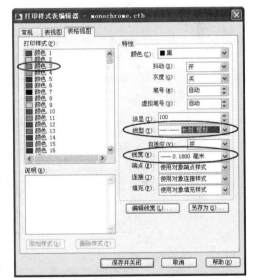

图 5-7　笔样式设置

面设置对话框。这样，所作的布局设置被保存在该图形文件中。以后需要打印时，可使用该页面布局直接打印出图。

5.4　输 出 和 打 印

右键单击布局卡标签，弹出如图 5-8 所示的对话框，选择"打印"按钮。在随后弹出的如图 5-3 所示的对话框中选择刚刚设置好的"页面设置"，接着选择"确定"开始打印（见图 5-9）。如果是虚拟"打印"还需要指定输出文件名（所谓虚拟"打印"是指将图形输出到文件，而不是用打印机或绘图仪打印成硬拷贝），如图 5-10 所示。

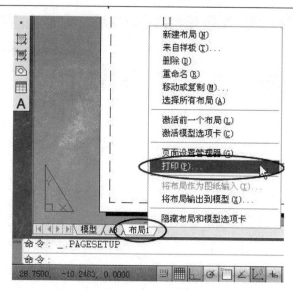

图 5-8 "打印"选项

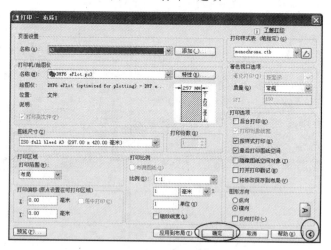

图 5-9 打印布局

图 5-10 指定输出文件名

5.5 虚 拟 打 印 实 例

下面将以图 3-36 窨井剖面图的输出为例，介绍如何在模型空间绘制完图形后，在图纸空间中正确表达模型空间的内容。同时，学习在图纸空间中进行布局设置，并以".dwf"或".jpg"文件格式进行虚拟打印，以满足后续的真实打印或桌面排版的需求。

【例 5-1】 输出图 3-36 窨井剖面图。要求图纸选择 A2 ，比例选择 1 : 20。输出".dwf"格式（或".jpg"格式）的文件。

说明 如果需要将图形用于文稿等图文混排的软件，往往需要将".dwg"格式的文件转换成".jpg"等格式的位图文件。虽然我们可以使用 WINDOWS 的剪贴板来传递位图，但是，这样传递的仅仅是 AutoCAD 屏幕上显示的模型空间的图形。由于受屏幕的尺寸和分辨率的限制，我们不能随心所欲地得到任意大小的位图文件。这时我们就需要使用 AutoCAD 的虚拟打印功能将图纸空间的布局直接转化为位图格式的文件。对我们来说，打印参数主要需要设置打印位图以像素为单位的尺寸大小。

如果需要输出".jpg"格式的文件，可以在"页面设置"对话框中选择打印机名称为"PublishToWeb JPG.pc3"，如图 5-11 所示。

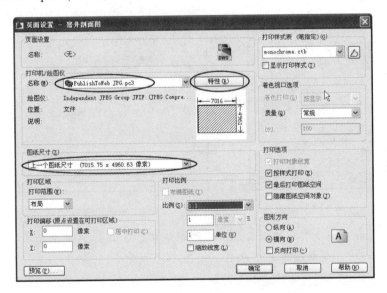

图 5-11 打印".jpg"格式文件的页面设置

此时系统直接提供的图纸尺寸有以下两种：

（1）横幅尺寸。

Sun Hi-Res：1600×1280。

XGA Hi-Res：1600×1200。

Super XGA：1280×1024。

Sun Standard：1152×900。

XGA：1024×758。

Super VGA：800×600。

VGA：640×480。

（2）竖幅尺寸。

Sun Hi-Res：1280×1600

XGA Hi-Res：1200×1600

Super XGA：1024×1280

Sun Standard：900×1152

XGA：758×1024

Super VGA：600×800

VGA：480×640

如果以上尺寸都不符合要求，可以单击图 5-11 中的"特性"项，然后在弹出的对话框（见图 5-12）中选择"用户自定义图纸尺寸与校准"中的"自定义图纸尺寸"栏。接着单击图 5-12中的"添加"按钮，弹出如图 5-13 所示的对话框。选择"使用现有图纸"，单击"下一步"按钮，弹出新的对话框，如图 5-14 所示。

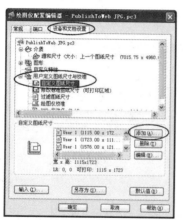

图 5-12　绘图仪配置编辑器

图 5-13　选择使用现有图纸定义新的图纸尺寸

在"宽度"和"高度"栏填入自己所需的图纸尺寸，如图 5-14 所示。

单击"下一步"，给新图纸尺寸命名，如图 5-15 所示。

图 5-14　输入新的宽度和高度数值

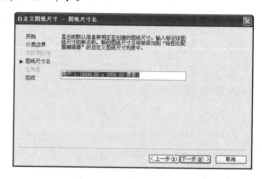

图 5-15　给新的图纸尺寸命名

　　接着按"下一步"按钮，直到最后按"确认"完成定制。定制好的新尺寸可以在页面设置时选用。

　　除".jpg"格式外，其他的打印样式中图纸尺寸的定义也与上述步骤相似，只是填入的图纸宽度和高度数值不同而已。

　　输出".dwf"格式文件的虚拟打印操作步骤如下：

　　（1）在模型卡中绘制窨井剖面图，如图 5-16 所示。

　　（2）在样式列表中选择文字样式为"Standard"，尺寸标注样式为"建筑"。以上两种样式的定制参见本书第 2 章、第 3 章的有关内容。文字样式参见本书第 2 章 2.4.2，尺寸样式参见本书第 3 章 3.4.2。当前模型空间的注释比例选择为 1∶20。这点很重要，它决定了我们下面各种标注的"显示比例"是否正确。设置结果如图 5-16 所示。

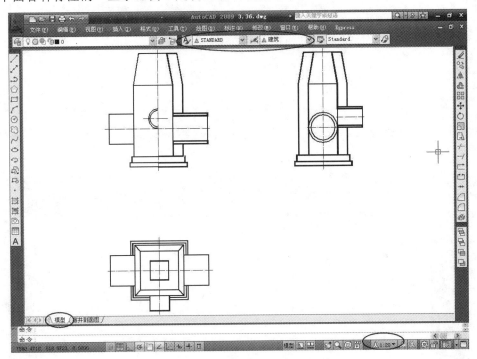

图 5-16　在模型空间绘图

　　（3）使用"DTEXT"命令标注图名和剖切符号等文字，使用"DIMLINEAR"、"DIMCONTINUE"等命令标注尺寸，如图 5-17 所示。

　　（4）使用"HATCH"命令填充材料图例，如图 5-17 所示。

　　注意　　在选择填充边界时，要将需要避让的尺寸也一并选中。这样才可以让图案避让尺寸文本。

　　（5）单击布局卡，设置"页面设置"。设置结果如图 5-6 所示。

　　（6）设置"打印样式表"如图 5-7 所示。

　　（7）插入事先制作好的图框和标题栏，并将图框与页面边界对齐，如图 5-18 所示。

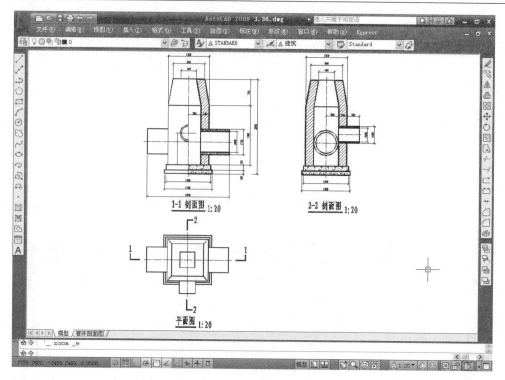

图 5-17   标注图名和尺寸

图 5-18   插入图框和标题栏

（8）建立一个"视口"，并将视口的边框和图框重叠，如图 5-19 所示。

（9）单击"视口"实体，在窗口右下方的注释比例栏选择比例为"1∶20"。这点很重要，它保证了打印输出比例的正确。

（10）单击窗口下方的"图纸"按钮，进入"模型"状态，使用"PAN"命令调整模型视图在视口中的位置，使其位于画面的中央。调整结果如图 5-19 所示。

（11）右键单击"窨井剖面图"布局卡标签，在弹出的对话框中选择"打印"，或者使用快捷键【Ctrl+P】，输出设置好的图形到"窨井剖面图.dwf"文件。该文件使用 AutoCAD 自带的"Autodesk DWF Viewer"浏览器浏览（见图 5-20）。

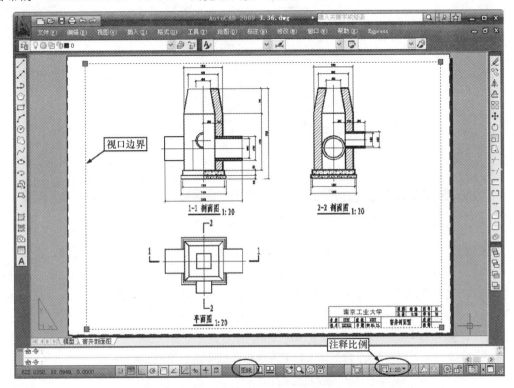

图 5-19　建立视口并设置其注释比例为 1∶20

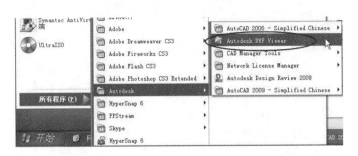

图 5-20　"Autodesk DWF Viewer"浏览器

（12）在"Autodesk DWF Viewer"浏览器中浏览"窨井剖面图.dwf"文件，如图 5-21 所示。此时，屏幕中用颜色区分的线型，已经转化成真实的形状了。

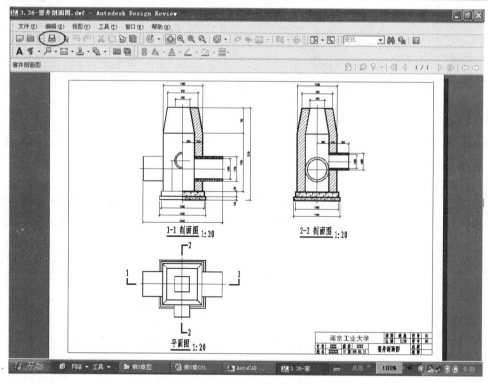

图 5-21 使用 DWF 浏览器浏览或打印图形

说明　在浏览器的文件菜单中有"打印"选项，或者单击图 5-21 中的 🖨 按钮。使用该按钮，可以使用系统所带的打印设备输出图形的硬拷贝，如图 5-22 所示。使用此时的打印选项，可以在用户仔细校对".dwf"矢量图后，正确输出图形的硬拷贝，从而避免浪费纸张。

此外，这种打印方式还具有以下几个优点：

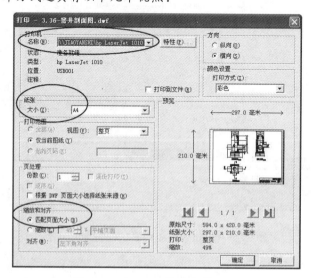

图 5-22　".dwf"格式文件打印

（1）可以按照纸张的大小再次按比例缩放图形。

（2）可以在用户没有打印设备的前提下，预览自己的打印结果。

（3）可以实现绘图和出图分离：在一个机器上绘图，到另外一台机器上打印。而且打印的样式可以在绘图的机器中控制。

（4）发布给其他人时，可以保护用户的"知识产权"，因为".dwf"格式的文件只能浏览和打印，而不能修改。

（5）方便用户在互联网中发布图形，因为".dwf"格式本来就是一个网络发布格式。

（6）该格式文件属于矢量格式文件，可以无极任意地放大或缩小而不失真。

鉴于以上众多的优点，本书强力推荐用户输出时采用此方式打印或发布自己的图形。

练 习 题

5-1　简述如何使用"页面设置"对话框设置打印环境。

5-2　设置打印区域时有哪几种确定打印区域的方法？各表示什么意义？

5-3　简述如何设置图形的打印方向。

5-4　如何在模型空间与图纸空间切换，布局的意义是什么？

5-5　试述如何在布局卡中调整图形的显示比例和摆放位置。

5-6　简述如何输出".dwf"格式的矢量图。

5-7　简述如何输出".jpg"格式的位图。

第6章 作业指导书

本书的绘图作业都配有相应的电子版。电子版文件下载链接可通过扫描二维码获取。该链接下载的文件为 winrar 压缩文件。"资源文件"和大作业所需文件均可在其中查找、使用。

本课程的作业由两部分组成：一部分附于各章的末尾，另一部分集中于本章。教学时建议在学完前面所有章节时再做本章的作业。因为本章作业所涉及的知识与前五章内容都有关联。

本章的作业内容容量较大，分别含有 A2、A3、A4 三种规格。作图时可以利用电子版所附带的"大作业"样板，在其模型卡中绘图，利用布局卡打印出图。为了降低打印成本，教学中可以先利用布局卡中已经预设好的"DWF6 ePlot"格式输出成".dwf"格式文件，再用".dwf"文件浏览器浏览校对，校对无误后用".dwf"文件浏览器的"打印"选项打印成图纸。打印时图纸可选用 A4 尺寸，缩放比例选择"匹配页面大小"。可以将 A2、A3、A4 三种不同规格的图统一打印成 A4 幅面装订后提交给老师批改，或通过 E-mail 邮寄".dwf"格式文件给老师批改。

6.1 绘制组合体三视图

1. 目的

（1）熟悉三视图的内容和一般表达方式。

（2）掌握三视图的计算机绘图步骤和方法。

2. 内容

熟悉本书第 3 章 3.1.2 节内容后，抄绘图 6-1 所示的三视图。

3. 要求

（1）图纸：A4 打印纸。

（2）图名：组合体三视图。

（3）比例：2∶1。

（4）图线：可见轮廓线宽为 0.7mm，不可见轮廓线宽为 0.35mm，定位轴线宽为 0.18mm。

（5）字体与字号：西文字体为 tssdeng.shx，中文字体为 tssdchn.shx，图名用 7 号字，比例用 5 号字。标题栏：单位名用黑体 10 号字，图名用长仿宋体 7 号字，其他中文用 5 号字，西文用 3.5 号字（所用字体在"资源文件"的字体文件夹中）。

（6）布局匀称，线型和字型正确，作图准确，图框和标题栏符合《房屋建筑制图统一标准》（GB/T 50001—2001）的要求。

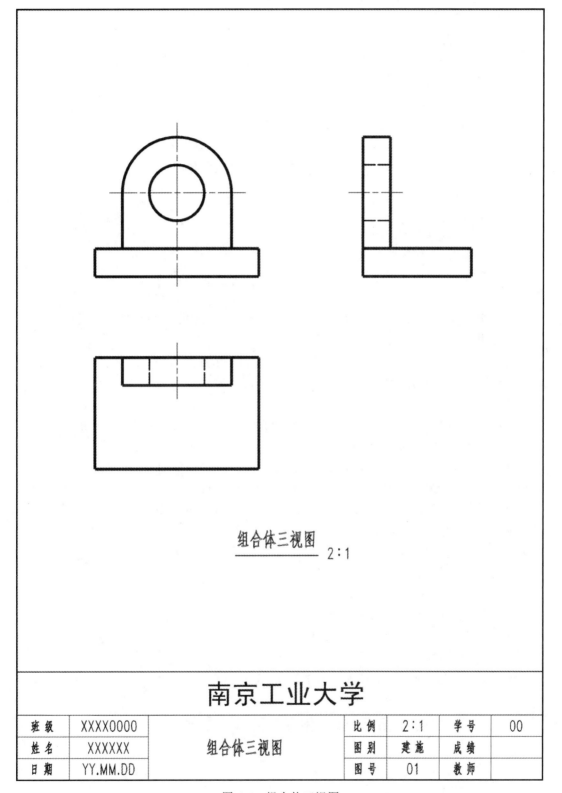

组合体三视图
2:1

南京工业大学

班级	XXXX0000	组合体三视图	比例	2:1	学号	00
姓名	XXXXXX		图别	建施	成绩	
日期	YY.MM.DD		图号	01	教师	

图 6-1　组合体三视图

4. 绘图步骤说明

第 1 步，打开"6-1.dwg"文件。

第 2 步，先画主要轮廓，再画细部图形。

第 3 步，注写图名、比例。

第 4 步，填写标题栏。

第 5 步，使用"三视图组合体"布局卡打印输出。

6.2 绘制窨井剖面图

1. 目的

（1）熟悉建筑剖面图的内容和一般表达方式。

（2）掌握建筑剖面图的计算机绘图步骤和方法。

（3）掌握剖面图的尺寸标注方法。

2. 内容

熟悉本书第 3 章 3.2.4 节内容后，抄绘图 6-2（见书后插页）所示的窨井剖面图。

3. 要求

（1）图纸：A2（按 A2 输出".dwf"图，打印时可缩放为 A4 打印纸）。

（2）图名：窨井剖面图。

（3）比例：1∶20。

（4）图线：剖切到的可见轮廓线宽为 0.7mm，未剖切到的可见轮廓线宽为 0.35mm，定位轴线、尺寸等线宽为 0.18mm。

（5）字体与字号：西文字体为 tssdeng.shx，中文字体为 tssdchn.shx，图名用 7 号字，比例用 5 号字。标题栏：单位名用黑体 10 号字，图名用长仿宋体 7 号字，其他中文用 5 号字，西文用 3.5 号字（所用字体在"资源文件"的字体文件夹中）。

（6）布局匀称，线型和字型正确，作图准确，尺寸样式正确，图框和标题栏符合《房屋建筑制图统一标准》（GB/T 50001—2001）的要求。

4. 绘图步骤说明

第 1 步，打开"6-2.dwg"文件

第 2 步，先画主要轮廓，再画细部图形。

第 3 步，注写尺寸、图名、比例。

第 4 步，填写标题栏。

第 5 步，使用"窨井剖面图"布局卡打印输出。

6.3 绘制建筑平面图

1. 目的

（1）熟悉建筑平面图的内容和一般表达方式。

（2）掌握建筑平面图的计算机绘图步骤和方法。

（3）掌握建筑平面图的尺寸标注方法。

2. 内容

熟悉本书第 4 章 4.3 节内容后，抄绘图 6-3（见书后插页）所示的建筑平面图。

3. 要求

（1）图纸：A2（按 A2 输出".dwf"图，打印时可缩放为 A4 打印纸）。

（2）图名：底层平面图。

（3）比例：1∶100。

（4）图线：外轮廓线宽为 0.7mm，轮廓内部分（如阳台）线宽为 0.35mm，定位轴线、尺寸线、标高符号线等线宽为 0.18mm。

（5）字体与字号：西文字体为 tssdeng.shx，中文字体为 tssdchn.shx，图名用 7 号字，比例用 5 号字。标题栏：单位名用黑体 10 号字，图名用长仿宋体 7 号字，其他中文用 5 号字，西文用 3.5 号字（所用字体在"资源文件"的字体文件夹中）。

（6）布局匀称，线型和字型正确，作图准确，尺寸样式正确，图框和标题栏符合《房屋建筑制图统一标准》（GB/T 50001—2001）的要求。

4. 绘图步骤说明

第 1 步，打开"6-3.dwg"文件。

第 2 步，先画主要轮廓，再画细部图形。

第 3 步，注写尺寸、图名、比例。

第 4 步，填写标题栏。

第 5 步，使用"底层平面图"布局卡打印输出。

6.4　绘制建筑立面图

1. 目的

（1）熟悉建筑立面图的内容和一般表达方式。

（2）掌握建筑立面图的计算机绘图步骤和方法。

（3）掌握建筑立面图的尺寸标注方法。

2. 内容

熟悉本书第 4 章 4.4 节内容后，抄绘图 6-4（见本书后插页）所示的建筑立面图。

3. 要求

（1）图纸：A2（按 A2 输出".dwf"图，打印时可缩放为 A4 打印纸）。

（2）图名：南立面图。

（3）比例：1∶100。

（4）图线：外轮廓线宽为 0.7mm，轮廓内的凸起部分（如墙、雨篷和阳台等）线宽为 0.35mm，说明引出线、定位轴线、标高符号线等线宽为 0.18mm，室外地坪线宽为 1.0mm。

（5）字体与字号：西文字体为 tssdeng.shx，中文字体为 tssdchn.shx，图名用 7 号字，比例用 5 号字。标题栏：单位名用黑体 10 号字，图名用长仿宋体 7 号字，其他中文用 5 号字，西文用 3.5 号字（所用字体在"资源文件"的字体文件夹中）。

（6）布局匀称，线型和字型正确，作图准确，尺寸样式正确，图框和标题栏符合《房屋建筑制图统一标准》（GB/T 50001—2001）的要求。

4. 绘图步骤说明

第 1 步，打开"6-4.dwg"文件。

第 2 步，先画主要轮廓，再画细部图形。

第 3 步，注写尺寸、图名、比例。

第 4 步，填写标题栏。

第 5 步，使用"南立面图"布局卡打印输出。

6.5 绘 制 建 筑 剖 面 图

1. 目的

（1）熟悉建筑剖面图的内容和一般表达方式。

（2）掌握建筑剖面图的计算机绘图步骤和方法。

（3）掌握剖面图的尺寸标注方法。

2. 内容

熟悉本书第 4 章 4.5 节内容后，抄绘图 6-5（见书后插页）所示的建筑剖面图。

3. 要求

（1）图纸：A3（按 A3 输出".dwf"图，打印时可缩放为 A4 打印纸）。

（2）图名：1—1 剖面图。

（3）比例：1∶100。

（4）图线：剖切到的墙线宽为 0.7mm、钢筋混凝土构件涂黑，未剖切到的可见轮廓线宽为 0.35mm，图例线、定位轴线、尺寸等线宽为 0.18mm，地面线宽为 1.00mm。

（5）字体与字号：西文字体为 tssdeng.shx，中文字体为 tssdchn.shx，图名用 7 号字，比例用 5 号字。标题栏：单位名用黑体 10 号字，图名用长仿宋体 7 号字，其他中文用 5 号字，西文用 3.5 号字（所用字体在"资源文件"的字体文件夹中）。

（6）布局匀称，线型和字型正确，作图准确，尺寸样式正确，图框和标题栏符合《房屋建筑制图统一标准》（GB/T 50001—2001）的要求。

4. 绘图步骤说明

第 1 步，打开"6-5.dwg"文件。

第 2 步，先画主要轮廓，再画细部图形。

第 3 步，注写尺寸、图名、比例。

第 4 步，填写标题栏。

第 5 步，使用"1—1 剖面图"布局卡打印输出。

6.6　绘 制 节 点 详 图

1. 目的

（1）熟悉建筑详图的内容和一般表达方式。

（2）掌握建筑详图的计算机绘图步骤和方法。

（3）掌握建筑详图的尺寸标注方法。

2. 内容

熟悉本书第 4 章 4.6 节内容后，抄绘图 6-6（见书后插页）所示的建筑剖面图。

3. 要求

（1）图纸：A3（按 A3 输出".dwf"图，打印时可缩放为 A4 打印纸）。

（2）图名：外墙节点详图。

（3）比例：1∶10。

（4）图线：钢筋线宽为 0.7mm，构件、索引符号、尺寸等线宽为 0.18mm。

（5）字体：西文字体为 tssdeng.shx，中文字体为 tssdchn.shx，图名用 7 号字，比例用 5 号字。标题栏：单位名用黑体 10 号字，图名用长仿宋体 7 号字，其他中文用 5 号字，西文用 3.5 号字（所用字体在"资源文件"的字体文件夹中）。

（6）布局匀称，线型和字型正确，作图准确，尺寸样式正确，图框和标题栏符合《房屋建筑制图统一标准》（GB/T 50001—2001）的要求。

4. 绘图步骤说明

第 1 步，打开"6-6.dwg"文件。

第 2 步，先画主要轮廓，再画细部图形。

第 3 步，注写尺寸、图名、比例。

第 4 步，填写标题栏。

第 5 步，使用"外墙节点详图"布局卡打印输出。

附录 1 建 筑 图 例

图　例	名　称	图　例	名　称
	入口坡道		空门洞
			单扇门
	底层楼梯		单扇双面弹簧门
			双扇门
	中间层楼梯		折叠门
			双扇双面弹簧门
	顶层楼梯		单层固定窗
	卫生间		外开上悬窗
	淋浴间		中悬窗
	墙上预留洞口		外开平开窗
	检查孔		高窗

附录2 材料图例

图　例	名　称	图　例	名　称
	自然土壤		钢筋混凝土
	素土夯实		毛石混凝土
	砂、灰土粉刷材料		木材
	砂石、碎砖		多孔材料耐火、隔热材料
	石材		金属
	方整石、条石		水
	普通砖		毛石
	混凝土		纤维材料人造板

附录 3 总 平 面 图 例

名称	图例	说明	名称	图例	说明
新建的建筑物	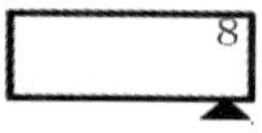	（1）需要时，可用▲表示出入口，可在图形内右上角用点数或数字表示层数。 （2）建筑物以形（一般以±0.00 高度处的外墙定位轴线或外墙面线为准）用粗实线表示。需要时，地面以上建筑用中粗实线表示，地面以下建筑用细虚线表示	新建的道路	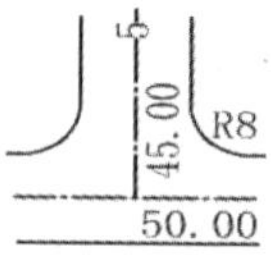	"R8"表示道路转弯半径为 8m，"50.00"表示路面中心控制点标高；"5"表示5%，为纵向坡度；"45.00"表示变坡点间距离
围墙及大门	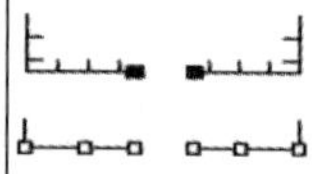	上图为实体性质的围墙，下图为通透性质的围墙，若仅表示围墙时不画大门	坐标	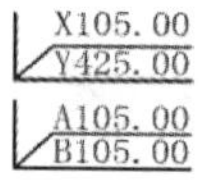 X105.00 Y425.00 A105.00 B105.00	上图表示测量坐标，下图表示建筑坐标
室内标高	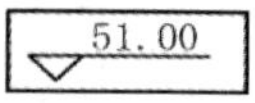 51.00		室外标高	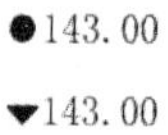 ●143.00 ▼143.00	室外标高也可采用等高线表示
原有的道路	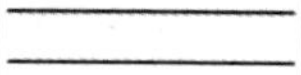		计划扩建的道路	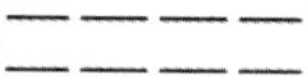	
护坡		（1）边坡较长时，可在一端局部表示。 （2）下边线为虚线时表示填方	风向频率玫瑰图	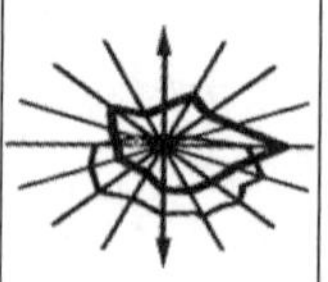	根据当年统计的各方向平均吹风次数绘制。 实线：表示全年风向频率。 虚线：表示夏季风向频率，按 6~8 月三个月统计
填挖边坡	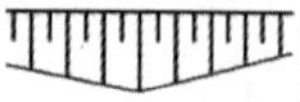				
原有的建筑物		用细实线表示	计划扩建的建筑或预留地		用中粗虚线表示
原有的建筑物		用细实线表示	铺砌场地	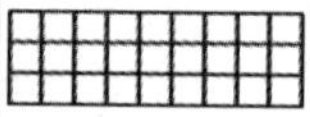	
散状材料露天堆场	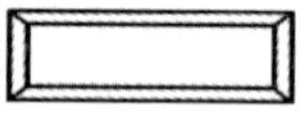	需要时可注明材料名称	指北针	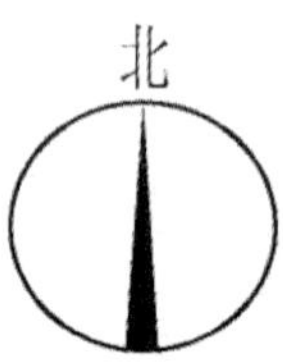 北	圆圈直径宜为 24mm，用细实线绘制，指针尾部的宽度宜为 3mm，指针头部应注明"北"或"N"。需要较大直径绘制时，指针尾部宽度宜为直径的 1/8
其他材料露天堆场或露天作业场	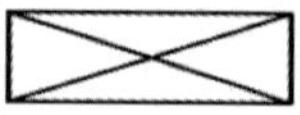				

附录 4   AutoCAD 常用命令

原　名	缩写或快捷键	图　标	自定义	功　　能
ADCENTER	Ctrl+2			设计中心
ARC	A			画弧
AREA	AA			查询面积
ARRAY	AR			阵列
ATTDEF	ATT			定义块属性命令
ATTDISP				控制属性的可见性
ATTEDIT	−ATE			编辑图块属性值
ATTEXT				摘录属性定义数据
ATTREDEF	AT			重定义一个图块及其属性
AUDIT				检查并修复图形文件错误
ATTSYNC				同步属性
BASE				设置当前图形文件的插入点
BATTMAN				块属性管理器
BEDIT	BE			块编辑器
BLOCK	B			创建块
BOUNDARY	BO			边界
BREAK			BB	打断于点
BREAK	BR			打断
CHAMFER	CHA			倒角
CHANGE	−CH			属性修改
CHPROP				修改基本属性
CIRCLE	C			画圆
COLOR	COL			选择颜色
COPY	CO		CC	复制
COPYCLIP	Ctrl+C			复制
CUTCLIP	Ctrl+X			剪切
DATAEXTRACTION	DX			数据提取
DDIM	D			创建或修改尺寸标注样式
DDPTYPE				点样式

续表

原　名	缩写或快捷键	图　标	自定义	功　能
DIM				进入尺寸标注状态
DIMALIGNED	DAL			对齐标注
DIMANGULAR	DAN			角度标注
DIMARC	DAR			弧长标注
DIMBASELINE	DBA			基线标注
DIMBREAK				折断标注
DIMCENTER	DCE			圆心标记
DIMCONTINUE	DCO		DC	连续标注
DIMDIAMETER	DDI			直径标注
DIMEDIT	DED			编辑标注
DIMINSPECT				检验标注
DIMJOGGED	JOG			折弯标注
DIMJOGLINE	DJL			折弯线性标注
DIMLINEAR	DLI		DX	线性标注
DIMORDINATE	DOR			坐标标注
DIMRADIUS	DRA			半径标注
DIMREASSOCIATE	DRE			重新关联标注
DIMSPACE				等距标注
DIMSTYLE	D			标注样式
-DIMSTYLE				标注更新
DIMTEDIT	DTE		VV	编辑标注文字
DIST	DI			查询距离
DIVIDE	DIV			定数等分
DONUT	DO			圆环
DRAWORDER	DR			显示顺序
DTEXT	DT			标注单行文字
EATTEDIT				编辑属性
ELLIPSE	EL			画椭圆
				画椭圆弧
ERASE	E			删除
EXPLODE	X		XX	分解
EXTEND	EX			延伸

原　名	缩写或快捷键	图标	自定义	功　　能
FILLET	F			倒圆角
GRADIENT				渐变色
HATCH	H			图案填充
HATCHEDIT	HE			编辑图案填充
HELIX				螺旋
HELP				帮助
INSERT	I			插入块
JOIN	J			合并
LAYER	LA			图层特性管理器
LIMITS				图形界限
LINE	L		G	画直线
LINETYPE	LT			线形管理器
LIST	LI			对象数据列表
LTSCALE	LTS			设置线型比例系数
LWEIGHT	LW			线宽设置
MARKUP	Ctrl+7			标记集管理器
MATCHPROP	MA			特性匹配
MEASURE	ME			定距等分
MIRROR	MI		RR	镜像
MLEADERSTYLE	MLS			多重引线样式
MLINE	ML		D	创建多条平行线
MLSTYLE				定义多线样式
MSPACE				从图纸空间切换到模型空间
MOVE	M		V	移动
MTEXT	MT			创建多行文字
NEW	Ctrl+N			新建图形文件
OFFSET	O		FF	偏移
OPEN				打开文件
ORTHO				切换正交状态
PAN	P			实时平移
PASTECLIP	Ctrl+V			粘贴
PEDIT	PE			编辑多段线

续表

原　名	缩写或快捷键	图　标	自定义	功　　能
PLINE	PL		Q	画多段线
PLOT				打印文件
POINT	PO			画点
POLYGON	POL			画多边形
PREVIEW	PRE			打印预览
PROPERTIES	Ctrl+1			特性
PSPACE	PS			从模型空间切换到图纸空间
PUBLISH				发布
QDIM				快速标注
QNEW				新建文件
QSAVE				保存文件
QUICKCALC	Ctrl+8			快速计算器
RECOVER				修复损坏的图形文件
RECTANG	REC		R	画矩形
REDEFINE				恢复一条已被取消的命令
REDO	Ctrl+Y			重做
REDRAW	R			重画
REGENAUTO				自动刷新生成图形
REGENALL	REA			重新刷新生成所有视窗中的图形
REGION	REG			创建面域
RENAME	REN			更改实体对象的名称
REVCLOUD				画修订云线
ROTATE	RO			旋转
SCALE	SC			缩放
SHEETSET	Ctrl+4			图纸集管理器
SPLINE	SPL			画样条曲线
SPLINEDIT	SPE			编辑样条曲线
STRETCH	S			拉伸
STYLE	ST			文字样式
TABLE	TA			创建表格
TABLESTYLE	TS			表格样式
TOLERANCE	TOL			公差

续表

原　名	缩写或快捷键	图　标	自定义	功　　能
TOOLPALETTES	Ctrl+3			工具选项板窗口
TRIM	TR	-/⋯	T	修剪
UNDO	Ctrl+Z			放弃
UNITS	UN	0.0		单位设置
WBLOCK	W			写块
XLINE	XL			画构造线
ZOOM	Z			实时缩放
				窗口缩放
				缩放上一个

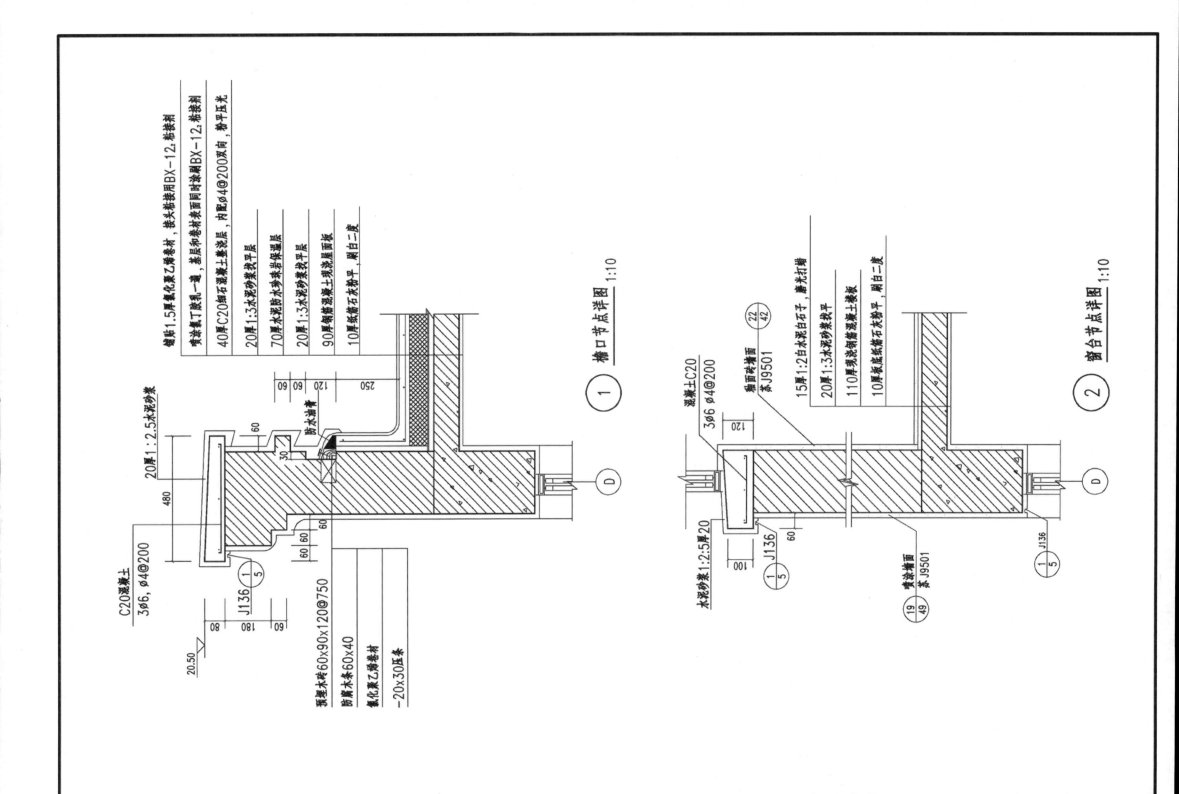

镶贴1.5厚氯化聚乙烯卷材，接头粘用BX-12₂粘接剂

喷涂氯丁胶一遍，基层和卷材表面同时涂刷BX-12₂粘接剂

40厚C20细石混凝土垫浇层，内配φ4@200双向，粉平压光

20厚1:3水泥砂浆找平层

70厚水泥防水珍珠岩保温层

20厚1:3水泥砂浆找平层

90厚钢筋混凝土现浇屋面板

10厚纸筋石灰粉平，刷白二度

① 檐口节点详图 1:10

C20混凝土
3φ6，φ4@200

J136
1
5

20厚1:2.5水泥砂浆

防水油膏

氯化聚乙烯卷材

预埋木砖60x90x120@750

防腐木条60x40

-20x30压条

20.50

混凝土C20
3φ6 φ4@200

油面砖墙面
苏J9501
22
42

15厚1:2白水泥白石子，磨光打磨

20厚1:3水泥砂浆找平

110厚现浇钢筋混凝土楼板

10厚底纸筋石灰粉平，刷白二度

② 窗台节点详图 1:10

水泥砂浆1:2:2.5厚20

J136
1
5

喷涂墙面
苏J9501
19
49

J136
1
5

D

南京工业大学

图别	建施	图号	06
比例	1:10	学号	00

| 专业 | XXXX | 班级 | 0000 | 外墙节点详图 | 成绩 | |
| 姓名 | XXXXXX | 日期 | YY.MM.DD | | 教师 | |

图 6-6 外墙节点详图

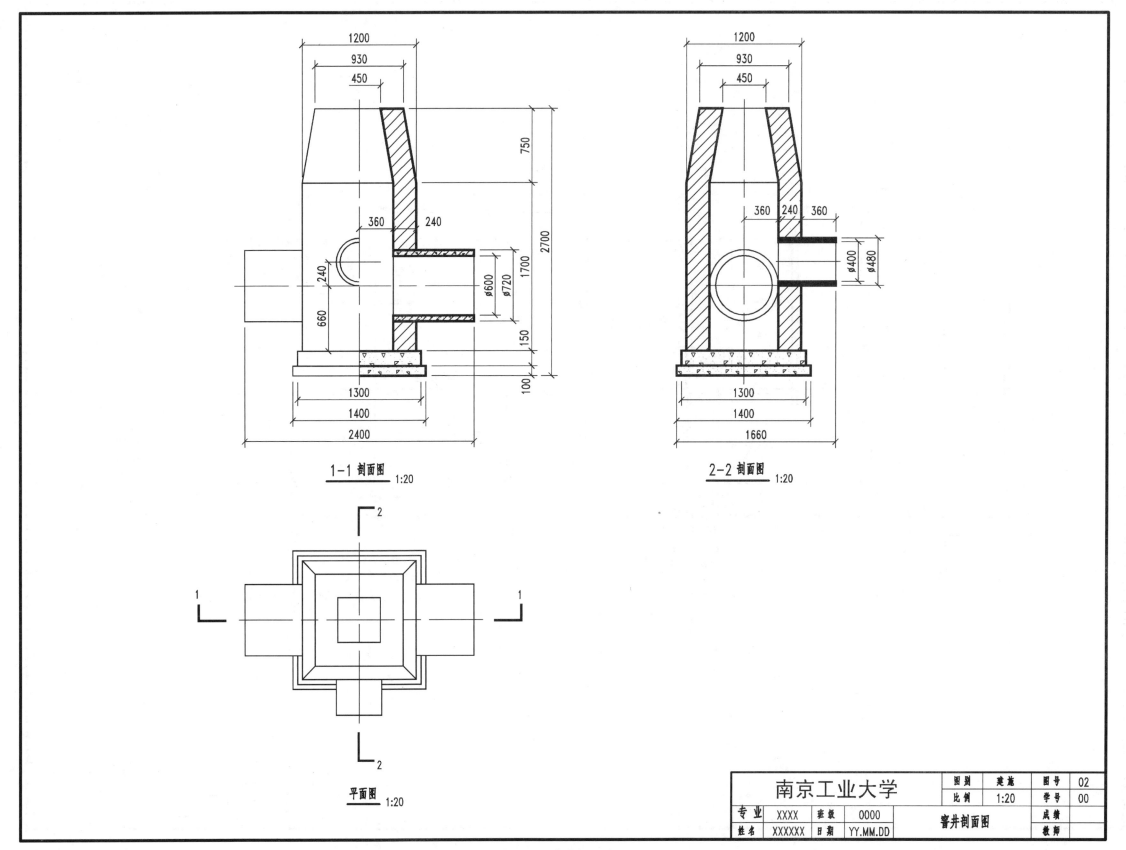

図 6-2 窨井剖面図

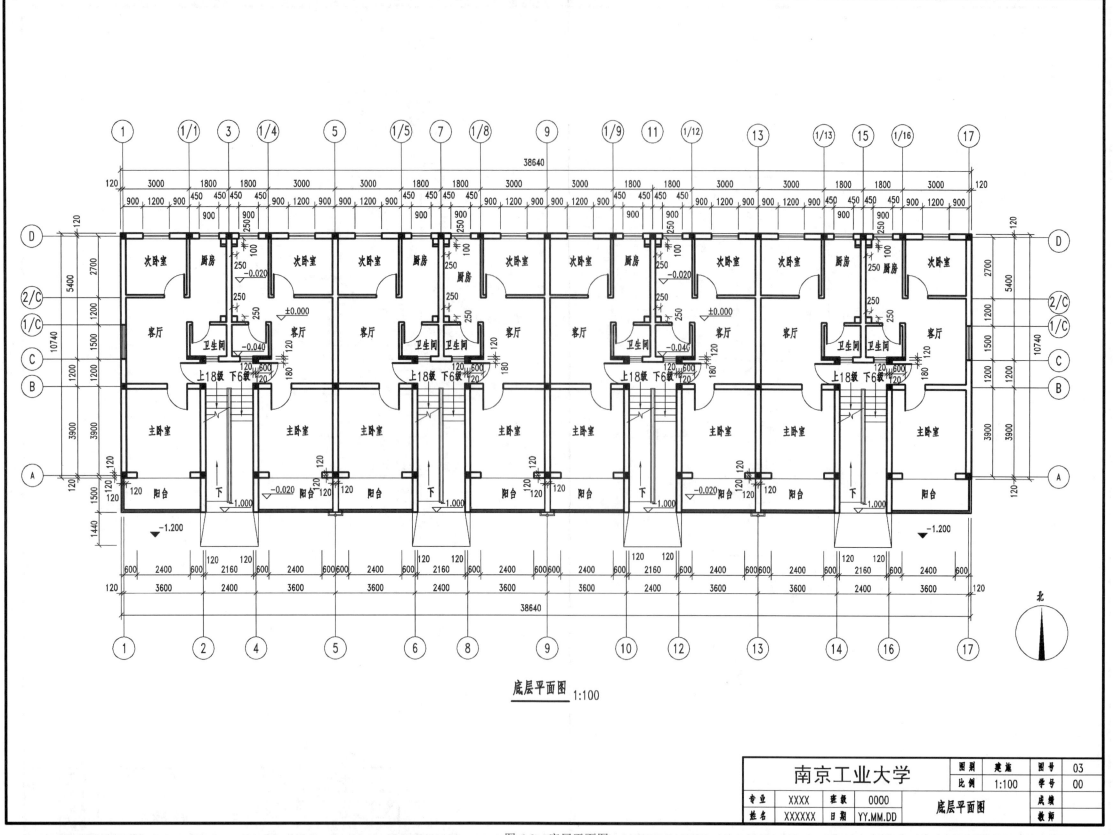

底层平面图 1:100

南京工业大学

| 图别 | 建施 | 图号 | 03 |
| 比例 | 1:100 | 学号 | 00 |

| 专业 | XXXX | 班级 | 0000 | 底层平面图 | 成绩 | |
| 姓名 | XXXXXX | 日期 | YY.MM.DD | | 教师 | |

图 6-3 底层平面图

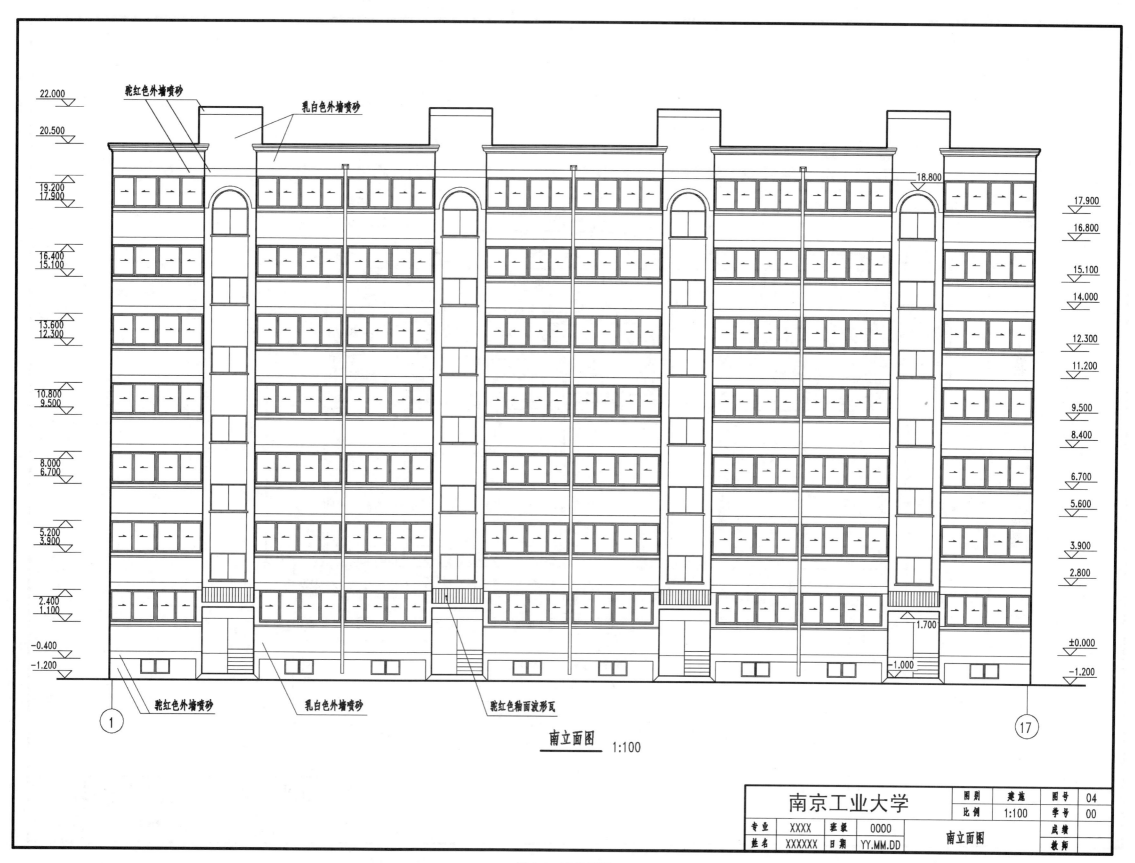

南立面图 1:100

南京工业大学		图别	建施	图号	04
		比例	1:100	学号	00
专业	XXXX	班级	0000	成绩	
姓名	XXXXXX	日期	YY.MM.DD	南立面图	教师

图 6-4 南立面图

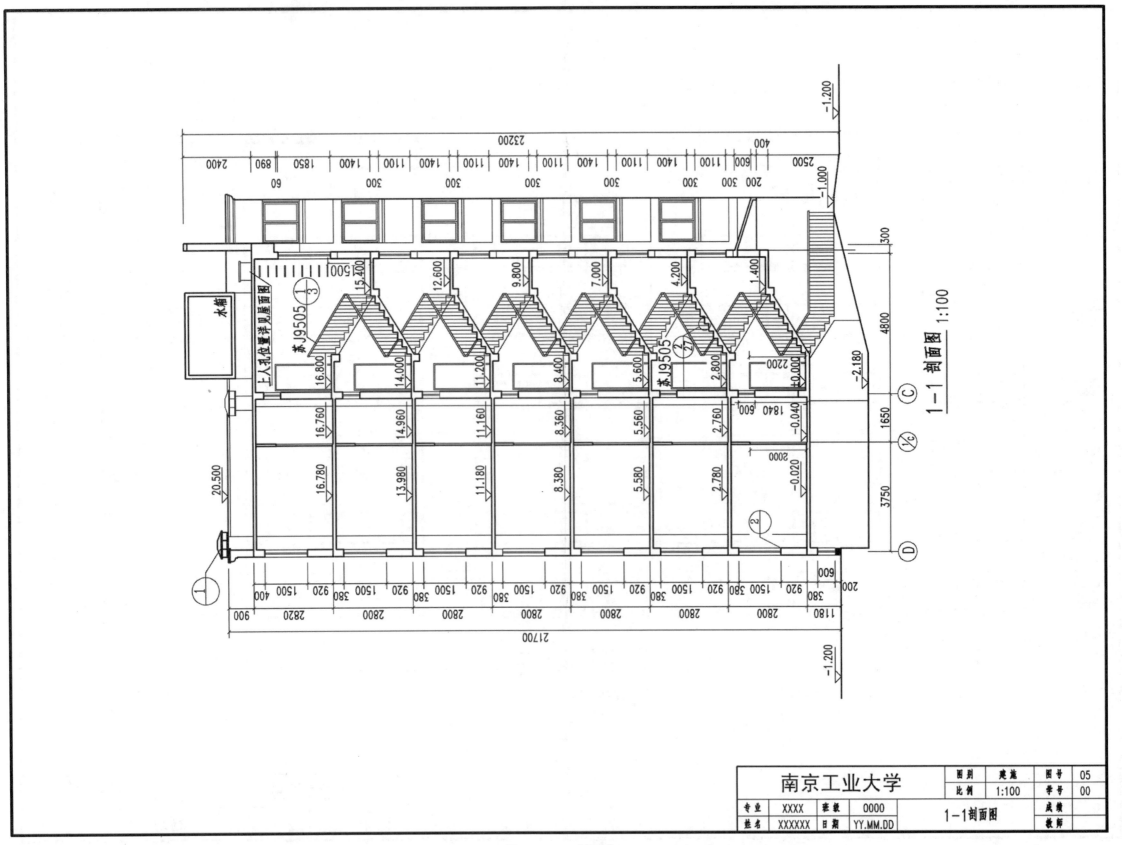

图 6-5　1—1 剖面图